高校水电物联网研究与实践

Research and Practice of Energy Internet of Things in Colleges

石国兵　胡　军　李　弦　陶志华
宋　航　吴　凡　徐赵頔　马　卓　著

http://press.hust.edu.cn
中国 · 武汉

图书在版编目（CIP）数据

高校水电物联网研究与实践/石国兵等著．—武汉：华中科技大学出版社，2024.9
ISBN 978-7-5680-9386-6

Ⅰ．①高…　Ⅱ．①石…　Ⅲ．①互联网络-应用-水利水电工程-工程管理-研究
Ⅳ．①TV5

中国国家版本馆 CIP 数据核字（2023）第 062511 号

高校水电物联网研究与实践
Gaoxiao Shuidian Wulianwang Yanjiu yu Shijian

石国兵　胡　军　李　弦　陶志华
宋　航　吴　凡　徐赵頔　马　卓　著

策划编辑：胡天金
责任编辑：胡天金
封面设计：旗语书装
责任校对：王亚钦
责任监印：朱　玢
出版发行：华中科技大学出版社（中国·武汉）　电话：（027）81321913
武汉市东湖新技术开发区华工科技园　邮编：430223
录　　排：华中科技大学出版社美编室
印　　刷：武汉市洪林印务有限公司
开　　本：710mm×1000mm　1/16
印　　张：18.5
字　　数：362 千字
版　　次：2024 年 9 月第 1 版第 1 次印刷
定　　价：88.00 元

本书若有印装质量问题，请向出版社营销中心调换
全国免费服务热线：400-6679-118　竭诚为您服务

高校承担着人才培养、科学研究、社会服务、文化传承与创新、国际合作与交流五大职能，围绕这五大职能，高校需要建立健全人才梯队建设、教育教学质量、校园安全与稳定、校园运行与生活等各种保障机制。水电保障作为后勤保障的重要组成部分，在高校教学研究活动组织、师生员工生活中有着最常规、最基础、最广泛的应用，是高校平稳运行、顺利发展的基础要素之一。

至2021年，我国已建成世界最大规模高等教育体系，在学总人数超过4 430万人，高等教育毛入学率从2012年的30%提高至2021年的57.8%，提高了27.8个百分点，实现了历史性跨越，高等教育进入世界公认的普及化阶段。高等教育办学规模的变化，伴随着高校建筑规模和仪器设备数量的跃升，其对校园水电保障安全性、可靠性、稳定性的要求不断提高，高校水电消耗总量也不断增长。相关统计数据显示，2021年全国高校能源总消耗近4 000万吨标准煤，约占总社会能耗的8%，高校生均能耗是全国人均能耗的4.72倍。

党的十八大以来，在习近平总书记生态文明思想指导下，我国经济社会发展方式正在实现由高增速发展向绿色发展的转型。2020年9月22日，国家主席习近平在第七十五届联合国大会一般性辩论上表示，中国将提高国家自主贡献力度，采取更加有力的政策和措施，二氧化碳的碳排放力争于2030年前达到峰值，努力争取到2060年前实现“碳中和”，吹响了绿色发展的集结号，高校是科学技术和科技创新的高地，作为能源消耗大户，有责任、有义务，也有能力在节能降耗、绿色校园建设上开启新篇章。

高校能源消耗高，客观上有教学及科研活动的影响，主观上节能意识的培育和节能管理技术的应用也是硬伤。高校人力资源和资金向中心工作倾斜是高校自身建设和发展的需要，导致大部分高校水电管理与节能工作技术力量不足，资金投入不够，但在国家绿色发展的大背景下，协调好学校事业发展与降低或有效控制能源消耗势在必行。

2019年中共中央、国务院印发了《中国教育现代化2035》，明确要求要加快信息化时代教育变革，建设智能化校园，统筹建设一体化智能化教学、管理与服务平台。在此背景下，高校水电管理如何实现节能目标以助力绿色发展，如何顺应时代与信息化、智能化接轨是值得探讨的科学问题。高校水电供配系统涉及表计、电力线路、给排水管网、开关设备等多种终端，随着信息技术的发展，各类终端设备的通信性能逐渐完善，依托高校校园网建设水电供配设备物联网，实现智能化运行、远程管控、采集并分析数据，支撑水电运维和精准节能工作，是高校水电管理的必然趋势。

高校水电管理是一个事关学校发展稳定和经济效益显著的工作，不能成为学校管理水平的洼地。在水电物联网建设方面，可以从以下几个方面来考虑：一是基础计量物联网建设，通过层级清晰、布局全面的水电表计，来获取终端用户的水电消费，这是水电消费服务和节能数据分析的基础；二是供电系统物联网建设，在供电设备、线路、建筑上安装温度感应、烟雾感应、电流电压监测、视频监测等传感器，远程获取场所的环境因素、供电设备和线路的运行参数，这是提升电力保障安全性和应急响应水平的有效路径；三是供水物联网建设，在利用三维图形真实展示供水系统的基础上，在管道、阀门和水泵房安装压力、震动、视频、水质监测传感器，监测供水质量、管道漏损和泵房安全情况，这是科学节水和供水安全的保障；四是基于大数据的预警物联网建设，针对各类物联网终端获取的数据，在挖掘分析的基础上，分析水电供配设备运行风险、水电管线漏损、供水质量、水电消费趋势等指标，并即时推送给相关用户，第一时间消除隐患或给予节能教育提醒，这是提升水电保障服务体验、及时处置风险、推进绿色校园建设的捷径。

本书由华中农业大学石国兵、胡军、李弦、陶志华、宋航、吴凡、徐赵皡、马卓等撰写。本书基于高校水电物联网建设实践，在介绍高校水电供配系统的基础上，分析了行业难点与痛点，介绍了水电物联网有关技术；在案例分析的基础上，研究了基于不同目标和不同终端的水电物联网组建方法，列举了水电物联网的常见故障及解决方法，提供了水电大数据建设及决策支持的思路，为高校水电物联网建设及运维和学校水电大数据建设提供了有益参考。

因编者工作经验不足，对高校水电管理业务理解不够，很多观点属于个人或工作团队思考，书中难免存在错误或疏漏之处，恳请广大读者批评指正。

Contents

目录

第1章　高校水电管理概述

导读：未来已来，信息化、智能化将引领社会变革。要想让现代信息技术、物联网等技术适应高校环境、解决学校水电保障服务中存在的问题，提升保障服务水平，做好校本研究尤其重要。只有充分研究学校水电保障业务、基础设备、供配网络组成、业务短板和痛点、发展趋势及方向，才能为传统水电保障服务插上信息化的翅膀，在保障能力、服务体验、精细化管理等方面发挥最大效能。

高校水电供配与社会水电供配相比有其特殊属性。从服务对象来说，高校水电供配主要服务于教学科研用户，居民用户占比较低；从保障的可靠性来说，高校教学科研活动和大型仪器设备受停水、停电影响较大，要求不停、少停或断供时间短；从用户特点来讲，高校水电保障服务的是教师学生群体，他们对服务的体验感和管理服务的科学性有较高要求。

1.1　水电供配系统

高校水电供配系统多采用二次转供水电模式运行，社会水电供配服务企业负责入校前端的管线设备维护，学校自主建设维护校内水电供配网络。水电供配系统指为保障校园正常运转和基本秩序而建设的高低压供电体系和二次加压供水体系，包括确保稳定供配和提升管理服务水平的硬件及软件。

1.1.1　供配系统功能

1.1.1.1　保障教学活动

教学活动是高校涉及面广、频率高的活动，是人才培养的重要活动，包括课堂教学、教学实验、实践教学和自由学习活动等。高校教学活动实施地点包括公共教室、实验室和户外实习基地等，分布于学校各个区域。水电供配系统需要将管道及线路布局到各个教学活动点，且在容量、保障、服务等方面无条件满足教学需求，其特点为工作日和工作时段用户多、保障要求高，节假日和非工作时段水电使用需求相对较少。

1.1.1.2 保障居民生活

为确保人才队伍稳定和创造安居乐业的氛围，在高校建设发展过程中，相当一部分高校在校内建设了教职工生活区，与社会商品房小区不同的是，现阶段，这些生活区大多由高校自主供应水电，城市供电和供水企业不实施入户服务，因此保障校内生活区水电供应，是高校水电管理的重要职责，事关校园和谐稳定，其特点为不分节假日，水电保障需求相对稳定，对供配稳定性要求较高。

1.1.1.3 保障科学研究

对绝大多数综合性大学来讲，科学研究是高校的一项重要任务。近年来，高校事业快速发展，科研建筑总量和大型仪器设备数量直线上涨，大多科研建筑制冷、供暖、水处理系统配备齐全，高校师生尤其是研究人员在科研场所停留时间长，甚至超过了居家或待在学生公寓的时间，从科研活动的角度来说，为确保仪器设备正常运行以及研究工作的顺利开展，需要足额的电力容量保障、稳定的自来水供应和响应及时、专业高效的维护服务。

1.1.1.4 保障校园公共秩序

总体来说，高校校园面积相对较大，建筑楼栋相对较多，居民楼、办公楼、科研楼、经营保障服务楼等建筑种类较多，运动休闲和户外活动区域分布较广，保障校园公共照明的路灯系统、维护校园安全的消防及安防系统、保证校园信息网络的服务器机房等，都离不开电；校园公共绿化维护、校内道路喷洒和消防系统运行，都离不开水，随着信息科技的发展和校园建设的提档升级，水电供应成为保障校园公共秩序的不可或缺的基础条件，没有可靠的水电供应，就没有和谐的校园秩序。

1.1.1.5 保障校园文化活动实施

高质量的人才培养需要丰富的校园文化活动历练。开学典礼和毕业典礼能增强大学生身份意识，给予他们浓浓的仪式感；各类文体活动，给予大学生展示自我的机会，培养其自信乐观的品格；各类学生社团活动，培养大学生的领导力，帮助他们积累策划组织经验。而这些活动的开展，都离不开水电，在人才培养的各个环节，只要有水电保障需求，就应该给予可靠保障，这也是高校水电服务于育人中心的重要体现，是高校水电保障的特殊属性。

1.1.2　供配系统构成

1.1.2.1　供电系统

除少部分规模较大，电力装机容量高（>50 000 kVA）的学校有配建的 110 kVA 变电站外，绝大部分高校电力系统电压等级为 10 kV 及以下，其中既有容量的考虑，也有高电压等级设备与线路维护技术难度大、维护标准高的考量。

校园内结合建筑布局、容量需求和发展规划，合理布点建设 10 kV 配电房，提供校内供电电源，再结合具体建筑楼栋实际，从校内配电房以低压（380 V）直供或高压（10 kV）返送的形式为楼栋供电，如以高压返送模式供电，楼栋内部还需建设二级配电房，为楼栋提供低压供电。

学校供电系统与社会公共供电系统相比，覆盖范围更小，功能相对简单，主要由供电网、配电网以及用户内部的高、低压配电网构成，包括发电（应急电源）、输电、配电、变电和用电设备。

国家电网 110 kV 电源进入学校专用变电站后，降压至 10 kV，并输送至校内各一级配电房。输配电系统图和配电示意图如图 1-1、图 1-2 所示。

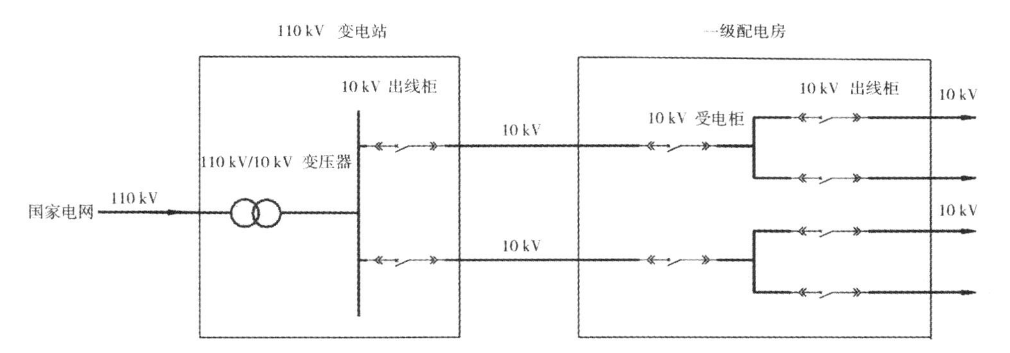

图 1-1　110 kV 至 10 kV 电力供电示意图

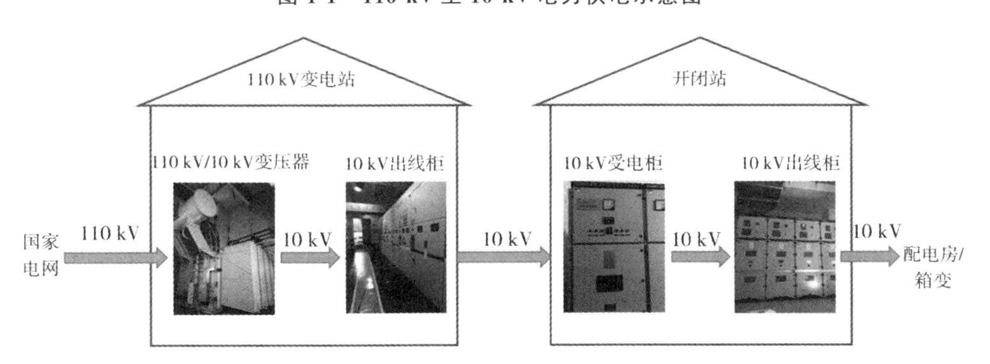

图 1-2　110 kV 至 10 kV 电力配电示意图

为确保供电质量和可靠性，大部分学校会在一级配电房下建设二级配电房或箱式变电站（以下简称“箱变”），实现 10 kV 降压至 400 V，再向终端用户供电。输配电系统图和配电示意图如图 1-3、图 1-4 所示。

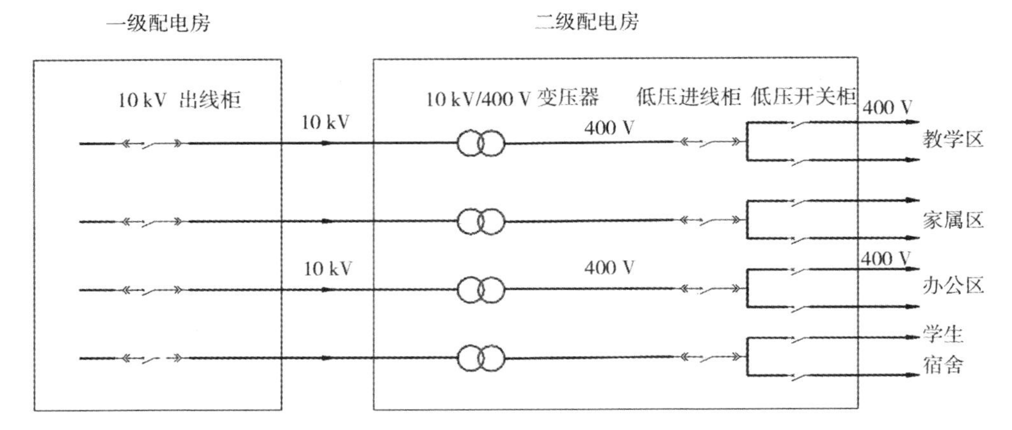

图 1-3　10 kV 至 400 V 电力供电示意图

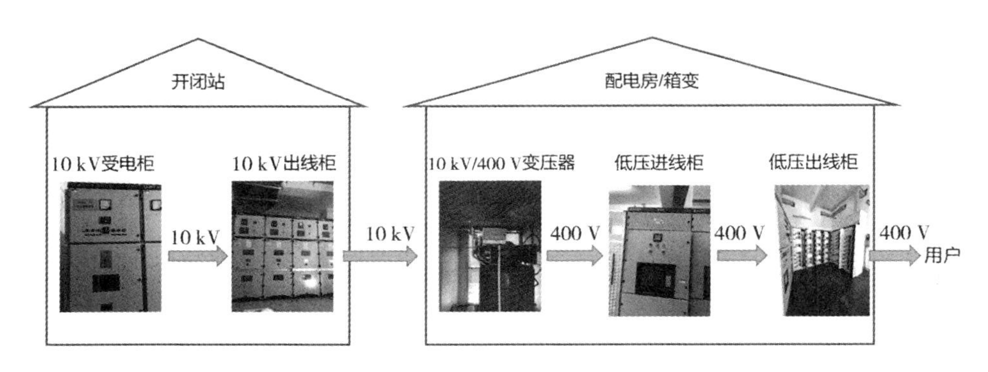

图 1-4　10 kV 至 400 V 电力配电示意图

1.1.2.2　供水系统

市政供水经过长距离的管道泄压和不可预见的漏损后，进入学校的主管压力一般在 0.1～0.15 MPa，这个水压不能保障地势较高或楼层较高的用户供水，在用水高峰期或水压波动时，会出现无水可用或水压不足的现象。因此，高校一般会在市政供水的基础上，建设泵站进行二次加压供水，将水压提升至 0.35～0.4 MPa 后，再输送至校内供水主管道。为保证所有用户的用水体验，部分地势高差大的学校甚至会建设高层、地层两套供水系统，分别以不同的压力供水。

针对高校人口密度大、用水高峰期集中的特点，为满足二次供水需求，大部分高校会自建蓄水池，在用水低峰储存、沉淀自来水，提升水质的同时，在意外停水时，可短时间应急供水。

如遇个别地域或楼栋水压不足，在排除管道漏损因素后，高校一般采取针对区域或楼栋增加微型泵站的方法予以解决。

高校供水系统一般由蓄水池、水泵、控制柜、管道、阀门、终端用水设备构成。其中，蓄水池的安全管控、水泵的经济稳定运行、管道的压力和漏损管控、终端用水设备的节水性能，都是供水系统中应考虑的重点。高校常规供水系统图如图 1-5 所示。

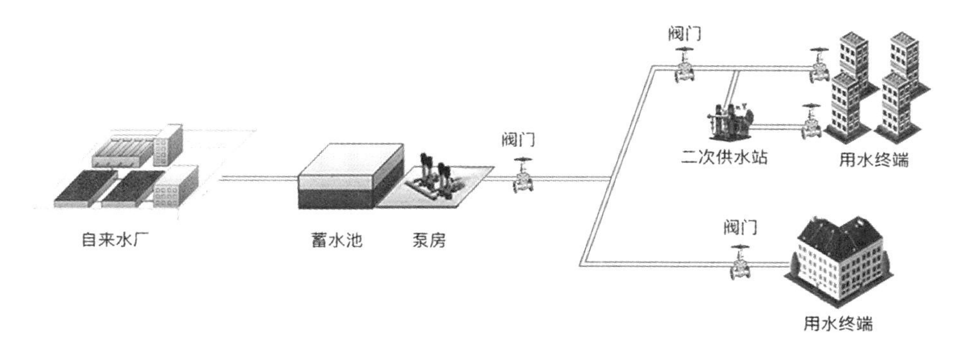

图 1-5　高校常规供水系统图

供水安全是第一要务，责任重于泰山，学校自有水池或管道不允许出现任何卫生安全问题，因此各个环节的水质管控尤其重要。供水管道遍布学校各个角落，数量庞大，且绝大部分直埋在地下，建设年代不一，管道型材不一，因老化、地质变化、建设施工而造成的管道损坏易发。

1.1.2.3　计量系统

除供水和配电系统外，计量系统也是高等学校水电管理服务的重要基础系统之一，各级政府机构组织的节能审计、主管部门的技术指导均要求各高校建立完善的水电计量体系。其主要作用是获取各类用户水电消费数据、回收水电费，这些是水电数据分析、精准节能工作的基础。

计量系统的核心设备是水电表，市场上一般分为三类：一是基于人工抄表的机械式水电表，须依靠人工抄表获取水电用量，因数据获取难度大、成本高且误差较大，不能实现自助实时收费，目前高校使用量较小；二是基于 IC 卡的预付费智能水电表，预充值后，通过表计终端扣费，因能有效减少抄表工作量，提高水电费回收率，2000 年前后快速进入水电计量市场，目前在高校用量较大；三是基于物联网的远程智能水电表，通过现代信息技术可实时获取水电消费数据，并按日扣费，用户可以自助开关水电表，结合相关软件可实现自主缴费、水电消费明细的灵活查询，因数据及时准确、服务体验优良，近年来发展势头强劲，用户量较大。

计量系统的“大脑”是软件，一个符合学校校情、功能完善、体验良好的软件，决定着学校水电计量收费工作的水平。水电表计进入IC卡表年代后，高校水电收费均依靠软件系统实施。对于IC卡表，软件系统的主要功能是人工充值，并将用户购买水电量写入IC卡，在后台开展与收费相关的财务分析，因实际消费与购买量不完全同步，这个时期能获取用户购买量，却不能有效分析实际用量，收费软件主要用于管理，仅由工作人员使用，不具备服务功能。对于远程智能表，软件系统的功能相对丰富，其既要实现传统的收费功能，通过线上多途径自助支付水电费，还要实现智能表的远程抄读与数据处理，并对智能表开关进行远程控制，软件用户群体庞大，工作人员只是用户的一小部分，所有水电用户均需通过软件进行水电充值、用量查询、故障报修甚至开关阀等。

1.2 水电管理业务

高校事业的快速发展，水电供配行业技术、现代信息技术和“互联网＋”技术的发展，学校教学科研及师生员工的不断发展和优化的需求，给高校水电管理业务带来深刻变化。观念上讲，从曾经的水电管理，到如今的水电保障服务；需求上讲，从曾经的少停水、少停电，到现在的科学、精准的水电保障；内容上讲，从曾经的水电维修，到现在的应急保障、技术指导、安全教育、绿色节能全面发展；工作方式上讲，从曾经的纯人工、靠经验，到现在的信息化、智能化、精细化。

1.2.1 二次供水

二次供水（Secondary Water Supply）是市政水增压处理、水质安全管控、管道输送、终端用水监测的全过程。二次供水业务场景包含市政进水压力、水质等状态监测，校内蓄水设施水位、水质监测，二次供水出口压力、流量、水质监测，二次加压供水设施运行状态监测，水管运行情况监测，终端用户监测等。二次供水业务风险点主要分为两类：一类是围绕供水安全方面的水质污染和投毒行为；另一类是围绕供水稳定方面的管道损坏和非专业水电保障管理人员对分布在小区的阀门、管道的误操作。

二次供水过程中，水质安全是核心，是底线。供水要点千万条，水质安全第一条。水质一旦出问题，就是牵涉面广、影响大、后果非常严重的事故，会影响校园和谐和社会稳定。二次供水水质需要重点把控，需要采用人工值守、现代技防等多种途径在市政进水、校内存水和管道输水的全过程进行跟踪，及时发现隐患并提前介入，杜绝人为的水质污染给供水及师生员工生命健康安全带来的风险。

二次供水过程中，稳定供水是体验，是民生。不管什么原因导致的停水、供水压力降低，都会影响师生员工的学习、生活。导致停水或降压的原因很多，常见的有供水设备故障、管道破损、阀门误操作、市政供水异常等。要提升供水稳定性，就需要强化管网设施的巡检及运维，严格按照技术标准，定期对供水设备和管道进行专业化维护，通过多种途径，及时发现管道的异常损耗，科学快捷定位故障，高效应急组织修复，让故障消除在萌芽状态，尽量降低故障影响；还要提升管理部门的应急处置水平，要有及时发现、研判和处置风险的专业能力，要有不计得失、随时响应、深入一线的思想觉悟和工作作风。

1.2.2　二次配电

二次配电（Secondary Power Distribution）系统就是电力神经网，分布于学校各个角落。二次配电本质上就是一个对接市政线路后，校内降压、输送电力的过程，其业务场景包括 110 kV 变压至 10 kV，10 kV 变压至 400 V，变压器、断路器、电力线路的运行维护，电力供配设备运行状态监控，电力故障的应急抢修，校园活动用电的应急保障，终端用户的用电安全检查与教育等。

二次供电风险点主要有两类：一是安全类，与供水不同的是，供电设备的操作技术、运行环境要求高，无论是配电设备还是终端用电设备，存在的安全隐患都比较大，因不规范操作和误操作发生的重大人身事故，线路故障引发的火灾，在行业中时有发生，损失惨重，教训深刻；二是设备运维类，电力供配设备在长期不间断运行过程中，受环境和负载变化的影响，会出现功能退化和老化等现象，如果没有得到及时专业的保养维护，就可能会造成突发故障，影响可靠供电。

二次配电业务主要有以下三类。

一是维护类业务。运行稳定是门面，维护保养是支撑。没有科学有效的保养，再高端的设备也会出现风险。维护主要针对配电房（所）、箱式变电站等重要供电场所的变压器、断路器、各类仪表、电缆进行科学监测，开展预防性试验，发现风险隐患。要想做好运维类专业性业务，人是关键因素。工作人员对电力设备、仪器、仪表性能的熟悉程度，对设备正常运行数据的了解程度，以及对设备历史运行维护及维修情况的知晓程度，都是全面研判、准确发现问题的关键。日常巡检绝对不能替代专业运维，其操作人员的专业性和内容的全面性都有较大差别。规范的巡检虽然有听声音、摸温度、闻气味、看参数等举措，能发现一些隐患，但其不能基于运行数据，依托专业工具对供电系统进行深度保养。而专业化的运维，就是一个深度发现隐患，治疗供电系统“未病”的过程。

二是维修类业务。二次供电过程中，多种原因造成的各类设备故障、线路故障时常发生，会导致部分教学科研活动暂停，影响家属区生活秩序，师生员工对恢复供电有着急切的期盼，如何忙而不乱，快速解决问题，是衡量一个水电保障服务团队业务能力和服务水平的关键因素，也是一个大学管理和服务水平的体现。在一个维修业务响应过程中，需求收集的便捷性、过程互动的即时性、结果反馈的自主性是用户体验的重要指标，而故障研判的准确性、解决方案的科学性、过程管理的专业性、故障修复的时效性，是确保用户体验的几个要素。

三是运行管理类业务。因供电系统的可靠性和安全性要求很高，准确把握设备的运行状态尤其重要。传统的水电保障业务中，通常根据国家电力管理有关要求，对高压（10 kV 及以上）供电场所安排值班人员，三班 24 小时在岗，紧密观测设备仪表数据；随着技术的发展，信息技术逐渐发挥作用，可通过网络信息技术远程获取电力设备运行数据，并进行计算研判，实时发现隐患。不管采用哪种方式，其目的都是为了保障二次配电系统能安全、可靠地运行。

1.2.3 公共照明

公共照明（Public Lighting）是指校园景观照明、校内道路照明、校内建筑楼道照明等，协助承担道路通行安全、治安安全功能，在一定程度上亮化、美化校园环境。针对不同照明要求，公共照明可以分为景观照明、道路照明和小区楼栋照明三类。

景观照明一般为校园文化建设需要，针对一些历史性建筑、历史性人物塑像、校内湖泊、大型校园文化活动等制订的照明方案，其根据不同的文化内涵，主要强调基于色彩和角度的照明效果。在设备设置上，景观照明多以固定照明设施和临时照明设施相结合，且对设备和灯光管理专业要求较高。

道路照明为高校公共照明的重要组成部分，其业务主要包括按照亮度要求在校内道路上修建路灯、配备灯具，为确保路灯正常工作而开展照明情况巡查，为落实节能要求而配备路灯控制系统等。当前，小部分高校仍采用传统钠灯照明，手动调节开关时间来控制路灯，电力消耗较大，控制不够灵活准确，路灯系统维护工作难度大；大部分高校采用 LED 节能灯具，通过光照强度和时间设置联合控制路灯开关，节能效果好，路灯管控比较方便；部分高校路灯管控已进入智慧化水平，在确保节能效果的基础上，实现远程数据采集与控制，能主动识别故障并预警，照明效果好，路灯维护及时、便捷且效率高。

小区楼栋照明具有间歇性特点：当有行人经过时，需要自动响应提供照明；当没有行人时，灯具要自动熄灭，以节约电力，且减少光照对居民生活的影响。因此，小区及楼栋照明一般采用声光控制模式：光照低于设置值时，提供照明；有声音发出时，照明设备启用。对小区或楼栋照明的维护，主要包括灯具、声光控设备工作状态的监测，其中声光控设备是重中之重，事关灯具的准确运行。

1.2.4 水电收支

大部分高校属于二次转供水电单位，学校整体作为市政水电经营单位的一个用户，根据全校水电用量缴纳水电费。水电收支（Expenses and Receipts of Energy）业务中，“支”是指高校向市政水电经营单位缴纳水电费，属于学校在水电费上的总支出；“收”是指高校按照一定收费规则收取校内各用户水电费的过程，是学校水电费的总收入。一般来说，因高校公共保障、行政办公等用户不收费，高校水电费回收额会低于支出额。水电收支涉及的主要业务有水电收费、水电缴费、违章查处、财务对账、收支分析等。

1.2.4.1 水电收费

水电收费要依法定价。一般来说，高校水电用户分为学生类、居民类、运行保障类、经营类等，为实现高校内部水电有序收费，需要在地方政府有关法规和市场监督管理部门的指导下，对各类用户的水电消费单价进行核定，水电管理部门根据核定的单价依法收费。

水电收费要科学管理。一个符合学校实际、融通数据业务、服务体验优良的收费软件决定着一个学校的水电收费管理水平。因高校教职员工流动、部分房屋周转居住等因素，缴费主体变化频繁，收费过程中的业务也比较复杂，需要与房屋管理部门联动，也需要与人事管理部门联动；因大部分高校未实现全口径收费，故缴费途径存在现金、记账、线上支付等多种形式；因高校教职员工及师生整体对现代信息技术认知和接受度较高，对水电缴费的便捷度和人性化要求也较高，故水电收费信息化建设标准相对较高。

1.2.4.2 水电缴费

市政水电供配单位一般针对不同类别用户实行不同水电售价，但是对于二次转供水电的高校，因其无法识别高校内部每个用户的属性，无法监控每个用户的用量，所以采用综合售价的形式收取高校水电费。存在多个计量总表的高校，也会与市政水电管理部门协商，以某个表计量作为该校商业类水电缴费量。

高校水电管理部门绝大多数没有独立财务，一般学校会在年初预算时单列水电费，并按月支出。在市政水电管理部门开具上月水电量和费用清单后，水电管理部门需结合校内计量核实用量，如有异议，及时与市政水电管理部门反映，并查找原因、核实数据，达成共识后，办理财务报账手续，由学校财务部门集中支付水电费。

1.2.4.3 违章查处

虽然高校人员整体素养较高，但构成比较复杂，在建设项目、经营门店和居民中，可能存在一些违章用水电行为，主要包括未经允许私自拉接水电、篡改线路偷水偷电、操作表计偷水偷电等。水电管理部门有责任、有义务维护水电使用秩序，根据国家法律法规和学校规章制度查处水电违章现象，减少收费漏洞。

过去发现违章行为主要靠人工巡查、现场拍照取证，随着技术的进步，目前通过设备运行状态监控、运行数据分析发现违章相对准确、便捷。虽然窃电是违法行为，但高校没有执法权，所以查实水电违章行为后，高校一般会采取补缴水电资源使用费的形式，按照校内水电管理规定有关办法，测算补缴资源使用费的数量，向违章用户开具单据，用户自行到财务部门缴纳。

1.2.4.4 财务对账

为提供服务保障，高校水电管理部门一般会设置收费窗口，开展水电费充值和结算业务，虽然大部分高校均提倡无现金支付，但考虑到老弱病残群体和部分用户的实际情况，现金收费还个别存在。实行远程预付费收取水电费的高校，用户线上充值后，资金会即时进入学校设定的支付宝、微信或银行账户。

财务问题是一个非常严肃的问题，财务程序是一个非常严谨、规范的程序。对于高校水电管理部门来说，收取的现金需要按日归集，逐一核对票据和收费金额后集中交付财务部门；线上收费的部分，因水电交易数据由水电收费软件产生，而资金入账数据由微信、支付宝、银行等第三方产生，故需要导出水电系统营业数据与财务部门收入数据进行核对，确保水电量与水电收入总额相符、单笔对应。

1.2.4.5 收支分析

收支分析是基于水电用量、水电费用等数据，对学校整体、二级单位或特定建筑物进行用能分析的过程。收支分析是判断用能和收支走势的重要途径，便于提前采用相关手段进行能耗及支出管控。

收支分析分为支出分析和收入分析。支出分析一般以时间线、人数、用户类别为参数展开。对于学校整体和各二级单位，通常测算生均或人均用能指标、单位建筑面积用能指标，采用按日、周、月、年等时间单位，与上一个计费周期或上个年度进行同比、环比分析。用户月用电量统计示例如图 1-6 所示。

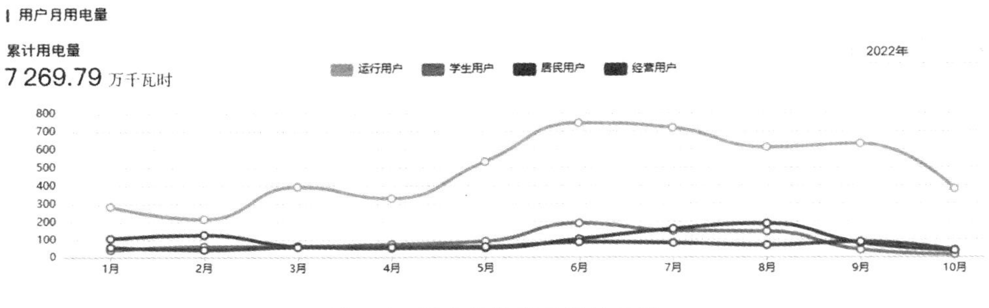

图 1-6　用户月用电量统计示例

深度的支出分析还应结合学校科研项目、科研经费、仪器设备数量、学校年度总预算等信息，以一个较长的时间线（通常在 5 年以上），分析水电消耗、水电费支出、水电费回收的变化及合理性。

收入分析一般以月、季度、年为时间节点，判断水电费回收情况，及时发现回收工作的漏洞，并采取相关措施，以确保年度回收计划的有效完成。

1.2.5　水电节能

节约用能一直是高校水电管理部门的重要工作之一，尤其是近年来随着世界能源形势的变化、“3060 目标”的提出，国家相关部委和地方政府均密集出台关于节约用水和有效控制碳排放的相关文件，节能工作成为高校水电管理的重中之重。高校的节能工作主要包括技术改造、行为管理、合同能源管理、节能宣传、节能育人等内容。

1.2.5.1　技术改造

一些历史较长的老校区，水电设备使用年限较长，在水电基础设施节能标准不高或者漏损量较大的情况下，进行水电硬件设施改造是快速提升其节能效果的有效途径。节能技术改造，从供配设备层级角度一般可从校内供配总站、供配管线和终端设备 3 个环节考虑。

（1）校内供配总站节能改造。针对泵站来说，主要是对泵站运行效率进行提升，包括在确保供水能力的同时，降低水泵能耗；通过识别终端用水量来调控管道压力，减少漏损；采用信息化手段管控供水设备经济运行等。对于配电房来说，主要立足于降低变压器自身能耗、有效控制配电房各类设备损耗、控制无功电耗、提升功率因素等方面，通过升级供电设备、开展专业的设备保养维护、合理配置变压器负载等来完成节能改造。

（2）供配管线的改造。其主要针对水管老旧破损、阀门操作失灵、水电表计量失准、电线老化等问题进行优化，以降低供水管道的漏损和电力线路的损耗。

（3）终端设备的改造。终端设备改造是节能改造的重要内容。对于用电终端来说，中央空调、普通空调的制冷效率和使用管控、大型仪器设备的使用效率、照明或实验灯具的节能效果、公共区域及教学楼合理用电都是改造重点，在采用先进技术、引入合适产品后，节能效果明显。对于用水终端来说，公共卫生间洁具、水龙头的节水性能，在确保用户体验的前提下调节阀门控制单位时间供水量、必要浇灌时设备与方式的选型，都是终端节水的重要内容。

对于节水，独立计量区域（District Metering Area，DMA）分区管理技术（图 1-7）是目前供水行业普遍认同且简单有效的供水管道水量漏失管控技术。其概念是在 1980 年初，由英国水工业协会在其水务联合大会上首次提出。在报告中，DMA 被定义为供配水系统中一个被切割分离的独立区域，并在每个区域的进水管和出水管上安装计量设备，从而实现对各个区域流入量与流出量的监测，通过区域流入量和流出量的比对分析，及时发现漏损。DMA 管理的关键原理是在一个划定的区域，利用夜间最小流量分析来确定漏损水平。一般来说，高校因科研活动和生活保障所需，在夜间不同时段均有用水需求，通过流量监测和较长时间线的数据积累后，可以分析出夜间不同时间段的合理用水需求；通过夜间实际用水量与合理用水量的比对，就可以观测出供水管道的漏损水平。

1.2.5.2　行为管理

技术节能立竿见影，但当改造投入到一定程度，设备的节能潜力充分挖掘后，就会进入节能的瓶颈。行为管理节能是一种具有中国特色的节能新理念，是指通过人为设定或采用一定技术手段或做法，使供电、供暖、供水等能耗系统运行向着人们需要的方向发展，减少不必要的能源浪费或有利于节能的行为。专家分析，节能潜力的关键因素是人，在于人的用能行为。在某高校大学生群体中开展的节能调查显示，他们对于公共区域水电浪费行为的关注会远远低于对寝室、家居水电浪费行为的关注，见表 1-1。

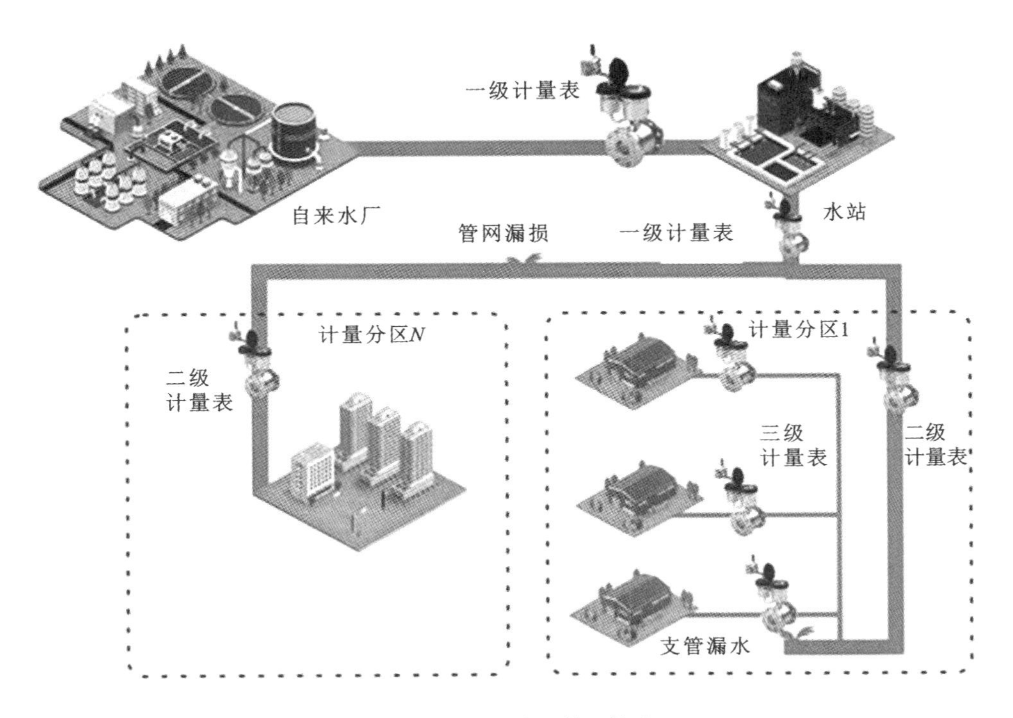

图 1-7　DMA 分区管理技术

表 1-1　某高校大学生群体节能调查情况

行为	主动反映/(%)	方便时反映/(%)	不会反映/(%)
对公共教学大楼洗手间的水龙头坏了的反应	38.4	43.9	17.7
对寝室洗手间的水龙头坏了的反应	75.3	20.3	4.4

行为管理要将节约能源的小窍门、浪费能源的现象广而告之，让大家知道如何节能，并监督浪费行为；要建立健全能源使用的规章制度，齐抓共管形成节能的长效机制；要开展单位、个人的用能排名，引导合理消费能源；要通过大数据与信息技术及时、准确进行节能提醒，规范用能行为，将节能工作做细做实。

1.2.5.3　合同能源管理

合同能源管理（Energy Performance Contracting，EPC）是引入社会力量，解决学校自身经费不足，加大节能投入，开展节能相关项目，提升高校节能工作水平的有效模式。20 世纪 70 年代中期以来，一种基于市场的、全新的节能新机制 EPC 在市场经济国家中逐步发展起来，而基于这种节能新机制运作的专业化的“节能服务公司”的发展十分迅速，尤其在美国、加拿大，EPC 已发展成为一种新兴的节能产业。合同能源管理机制的实质是一种以减少的能源费用来支付节能项目全部成本的节能投资方式。这样一种节能投资方式允许用户使用未来的节能收益为设备升级，降低运行成本，主要有以下 4 种类型。

节能效益分享型，即在项目期内用户和节能服务公司双方分享节能效益的合同能源管理类型。节能改造工程的投入按照节能服务公司与用户的约定共同承担或由节能服务公司单独承担。项目建设施工完成后，经双方共同确认节能量后，双方按合同约定比例分享节能效益。项目合同结束后，节能设备所有权无偿移交给用户，以后所产生的节能收益全归用户。节能效益分享型是我国政府大力支持的模式类型。

能源费用托管型，即用户委托节能服务公司出资进行能源系统的节能改造和运行管理，并按照双方约定将该能源系统的能源费用交给节能服务公司管理，系统节约的能源费用归节能服务公司的合同能源管理类型。项目合同结束后，节能公司改造的节能设备无偿移交给用户使用，以后所产生的节能收益全归用户。

效果保证型，即用户投资、节能服务公司向用户提供节能服务并承诺保证项目节能效益的合同能源管理类型。项目实施完毕，经双方确认达到承诺的节能效益，用户一次性或分次向节能服务公司支付服务费，如达不到承诺的节能效益，差额部分由节能服务公司承担。

融资租赁型，即融资公司投资购买节能服务公司的节能设备和服务，并租赁给用户使用，根据协议定期向用户收取租赁费用的合同能源管理类型。节能服务公司负责对用户的能源系统进行改造，并在合同期内对节能量进行测量验证，担保节能效果。项目合同结束后，节能设备由融资公司无偿移交给用户使用，以后所产生的节能收益全归用户。

当前，国家和地方政府均积极支持合同能源管理工作，因合同能源管理一般会约定较长的履约期，实现投资方的成本回收，而高校则有项目实行过程中学校利益维护的考量和担忧，所以合同能源管理在高校发展不平衡，推进合同能源管理，既要更符合高校的政策设计，也需要高校转变观念，在传统节能手段不能达到预期时，主动求变，引进专业力量干专业的节能工作。

1.2.5.4 节能宣传

节能工作是一个需要师生员工主动参与、高度认同、形成自觉、群策群力的工作。要做好节能工作，在全校范围内形成共识、凝聚力量是关键，而宣传则是统一思想的有力武器。要做好高校节能宣传，我们要分析宣传对象的构成及其特点，采用贴合高校校园文化、符合青年学生价值审美，合理结合高校学生社团和学术活动，多平台、多场景、多形式、多维度地开展宣传工作。

站在用能的角度分析高校人员构成。高校中最大的群体——大学生群体是容易接受新观点、新思维，可塑性强的群体，他们乐观上进，民族自豪感和集体荣誉感强，他们都是立足国际国内能源形势、节能理念及技术发展等节能宣传的重点。各类居民和校内经营单位，虽然在高校水电支出中占比不大，且由于其付费使用，一般不会主动浪费水电，但是各类设备性能把握、水电使用习惯也会造成一些浪费，所以针对这个群体，工作重点在于节能小技巧的传播。校内教职员工在从事教学、科研和管理服务工作中，会消耗水电，据调查，这部分水电支出达到高校总支出的30%左右，部分科研体量大的高校甚至占比接近50%；因大部分高校这部分水电不用教职员工个人付费，实现定额收费的院校，相关负责人也是从所负责的经费中支出，针对这个群体，国家节能大局、学校绿色创建目标的教育和节能主动性培育是节能宣传的重点。

节能宣传要走到学生中去，在课堂思政的过程中融入绿色发展理念，在校园文化活动中，融入节能元素；节能宣传要深入社区，以喜闻乐见，便于理解和掌握的方式，告知居民朋友如何才能节能，才能节省水电费；节能宣传要走进实验室、办公楼，对于滥用水电的情况，要及时善意提醒。

节能宣传要打造品牌，固化宣传成果，让教职员工对节能宣传有认同、有期待。针对高校公共浪费较大等现状，结合国家要求开展“节能宣传周”“世界水日”等常规宣传活动，在大学生中组织“绿色校园，你我共建”节能主题团日活动，开展“我的节能故事”作品征集、“节能打卡，积攒绿色”活动，在符合校情、学生参与、形式多样的宣传中凝聚节能共识。

1.2.5.5 节能育人

作为国家人才培养重地的高校，一切工作均要围绕育人开展，节能工作同样如此。高校节能工作要在习近平总书记生态文明思想指导下，结合高校特点，紧抓育人主线，创新节能工作思路和实施路径，养成节能自觉，凝聚节能力量，服务大学生成长成才，在育人中追求节能工作的可持续发展。

在强化节能教育中履行育人责任。第一，开展节能教育，让学生了解形势。开设“绿色中国”等通识课程，从“讲政治、育新人”的高度，从能源与国际关系、能源与社会发展、能源的战略意义等方面，从“怎么看、怎么办”等角度引导大学生思考和分析问题，在了解国际、国内能源供需形势的同时，增强家国情怀，传承中华民族节约的传统美德，在节能教育中践行

“三全育人”，融通大学生思想政治教育。第二，开展节能教育，让学生丰富知识。针对不同学历层次大学生，邀请专家、学者立足专业、结合形势举办学术讲座，将节能理念、节能知识、节能技术等引入资源环境类、社会工作类专业教学大纲和课堂，让节能教育与日常教学结合起来，让学生在领会节能工作的同时，丰富专业知识与技能。

在节能精细化管理中强化育人实效。第一，在探索节能管理专业技术中育人。通过大学生科技创新基金、校本研究项目、毕业论文选题等形式设立节能研究项目，组织、吸引大学生参与节能研究，推进学校节能工作专业化、上水平。基于跨系统的业务融合，融通跨业务工作部门的学生、教职工、水电管网、水电表计、三维地图、建筑等数据，通过大数据分析，实现水电分类、分级的平衡分析、浪费漏损的科学定位，以各二级单位和建筑楼栋按日、按月、按年、按生均、按单位面积的能耗公示。第二，在推进节能管理重点工作中育人。针对教学、科研和行政办公用能主体不明、责任不清、浪费较大的“大锅饭”现象，大力推进定额计量收费工作，实现“分户计量、据实收费、定额免费、超支加价”，在定额指标测算建模过程中，动员大学生当好学校的主人，了解测算过程，参与调查研究；在定额管理实施过程中，发动学生参与数据分析、开展节能督察，让大学生在参与学校管理服务工作中积累实践经验。

在提升节能服务中突出育人初衷。第一，在节能服务中厚植爱校情怀和主人翁意识。结合当代大学生行为习惯，开发基于移动应用的节能监督服务，以“随手拍、随地传”的形式收集大学生眼中的浪费行为，让大学生方便快捷地参与节能监督与管理；以即时处置、实时互动的效率调动大学生参与节能监督的积极性；以开放的胸怀和温馨的服务增进大学生爱校荣校情怀。第二，在专业细致的节能服务中培养大学生专业敬业意识。针对学生提出的能源浪费问题，邀请学生参加现场考察、技术论证、方案优化等环节，严谨、细致、专业、有效地解决问题，彰显节能服务的专业性、保障服务的细致性，培养大学生注重细节、严谨细致的作风，引导大学生加强专业学习，努力成长成才。

在节能实践活动中打造育人品牌。第一，打造节能实践品牌。与大学生社团建设相结合，培育“节能志愿者”团队，让大学生自主开展节能实践与社区服务，增强大学生社会责任感；与学生教育管理部门、学生宿舍管理部门联合举办节能竞赛活动，以楼栋或班级为单位，通过用能数据评估团队节能效果，并给予适当激励。第二，打造节能研究品牌。结合学校节能工作现状，吸引信息类或管理类大学生参与节能信息化研究或节能数据挖掘，形成学生参与节能研究的理论成果或软件工具；结合校本研究、大学生科技创新基金或学生毕业设计，瞄准学校节能工作中存在的问题，设立相关研究课题，挖掘大学生的科技创新能力，编制节能方案，提供节能创意，设计节能产品。

1.2.6　水电维修

高校水电维修主要指为保障校园运行秩序、居民生活秩序和公共保障秩序所开展的，针对水电供配隐患、供配设施故障所采取的一系列应急措施。水电维修的响应能力和水平，是一个高校水电保障水平的重要表现。

根据各高校内设部门差异和分工不同，水电维修的组织实施也有不同模式：一种是维修管理和维修实施归并在同一个部门，负责水电管理的业务部门在巡检发现或受理故障后，组织专业力量开展修复工作，为提高维修效率，部分高校水电管理部门设置维修工岗位，全过程一个部门解决，但大部分高校水电管理部门没有一线维修工人，维修业务委托第三方社会企业实施；另一种是维修管理和维修实施属不同部门的业务，水电管理部门把握全校维修经费，巡检发现或受理故障后，发送任务给负责维修的部门，维修部门组织专业力量修复，修复完成且用户确认后，找水电管理部门结算。

在不同高校，因水电设施管理主体不一样，水电维修的经费来源也不一样，总的来说，谁管理谁负责，谁使用谁负责。家属区、公共区域的管线和设备由学校负责，入户表后的设施设备由住户自己解决，实施物业服务区域的公共维修由维修基金解决；对于各二级学院所属的楼栋，楼栋总水表或总配电柜前端的公共部分由学校负责，后端由各二级单位自行维护。

1.2.7　改造升级

为提升水电供应系统的稳定性和可靠性，满足学校事业发展的基本需求，需要根据学校水电设施现实情况，有计划地推进改造升级工作。与应急维修不一样的是，这一类业务往往是预见性的、立足发展而谋划的。改造升级一般基于节能降耗、安全隐患、供配能力三类目标。

立足节能降耗开展改造，要在确保可靠供配的基础上，考虑设备的节能性能，如设备的能效等级、灯具的照度和功率等，其主要目标是在现有基础上减少损耗和不必要支出。水电供配中安全是第一位，立足安全隐患开展改造，研究学校供配设施、环境现状，分析可能存在的各类安全隐患，如开展供水安全教育、开展泵站水质监测，供水及配电重地开展无人值守改造等。立足供配能力提升开展改造，紧密结合学校建设及学科发展需求，准确摸排供配设施实际情况，统筹谋划，顶层设计，在做好全校范围内容量升级及布局的整体规划的基础上，结合学校实际分步、分批实施，主要包括立足容量不足风险开展的增容；立足电力负荷分配不均衡，学校整体容量富裕但局部区域有超载风险的调整改造等。

1.3 行业痛点

高校的中心工作是人才培养，水电保障是服务于人才培养的重要业务。党的十八大以来，我国高等教育与祖国共进、与时代同行，在不断满足人民群众对高等教育的需求方面迈出坚实步伐，创造了举世瞩目的发展成就，办学质量和办学规模均有大幅提升。新形势下高等学校办学条件和人民群众对美好生活的追求，对高校水电保障提出了更高要求和更大挑战。

21 世纪以来，技术革命掀起热潮，以信息化为主要特点的科技革命给社会各行业带来深远影响，使人类社会的生产和生活方式产生重大变革。智能制造、物联网技术让高校水电供配设施发生革命性变化，从传统的低效落后产品到现在的智能化高科技产品，从传统的人工劳动到现在的“互联网＋”服务，新的形势给高校水电管理行业带来机遇和挑战。

1.3.1 高校水电行业的发展机遇

一般来说，水电供配设备的生命周期在 15～25 年，相当一部分建校历史较长的高校现有主要水电设施是在 2002 年前后，国家启动第一批专项资金支持后陆续建设的。当前，国家进入新基建发展阶段，各级政府和教育主管部门对高校建设改造支持力度很大，近年来高校基础设施建设也进入了发展的快车道。要想在水电事业谋划中下好先手棋，画好路线图，为学校事业全面发展提供坚强有力保障，就需要深入了解行业发展机遇，顺势而为。

1.3.1.1 政策扶持力度大

20 世纪以来，中央部属院校都有改善基本办学条件的专项资金，其支持的主要内容之一就是水电气路等基础设施改造，各高校年均可申请资金达 5 000 万～20 000 万元，水电基础设施改造的资金渠道有保障。地方政府也为所属的高校提供条件改善类专项资金。

各地供电企业为提升供电质量，也在进线电源改造、高校专用变电站建设、校内住宅水电集中托管改造等方面给予大力支持。很多地方政府节水管理部门为鼓励高校推进节水工作，也设置了专项补贴，实施节水改造项目后，可结合实际申请。

1.3.1.2　绿色发展大环境

党的二十大报告指出，要建设人与自然和谐共生的中国式现代化，中央政治局专题学习研究碳达峰碳中和工作，中央和地方政府就绿色发展、推进“3060目标”做出了远大而周密的部署。为贯彻落实中央有关要求，绝大部分高校都提出了绿色学校创建目标，对于高校来说，水电保障水平和节约水电是绿色校园建设的重要内容，节约水电是落实“3060目标”的有效途径。

立足提高供电系统运行效率、淘汰替换落后产品、降低系统运行自身能耗而开展的供配电设施升级，立足节约电耗开展的灯具、空调系统改造，立足节约用水而开展的终端用水设备更换升级，立足减少水管漏损而开展的管网改造，立足节水节电目标而开展的合同能源管理，都是推进学校绿色发展、节约能源的有力举措，符合高校绿色校园创建实际，顺应国家绿色发展大势。

1.3.1.3　高等教育跨越式发展

我国高等教育的发展，既有规模和质量的跃升，也有发展方式和内容的变革。发展规模的增大伴随的是建筑规模、设施设备规模增大，对水电的保障需求也随着提升。站在新的历史起点，高等教育已迈上信息化、现代化发展新征程，新时代赋予了教育信息化新的使命，也必然带动教育信息化从1.0时代进入2.0时代。信息化的高等教育，也需要信息化的保障与服务，近年来，以信息化、智能化为目标，基于大数据分析、智能控制的水电改造也成为国家、地方政府及行业引导的方向。

1.3.2　高校水电行业面临挑战

中国特色社会主义事业进入新时代、高等教育事业发展进入快车道是我们最大的机遇。但机遇与挑战并存，把握机会是一种智慧，敢于挑战是一种勇气，水电保障是谋在一线、干在一线、成在一线的工作，需要有谋，更需要有勇。新的时期，对很多高校水电行业来说，挑战主要体现在保障要求的提升、节能的硬指标、信息化的新发展3个方面。

1.3.2.1　保障要求的提升

有序的供配保障难度大。对湖北省的32所高校水电管理工作的调研数据显示（调查结果见表1-2），学校平均学生数24 312人，平均用能人数26 353人，平均建筑面积66.7万平方米，平均装机容量约3.18万千伏安，平均年用电量2 432万千瓦时，平均年用水量150.84万吨。

表 1-2　湖北省 32 所高校水电管理工作的调研数据

类别	学生总数/人	用能人数/人	建筑面积/万平方米	装机容量/kVA	年用电量/万千瓦时	年用水量/万吨
省属院校	19 974	21 697	48.77	19 659	1 616.42	115.44
高职高专	14 339	15 605	35.84	11 322.7	769.02	58.48
部委院校	48 038.57	51 889.71	147.46	86 620.7	6 561	361.71
全部高校	24 312	26 353	66.7	31 821.29	2 432	150.84

通过湖北地区高校样本分析，高校供电设施数量多，用电总量和用水总量较大，设施设备的运行维护和水电消耗的收支管理难度较大。

师生的水电保障要求高。逐渐告别了拉闸限电和分时供水的年代，稳定可靠的水电供应成为新时期高校的一种常态，但设备突发故障、管道突发破损均会带来停水停电风险，停水停电会对部分教学科研活动、部分贵重仪器设备运行产生影响，处置不力或失误可能引发舆情。不停水、不停电的师生期待与设备运行有不可避免的突发状况的客观规律之间的矛盾，对高校水电保障响应能力和水平提出了挑战。

1.3.2.2　节能的硬指标

在人与自然和谐共生的中国式现代化建设和“3060 目标”背景下，国家和地方政府及教育行政主管部门大力推进节能工作。大部分省份都以定额的形式，对教育机构用水及用电指标进行明确，并组织开展严格的考核，考核结果与水电收费价格挂钩，并建立了一系列的奖惩措施。节能工作是节约学校水电支出的需要，更是国家能源大形势和业务主管部门的要求，做好新时期节能工作势在必行。

以湖北省为例，为落实好碳中和碳达峰工作，做好各类教育机构用电管理，湖北省市场监督管理局组织制定了相关行业标准，湖北省发展和改革委员会会不定期组织对教育机构开展节能监察，对照行业指标进行用能审计，科学计算用电情况，并折算成碳排放指标，并以法律文书的形式下达监察结果和整改意见。表 1-3 为湖北省高校综合能耗及电耗指标。

表 1-3 湖北省高校综合能耗及电耗指标

教育机关类型		单位建筑面积综合能耗 /［kgce/（m²·a）］			人均综合能耗 /［kgce/（per·a）］			单位建筑面积电耗 /［kW·h/（m²·a）］		
		约束值	基准值	引导值	约束值	基准值	引导值	约束值	基准值	引导值
高等教育	理工及综合学校	7	5	3	150	70	40	50	30	15
	文史、财经、师范及政法类学校	5.5	4	3	120	60	30	40	25	10
	高职及专业类学校	4	3	2	100	50	23	30	20	6

围绕贯彻落实习总书记“节水优先、空间均衡、系统治理、两手发力”的十六字治水方针，结合自身水资源及水消耗实际情况，各省市均出台了推进节水工作的相关制度，分门别类对各用户制订了用水指标，执行最严格的用水控制。以湖北省为例，在用户申报计划、专家评审计划、政府下达计划的基础上，政府节水管理机构密切跟踪各用户用水情况，按月进行用水考核。超计划用水的用户，采用媒体通报和行政罚款的形式进行惩戒，并向用户发送法律文书，限期要求整改。表 1-4 为湖北省教育机构用水定额情况。

表 1-4 湖北省教育机构用水定额值

类别			取（用）水定额值 L/（人·d）
大专院校	A类	Ⅰ类	153
		Ⅱ类	228
	B类	Ⅰ类	119
		Ⅱ类	196
小学		住读生	102
		走读生	22
幼儿园			35

注：1. 表中计算天数为 365 天。

2. 大专院校中，A 类为理工科类院校及非文科类农学、医学类等院校；B 类为文科类院校、理工类不自设实验室的三本院校以及高职高专。综合性大学的取（用）水量可按在校 A 类和 B 类学生人数分别计算求和。

3. 大专院校Ⅰ类为学生宿舍每个房间均采用水表计量，Ⅱ类为学生宿舍没有采用水表计量。

4. 大专院校学生就餐率较低的学校，食堂用水需进行调减，其调减量宜为 12.39 L/（人·d）。

5. 三年制专科学校取（用）水定额计算学生数宜按实际人数的 2/3 进行计算。

6. 中职中专学校的取（用）水定额参照大专院校的 B 类。

大部分高校内部水电用户类别多，除居民和经营用户基本实现全额收费外，部分高校行政办公、教学科研和公共用水用电未实现计量收费，存在管理职责不明、责任不清的情况，在不同程度上存在水电浪费现象。在高校教学、研究和生活过程中，广大学生是水电消耗的最大群体，是抓好节能工作的主要因素。

1.3.2.3 信息化的新发展

近年来，数字经济、物联网、大数据、移动应用等技术快速发展，影响并改变了我们的生产及生活方式。

物联网技术推动了硬件设备的智能化升级，对于高校水电业务来说，传统的电气开关、变压器、水泵、灯具等设备逐渐向运行数据可采集、运行状态可监控、运行控制可远程的智能设备升级；水电业务决策从传统的“看现场、估形势、凭经验”，逐渐向“资料数字化、过程可路演、决策有数据”发展；水电服务从“跑跑腿、动动嘴”的解决问题方式，向“鼠标一点、目标实现”的线上模式发展。

迅猛发展、迭代频繁的信息化技术可以助力管理科学化、服务人性化。社会及行业发展和师生需求让高校水电管理服务必须拥抱、融入信息化，但其对水电管理部门把控信息化技术、使用智能化设备、开展线上服务的能力和水平要求较高。

1.3.3 高校水电行业的痛点分析

撸起袖子加油干，既要分析形势跟住大势，了解国家及行业相关政策，知道高校水电管理行业面临的挑战，更要结合实际做好校本研究，分析自身存在的难点和痛点，在这个基础上做好水电保障服务的提升计划，才会符合校情，更好地解决实际问题，消除痛点、堵点。

1.3.3.1 水电管理队伍有短板

队伍总量缩减。在相当一部分高校，从 2000 年以来，除了部分政策性的退伍军人安置来到水电战线，实行“只退不进”政策。在高等教育办学规模、水电设施总量、用能需求均大幅增长的前提下，水电管理服务职工总量呈下降趋势。表 1-5 为以 25 所高校为样本，对 2019 年和 2021 年湖北省高校水电职工的调查情况。

表 1-5　2019年和2021年湖北省高校水电职工情况

年度	类别			
	职工数/人			电力容量/kVA
	职工总数	编内职工	聘用职工	
2019	23.32	10.6	12.72	29 740
2021	20.19	8.32	12.26	31 821
变化	−3.13	−2.28	−0.46	+2 081
幅度	13.42%	21.5%	3.61%	7%

表1-5中数据表明，两年里，湖北省高校平均电力装机容量增加2 081 kVA，增幅7%，但从事水电保障服务工作人员平均减少3.13人，降幅达13.42%，其中编内职工减少2.28人，聘用职工减少0.46人。

队伍结构不合理。根据湖北省高校水电管理服务情况（表1-6）调查发现，在职工队伍结构方面主要存在以下两个问题：一是从事水电管理工作的职工队伍总体年龄较大，年轻人较少，从事水电管理服务工作的职工平均年龄较大；二是虽然从事专业性非常强的工作，但职工受教育程度相对高校其他战线较低，大学本科及以上学历的员工占比19.21%，硕士研究生以上学历的员工占比1.73%。单从受教育程度来看，部委院校水电职工相对较高，本科以上学历职工占比为29.06%。

表 1-6　湖北省高校水电管理服务情况

学校类别	分析项				
	职工平均数/人	本科以上学历职工占比	硕士以上学历职工占比	相关专业职工占比	具备操作资格职工占比
高职高专	18.38	20.92%	0	35.39%	85%
省属院校	11.73	12.45%	0.82%	28.06%	55%
部委院校	36.86	29.06%	3.5%	16.31%	39.6%
全部高校	20.19	19.21%	1.73%	28.01%	57.4%

队伍专业性不够强。水电供配设施，尤其是电力设备操作专业性强，相关行业主管部门要求操作人员必须具备相关专业背景、工作经验，具有操作资格证书。调查显示：湖北高校水电管理职工经过正规教育的具备水电相关专业背景的员工占比仅6.7%，具备电力设备操作资格证书的员工占比45.6%。单从

专业背景分析，高职高专院校水电职工专业性较强，有专业背景的员工占比35.39%，具备操作资格和能力的员工占比达到85%；相对较差的为部委院校，有专业背景的员工占比仅16.31%，具备操作资格和能力的员工占比39.6%。

学习习惯养成不够。技术的快速迭代和文化的繁荣发展，对每个人都是机遇和挑战。由于长期从事一线保障工作，水电员工的主要工作任务是保障用户水电秩序，维护设施设备正常运行，应急处置任务和常规性的巡检巡查工作较多，坐下来思考和静下来总结提炼的时间较少。久而久之，员工会逐渐养成一种“干多想少”“做多说少”的工作模式和思维习惯。一方面，这样的习惯便于工作的落实，是后勤保障人员的优良品格；另一方面，这样的习惯让他们很少主动去了解国家新形势、社会新思想、行业新技术，思想和知识的更新较慢，很难在做好本职工作的基础上开展创新创造，既限制了职工自身业务能力和专业素养的提升，又束缚了水电事业的科学发展。

1.3.3.2 节能工作推进难

高校节能的主体工作是节约用水和节约用电。长期以来，节约用水的宣传教育深入人心，且水浪费行为显性、易发现、易纠错，所以绝大部分高校在水资源浪费上把控较好，在做好管道漏损管控、非常规水利用后，节水工作开展成效显著。

节约用电一直是个难题，甚至存在争议，争议的要点主要在节约用电的定义上。部分人认为奋斗和发展需要用电，电力是社会发展的重要基础资源，快速发展就必然增加支出。但节约和发展本身就不相矛盾，在确保正常生产生活秩序的同时，减少浪费，既保障发展，又推进节约，要在优先发展的基础上做好节约工作。所以说节约和发展相互促进。

如何将节水技术应用和节水行为管控有机结合，提升高校节水工作的效能；如何做好水电计量设施安装、推进水电定额收费管理，在节约用电上下好先手棋，取得真效果；如何在节能和育人上，画好最大同心圆，凝聚最强节约力，这些既是努力方向，也是工作短板。

1.3.3.3 信息化把控能力有短板

自二十世纪四五十年代以来，以计算机信息技术为代表的第三次工业革命蓬勃发展，成为不可逆转的趋势。高校水电管理业务的发展也逐渐向信息化、智能化转型。因人才储备不足、知识结构不合理、学习提升不及时等原因，水电员工的信息化素养已成为现代高校水电管理的一个重要难点和堵点。

一是学习上研究信息化不够。大部分高校水电业务学习主要集中在传统设备的维护、故障的应急处置和供配安全等领域，对于新形势下的供配设备、信息化管理与服务手段钻研不深，项目改造和工作开展过程中信息化思维融入不够。

二是思想上认同信息化不够。高校水电战线员工总体年龄相对偏大，成长经历和工作经历导致他们对于现代信息技术的认知有一定局限，在思想深处没有真正认识信息化、认可信息化。他们在工作决策上倾向于经验主义，谋划工作中习惯使用传统的设备和技术，在保障服务工作中使用传统面对面方式较多。

三是业务上推进信息化不够。随着逐年的发展，大部分高校在水电保障服务业务中不同程度引入了智能化设备和信息化工具。在设备的运维业务中，开发了一些便捷、高效的移动应用，但是工作习惯和惯性思维没能跟上工作发展的步伐，导致水电管理信息化应用建设多、使用少，很难发挥信息化的最大价值。

1.4 发展趋势

党的二十大报告将教育、科技、人才作为一个重要领域进行总结谋划，《中国教育 2035》描绘了高等教育事业的宏伟蓝图。兵马未动，粮草先行，水电保障有力、水电服务精细是实现教育事业高质量发展的重要基础之一。互联网+、智能化、大数据必将成为提升高校水电保障能力和水平的有效路径，高校水电事业发展将呈现“四化两提高”的趋势。

1.4.1 从业人员综合素养不断提高

1.4.1.1 水电从业人员受教育程度提升

相关资料显示，我国 2021 年高等教育毛入学率达 57.8%，中国建成了世界最大规模的高等教育体系，涵盖全日制教育、网络教育、继续教育、职业教育等多种模式，正由教育大国向教育强国迈进，高等教育由大众化进入普及化发展阶段，高等教育的规模和质量同步提升。在此形势下，社会人力资源接受高等教育的比例大大提高，水电从业人员选聘时教育基础要求也会逐渐提高。水电行业的新形势、新技术不断发展，为适应岗位及学校事业发展要求，现有水电从业人员也会通过继续教育、网络教育等形式回炉再造，高校水电从业人员整体受教育程度将稳步提高。

湖北省高校水电行业从业人员 2019 年和 2021 年调查数据显示，2019 年水电员工中本科及以上学历人员、硕士研究生及以上学历人员较 2021 年均有增长。从参与调查的 25 所学校来看，3 年里本科及以上学历员工平均增长 0.82 人，硕士研究生及以上学历员工平均增加 0.15 人。

1.4.1.2 水电从业人员专业化素养提升

经济社会快速发展，必然带来社会行业领域细分，专业人做专业事，各领域专业化水平不断提高。水电运维是一个牵涉人身安全、影响社会稳定的风险大、技术要求高的工作，目前市政水电供配系统员工基本都是科班出身，但从事同样工作，担当同样风险的高校水电运维人员，在专业化建设方面还有很长的路要走。未来的水电员工，不仅能动手操作设备，还要了解设备的工作原理，在出现应急状况时，能沉着有效处置；不仅能在实际工作的各种场景中有序应对，还要有行业要求的细分领域的有关资质证书；不仅能在一线专业地处置各类突发状况，还能结合学校实际在办公室思考布局水电事业发展。未来的水电从业人员会提供更人文、更专业、更可靠的水电保障服务，工作中专业化、标准化的业务处置让用户放心，规范化、流程化、人性化的服务让用户感到温馨。

1.4.2 保障服务标准不断提高

社会的持续进步和发展成果必然会在人类生活和工作体验中得到体现，在高校里，师生员工对美好生活的向往也随着学校事业发展而不断升华，水电作为学校重要的基础民生保障，其供配的稳定性、可靠性和服务的人性化、便捷化既是高校水电行业的追求，也是社会进步的必然体现。

1.4.2.1 水电保障的稳定性、可靠性提升

从对湖北省部分高校水电基础设施的调研情况来看，设施设备配备落后于学校事业的整体发展，体现在设备老旧、管理手段相对落后等方面。随着人才培养质量的不断提升和科学研究工作的不断发展，高校日常教学和科研活动对水电保障的要求会越来越高，水电供应的持续性、供应质量的稳定性要不断优化。学校事业发展不能受到水电供配能力的限制，校园活动应随时随地得到可靠水电供配的支持。

1.4.2.2 水电服务的人性化、便捷化提升

从本质上讲，高校水电业务是服务于学校中心工作，服务于师生员工学习、研究与生活的。高校水电用户群体整体受教育程度较高，接受新观念、新技术能力较强，对于生活、工作、学习的体验要求也更高。高校水电面向师生员工的服务主要包括故障维修、水电缴费、使用秩序监督、新用户开户等，要

提供优良的服务体验，就要有公众能便捷参与水电服务监督的通道，要有随时随地简单好用的线上服务工具，要有温暖、贴心、及时的互动提醒，要能在保障校园正常运行秩序的同时获得师生员工的理解、支持与认可。

1.4.3　设备的多样化、智能化和物联化

1.4.3.1　设备多样化

传统的水电供配体系设备主要由参与电力输配和增压供水的核心设备组成，如变压器、开关、电线、水泵、阀门、水管等。随着管理精细化和技术的不断发展，为了便于及时准确把控设备的运行状况，提升水电供配的安全性、可靠性，各类传感设备、监控设备、检测设备、门禁设备、控制设备会逐渐融入新时期的水电供配系统，并发挥重要作用。

1.4.3.2　设备智能化

紧密跟随国家战略，盯紧行业发展需求，现代设备制造业也蓬勃发展。从水电保障行业来讲，高标准、现代化的水电保障服务，必须基于新型现代化设备来开展。与传统水电供配设备相比，新型设备在性能上有显著升级：其一是设备稳定性增强，能有效应对供配过程中的突发状况，将损失降到最低；其二是设备具备通信功能，能及时记录自身运行数据并传输给管理后台；其三是设备具备智能属性，能内置专家系统，在运行过程中能根据负载、线路的实时状态自主切换运行模式，面临重大风险时有较强的自我保护能力。

1.4.3.3　设备物联化

与传统水电供配系统变化最大的是，新型水电供配系统上的设备不是一个单一的个体，而是相互联动的一个整体。要实现品类多样的水电供配设备围绕着稳定、可靠、安全的供配目标运行，就要将参与供配过程的设备通过物联网技术串起来，让水电供配系统中的某一个设备面临突发状况时，立刻将相关信息传送给管理后台，后台通过物联网向系统上的其他设备发送指令，从而激发整个系统的应急响应机制。

1.4.4　业务线上化

1.4.4.1　设备线上操作

传统水电供配系统中，要想了解设备运行状况或操作有关设备，必须到现

场处置。一方面，针对较多设备的巡查获取运行状态需耗费大量的人力，且存在识别误差；另一方面，在应急状态下赶赴现场操作会失去最佳处理时机。随着水电供配设施的智能化，日常巡检可以通过监控设备和传感设备远程实施，专业人员可在需要的时候对水电表、开关、阀门等设备远程操作。比如，通过手机或电脑线上远程巡检发现某配电房温度升高，某线路发热冒烟，即可操作响应回路开关，及时断电后赶赴现场处置，减少损失。

1.4.4.2 服务线上开展

随着高校水电保障服务对象需求的变化，面向服务对象的业务会呈现线上开展的趋势。一方面，是增强服务及时性，提升服务效率的需要；另一方面，是高校水电职工信息化素养提升和人员总量相对下降的需要，通过线上服务减少窗口人员设置，把主要精力投放到设施运维上去。线上服务主要呈现“一站式”和“一键式”两个特点，即一个入口能办理水电所有相关业务，鼠标一点就能实现目标。其发展方向主要有水电设施数据的共享、水电故障的处置、水电费结算、水电用户互动等。

1.4.4.3 管理线上落实

办公自动化（Office Automation，OA）技术的发展，让线上办公变得更加简单。在传统水电保障工作中，水电报装等面向用户的审批类业务，以及内部管控等面向水电员工的流程、工作布置和督导等需要花费大量人力，因涉及多人多部门，处置效率较低，且处置过程存档备查不规范，成为业务风险、廉政风险的高发地。把水电管理业务迁移到线上，符合新时期、新员工的工作习惯，能有效提高工作透明度和工作效率，便于工作的监督和落实。

1.4.5 运维信息化

定期、规范、专业的设备保养性检修，是水电供配系统长期稳定运行的关键，设施设备的运维水平直接体现一个高校的水电供配水平。

1.4.5.1 全生命周期的设备资料管理

经过多年的发展，大部分高校传统的水电基础设施资料已经完成了纸质版到电子版的转换，形成了比较规范完整的电子档案，实现了“在脑子里”到“在电脑里”的转变。随着移动信息化发展，设备资料管理必然更加便捷、细致，设备资料的内容从单一的自身信息，逐渐向设备生产、运行和维护全生命周期信息发展。比如，通过二维码技术配置设备ID，关联设备的生产厂商、技术参数等基础信息，收集运行过程中的电流、电压、温度等日志信息，以及运维过程中的故障、维修等信息。

1.4.5.2　标准智能化的运维过程管理

当前，高校的水电供配设施维护大多以巡查的形式替代，观察基本的运行参数和设备整体状况后完成运维，存在设备的运维标准不明、运维行为不规范、运维记录不健全等问题，错过设备隐患、发生运行事故的风险较高。提升运维水平，要基于全生命周期的设备信息管理，从物理位置、供配层级关系等层面构建供配系统的设备结构体系，从运维观测点位、正常参数值、常见故障判断等层面建立各类设备的运行标准，让水电供配系统的运维保养更深入、更专业、更标准；要基于运维工作的有效落实和高效处置，从运维监测发现隐患、线上流转处置隐患、业务节点监督落实等板块建设基于移动应用的线上工具，实现设备运维管理的智能化。

1.4.6　决策科学化

高校水电保障工作中涉及的决策，大多需要基于实际情况，从技术的角度给出判断，从操作层面给予指导，其不仅需要管理学思维，更需要管理者熟悉水电供配业务、了解设备性能和相关专业技术。

1.4.6.1　数据支持决策

传统水电管理工作中，“拍脑袋、凭经验”决策很常见，其具备一定的专业性和科学性，但对人的依赖很强，发展不可持续，用好学校水电数据资源，让“不专业”的管理人员能快速做出“专业”决策是趋势，也是水平。高校水电保障业务过程中产生的数据包括电力设备、给水设备、管道、公共照明设备、水电计量设备、监控设备、各类传感器的运行数据，数据中台整理分析后按照实际需求进行展示。基于这些元数据，衍生收费、运维、远程操控等业务，针对水电消耗数据，可以对节能工作进行挖掘分析，找准节能关键点，有的放矢提升效能；针对水电费回收数据，可以筛选可疑用户，提升违章用能排查效率；针对电力设备运行数据，可以科学管理新增容量，合理配置线路规格；针对路灯运行数据，可以合理设置开关及照明策略，满足公共照明需求的同时节约用能；针对泵房及管道运行数据，可以合理调整供水压力，有效控制漏损等。

1.4.6.2　预警辅助决策

简单说，预警辅助就是基于设备运行数据和经验库，建设一个水电运维专家系统。在各类水电信息化管理工具长期运行的过程中，产生了大量数据，发挥数据的重要作用，就要让数据“会说话”，要有基于数据即时传达的业务处理、设备运行预警信息，在收到预警后，工作人员进行相关决策。其工作原理是，结合学校实际、设备参数和行业通用有关标准，建立能耗、负载、安全管控、漏损、设备运行状态等业务的预警触发数据库，预制不同触发场景的预警内容和推送对象，在设备运行状态达到预警阈值时，系统即时响应并推送响应预警。

1.4.6.3 模拟引导决策

在经验化水电管理向科学化水电管理发展的进程中，模拟是一个重要进步。在高校水电保障服务场景中，模拟就是应用现代信息技术手段，模拟停送电、开关阀、地面开挖、电力线路布设等业务，分析其可行性及影响范围，让决策影响可控化、可视化、数字化。停水故障发生后，在修复前即可通过设置故障点，关联管网、房产、用户、阀门等数据，分析实施维修可选用的开关阀方案，搜索不同开关阀方案的停水影响范围及用户，并提供地面开挖的深度、工程量等方案，导航操作相关阀门。在新增电力线路需求提出后，可以设置新增电缆规格、负载需求，搜索具有承载能力的配电房、配电柜、开关等设备，提供若干套接线方案，并对方案进行排序，供管理人员结合实际决策。

总之，高校水电保障基础设施、管理精细化还有较大的提升空间，在教育新基建大背景下，机遇和挑战并存，如何基于学校实际谋划水电保障服务工作，更加积极地服务于学校事业快速持续发展，提升师生员工校园生活体验任重而道远。

第2章 水电物联网

导读：21世纪以来，以信息化为主要内容的第四次工业革命蓬勃开展，信息化深入我们学习、工作和生活的每个角落。对于基础相对薄弱的高校水电管理工作来说，以物联网为代表的信息化技术应用逐渐广泛，在提升高校水电保障服务水平过程中起到决定性作用。由于自身人才储备不足、技术力量不够等，目前高校水电物联网建设总体还处于卖方市场阶段，高校自我谋划、维护和完善的能力欠缺，时至今日，真正具备规模化推广和广泛认同的整体解决方案少之又少。那么到底是技术落地存在瓶颈，还是行业的需求不够迫切呢？本章将以物联网技术的发展历程为轴线，以不同时期的智慧水电建设项目为样本，深入解析物联网技术在高校水电行业中应用的现状及展望。

2.1 物 联 网

物联网（Internet of Things，IoT）起源于传媒领域，是信息科技产业的第三次革命。物联网是指通过信息传感设备，按约定的协议，将任何物体与网络相连接，物体通过信息传播媒介进行信息交换和通信，以实现智能化识别、定位、跟踪、监管等功能。它是在互联网基础上延伸和扩展的网络。

2.1.1 物联网概述

物联网是指通过各种信息传感器、射频识别技术、全球定位系统、红外感应器、激光扫描器等各种装置与技术，实时采集任何需要监控、连接、互动的物体或过程，采集其声学、光学、热学、电学、力学、化学、生物、位置等各种需要的信息，通过各类可能的网络接入，实现物与物、物与人的泛在连接，实现对物品和过程的智能化感知、识别和管理。物联网是一个基于互联网、传统电信网等的信息承载体，它让所有能够被独立寻址的普通物理对象形成互联互通的网络，如图2-1所示。

图 2-1　物联网

2.1.1.1　定义

物联网由感知层、传输层及应用层 3 个部分组成。感知层由各类传感设备组成，利用射频识别（Radio Frequency Identification，RFID）、二维码、传感器等传感设备，感知和获取物体的各类信息，如听觉（语音识别）、视觉（摄像头、人脸识别）、感觉（气体、烟雾、红外传感器）、运动（振动、加速度传感器）等；传输层是通过现场总线、互联网、无线技术的应用，将感知信息实时、准确地传送，实现数据的交换和分享；应用层对感知和接收到的数据、信息进行存储和分析，并对加工数据、信息进行应用，实现监测、控制与管理等功能。因此，物联网必须具备 4 种能力：获取信息的能力、传送信息的能力、处理信息的能力及存储信息的能力。

2.1.1.2　特点

从通信对象和过程来看，物与物、人与物之间的信息交互是物联网的核心。物联网的基本特征可概括为整体感知、可靠传输和智能处理。

整体感知：可以利用射频识别、二维码、智能传感器等传感设备感知和获取物体的各类信息。

可靠传输：通过对互联网、无线网络的融合，将物体的信息实时、准确地传送，以便信息交流、分享。

智能处理：对感知和接收到的各类数据和信息进行存储和分析，并实现数据的加工及应用，展现系统的监控、管理等功能。

物联网运行特性点很多，大体有如下几个。

实时性：物联网应用场景中其前端感知设备获取的信息一般均为实时产生的信息，而这些信息通过网络层实时传输至用户控制终端，从而完成相应的实时监测及反馈控制操作。

精细化：物联网应用更注重产生结果的过程信息，这些过程信息既包括了类似温度、湿度等变化，也包括了结构应力等可能发生突变的物理量等，因此更能确保这些过程信息的准确性。

智能化：物联网应用往往可实现自动采集、处理信息、自动控制的功能。某些构架可通过将原有在终端中的信息处理功能的一部分移交到收集前端感知设备信息的汇聚节点中，从而分担少部分的信息处理工作。除此之外，通过对收集信息的存储及长期积累，可分析得出适应特定场景下规则的专家系统，从而可以实现信息处理规则适应业务的不断变化。

多样化：一方面，物联网的应用涉及多种技术领域，因此其可提供的相应产品及服务形态也可以实现多种组合的可能。例如，物联网的应用架构中前端感知既可采用无线传感网实现，亦可通过 RFID 等多种技术手段实现，因此其所能够提供的前端感知的信息亦是多种多样的。这也决定了物联网可应用的领域亦具有多样化的特点。另一方面，物联网涉及各个技术领域产品形态及技术手段，因此其可提供的物联网应用构架亦有多种可能。随着现代通信网络的不断普及，特别是移动通信网络的普及和广域覆盖，为物联网应用提供了网络支撑基础。到了 3G 时代，多业务、大容量的移动通信网络又为物联网的业务实现提供了基础，而物联网信息网络的连接载体也可以是多样的。

包容性：物联网的应用有可能需要通过多个基础网络连接，这些基础有可能是有线、无线、移动或是专网，物联网的业务应用网络就是将这些网络组建成新的网络组合，多个网络、终端、传感器组成了业务应用。物联网应用可将众多行业及领域整合在一起，形成具有强大功能的技术架构。因此，物联网也为众多行业及企业提供了巨大的市场和无限的机会。

创新性：物联网给我们的是一次颠覆性、创新性的信息技术革命。它将人类数字化管理的范围从虚拟信息世界延伸至实物世界，强化了实时处理和远程控制能力，极大地扩展和丰富了现有的信息系统。同时物联网将原有一个个独立的实物管理自动化系统，延伸至远程控制终端，借助现有的无线传感、互联网等众多技术，革命性地提升了自动化管理的处理性能和智能水平。另外，现有技术的结合将创造出更多的物联网信息系统，也将促进更多的新技术、新产品、新应用产生，相信这也将是我国信息产业实现跨越式发展的历史性机遇。

2.1.2 物联网发展

物联网的概念最早出现于比尔·盖茨1995年创作的《未来之路》一书，在《未来之路》中，比尔·盖茨已经提及物联网的概念，只是当时受限于无线网络、硬件及传感设备的发展，并未引起世人的重视。

1998年，美国麻省理工学院创造性地提出了当时被称作EPC系统的“物联网”的构想。

1999年，美国Auto-ID首先提出“物联网”的概念，主要是建立在物品编码、RFID技术和互联网的基础上。过去在中国，物联网被称为传感网。中科院早在1999年就启动了传感网的研究，并已取得了一些科研成果，建立了一些适用的传感网。同年，在美国召开的移动计算和网络国际会议提出了“传感网是下一个世纪人类面临的又一个发展机遇”。

2003年，美国《技术评论》提出传感网络技术将是未来改变人们生活的十大技术之首。

2005年11月17日，在突尼斯举行的信息社会世界峰会（World Summit on the Information Society，WSIS）上，国际电信联盟（International Telecommunication Union，ITU）发布了《ITU互联网报告2005：物联网》，正式提出了“物联网”的概念。报告指出，无所不在的“物联网”通信时代即将来临，世界上所有的物体从轮胎到牙刷、从房屋到纸巾都可以通过互联网主动进行交换。RFID技术、传感器技术、纳米技术、智能嵌入技术将得到更加广泛的应用和关注 。

2021年7月13日，中国互联网协会发布了《中国互联网发展报告（2021）》，报告指出：物联网市场规模达1.7万亿元，人工智能市场规模达3 031亿元。

2021年9月，工信部等八部门印发《物联网新型基础设施建设三年行动计划（2021—2023年）》，明确到2023年底，在国内主要城市初步建成物联网新型基础设施，社会现代化治理、产业数字化转型和民生消费升级的基础更加稳固。

2.1.3 物联网组建

物联网层次结构分为3层，自下向上依次是感知层、网络层、应用层，如图2-2所示。

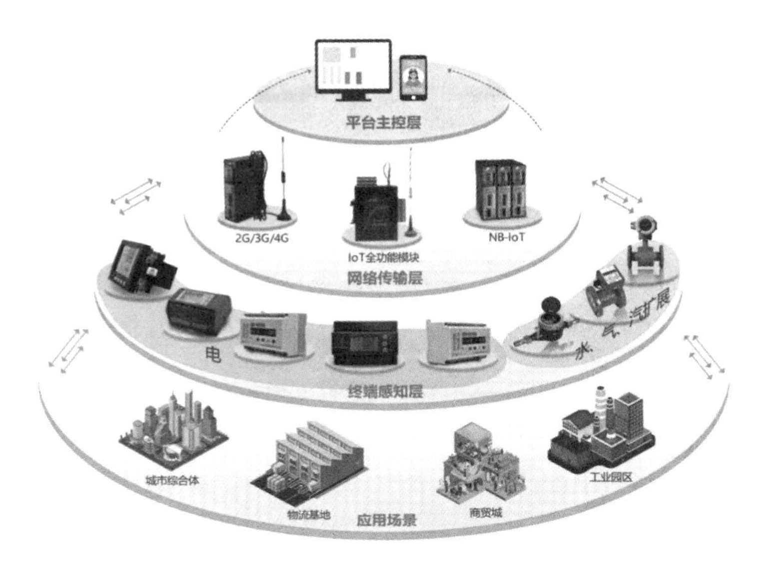

图 2-2　物联网的组成

2.1.3.1　感知层

感知层是物联网的核心，是信息采集的关键部分。感知层位于物联网结构中的最底层，其功能为“感知”，即通过传感网络获取环境信息。

感知层包括二维码标签和识读器、RFID 标签和读写器、摄像头、GPS、传感器、M2M 终端、传感器网关等，主要功能是识别物体、采集信息。

我们人类是使用五官和皮肤，通过视觉、味觉、嗅觉、听觉和触觉感知外部世界。而感知层就是物联网的“五官”和“皮肤”，用于识别外界物体和采集信息。感知层解决的是人类世界和物理世界的数据获取问题。它首先通过传感器、数码相机等设备，采集外部物理世界的数据，然后通过 RFID、条码、工业现场总线、蓝牙、红外等短距离传输技术传递数据。感知层所需要的关键技术包括检测技术、短距离无线通信技术等。

2.1.3.2　传输层

传输层是物联网设备实现连接的通道，承担连接终端设备、边缘、云端的职责，传输方式主要是无线传输。随着物联网设备数量快速增加，应用场景日益丰富，市场对网络连接能力提出了更高的要求。

物联网的传输层负责将感知层识别和采集的信息进一步传递，其中涉及多种网络通信技术，通信技术可分为无线传输技术和有线传输技术，而根据实际应用发展情况，无线传输是主要发展趋势，因此物联网传输层主要关注点在无线传输技术。

无线传输技术可分为短距离传输技术和广域网传输技术。在短距离传输技术方面，以 WiFi 和蓝牙为代表的高功耗、高速率短距离传输技术主要应用于智能家居和可穿戴设备等应用场景，目前来说应用广泛且产业成熟度较高；ZigBee 这类低功耗、低速率的短距离传输技术适合局域网设备的灵活组网应用，如热点共享等。在广域网传输技术方面，授权频谱技术主要包括适用于 GPS 导航与定位、视频监控等实时性要求较高的大流量传输应用的高功耗、高速率的蜂窝通信技术，以及适合于远程设备运行状态的数据传输、工业智能设备及终端的数据传输的低功耗、低速率的 NB-IoT 技术；非授权频谱技术有 LoRa、Sixfox 等。

2.1.3.3 应用层

应用层位于物联网结构中的最顶层，其功能为"处理"，即通过云计算平台进行信息处理。应用层与最低端的感知层一起，是物联网的显著特征和核心所在，应用层可以对感知层采集的数据进行计算、处理和知识挖掘，从而实现对物理世界的实时控制、精确管理和科学决策。

物联网应用层的核心功能围绕两个方面：一是"数据"，应用层需要完成数据的管理和处理；二是"应用"，仅仅管理和处理数据还远远不够，必须将这些数据与各行业应用相结合。例如，在智能电网中的远程电力抄表应用：安置于用户家中的读表器就是感知层中的传感器，这些传感器在收集到用户用电的信息后，通过网络发送并汇总到发电厂的处理器上；该处理器及其对应工作就属于应用层，它将完成对用户用电信息的分析，并自动采取相关措施。

从结构上划分，物联网应用层包括以下 3 个部分。

1. 物联网中间件

物联网中间件是一种独立的系统软件或服务程序，中间件将各种可以共用的能力进行统一封装，提供给物联网应用使用。

2. 物联网应用

物联网应用就是用户直接使用的各种应用，如智能操控、安防、电力抄表、远程医疗、智能农业等。

3. 云计算

云计算可以助力物联网海量数据的存储和分析。依据云计算的服务类型可以将云服务分为基础设施即服务（IaaS）、平台即服务（PaaS）、软件即服务（SaaS）3 类。

从物联网三层结构的发展来看，网络层已经非常成熟，感知层的发展也非常迅速，而应用层不管是从受到的重视程度还是实现的技术成果上，以前都落后于其他两个层面。但因为应用层可以为用户提供具体服务，是与我们最紧密相关的，因此应用层未来发展的潜力很大。

2.2　水电物联网

高校水电行业是一个涉及面广、子行业多、管理烦琐的聚合性服务行业，不但要维持教学、科研、办公等的有序稳定，还要满足校内商业、居民、公共等其他种类用户的用能服务需求。其管理的范围不但包括常规的水、电、气能的供配，还包括门禁、道闸、路灯、监控、网络等配套设备设施的管控，并且水电行业设备设施还有数量大、分布密集的特点。随着信息化时代的飞速发展，供配质量及用能服务需求的提升，高校后勤管理中水电和物联网技术的深入融合及应用显得尤为必要。

2.2.1　概述

水电物联网是立足于水电保障服务工作的需要，按照约定的协议，把水电业务运行中涉及的各类设备与互联网连接起来，进行信息交换和通信，以实现实时运行数据、查验设备运行状态、分析水电供配系统安全风险、远程操控设备等目标的一种行业应用网络。水电物联网的应用类别可以分为计量物联网、供配保障物联网、公共保障物联网等。

2.2.1.1　水电物联网的定义

因不同高校管理单位业务的差异，高校水电行业的终端所包含的物联网设备也不尽相同，大体由水电气计量设施、水电供配设施、室内外照明设施、门禁管控设施、安防监控设施、消防设施、校园卡设施等组成。

因高校对各业务板块重视程度不同，各类业务信息化建设的时间与深度都不一样。早期没有统一的谋划，在单一业务方面，缺少对未来大一统平台建设兼容性、扩展性的考量，只能提出当下看得见的管理需求，厂家提供什么就用什么，导致各业务系统自成体系，没有统一架构、没有统一的管理及数据出入口，数据孤岛化、业务离散化等现象严重。某种意义上，这已经严重阻碍了物联网统一平台的建设，影响了相关部门的管理效率，有时甚至不得不全部推倒重来。

国家已颁布《高等学校校园设施节能运行管理办法》《高等学校节约型校园指标体系及考核评价办法》等标准及规范，用于指导高校能源管理及节能监管平台的建设。在高校能源资源消耗中，水电消耗占据了很大一部分，如何通过新技术、新手段建设智慧节能平台，实现对水电用量的有效管理是当前高校刻不容缓的问题。将物联网技术应用于高校水电节能管理平台建设中，对校园能耗进行计量监控，分析用能问题，减少能源浪费，挖掘节能潜力，提高节能意识，实现校园水电的节能管理，有助于推进节约型校园的建设。

2.2.1.2 水电物联网的结构

水电物联网是物联网技术在水电行业的深入应用，其构架也相应地划分为3个层级：水电感知层、采集传输层、水电数据应用层，如图2-3所示。水电物联网是将水电行业的应用数据，通过物联网技术进行采集、传输、处理的综合应用网络。需要采集的数据项包含供水网络的流量、压力、用水量，供电网络的电压、电流、用电量等数据。

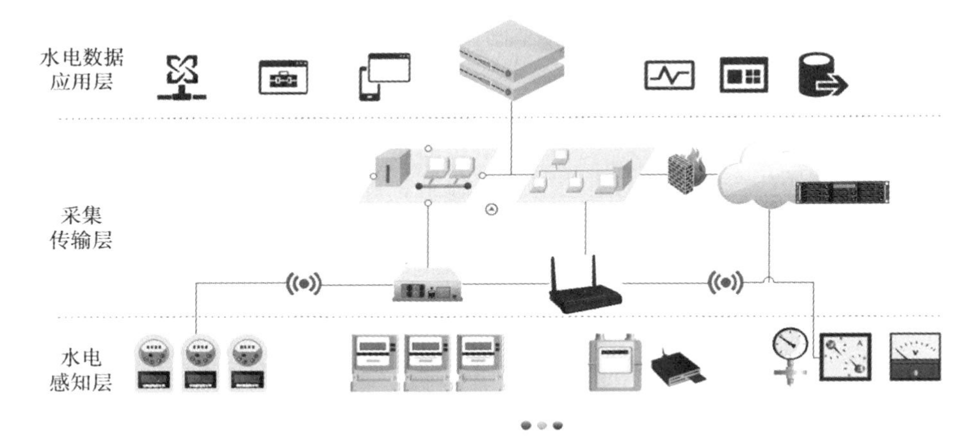

图2-3 水电物联网构架

1. 水电感知层

水电感知层由各类传感器组成，传感器具有唯一性，用于电压、电流、用电量、水流、水压、用水量等能量、状态的感知。它们通过数模转换电路，将电、光、声等各种开关量、波动模拟量转换为数字信号，发送至终端设备的处理器进行数字化处理。

2. 采集传输层

采集传输层充当水电终端和数据应用层之间的中介，提供所需的物理连接，具有安全性和可管理性。通常赋予其采集器、集中器、数据终端等名称。其主要功能是采集、控制、传输数据流。

3. 水电数据应用层

水电数据应用层是一套完整的软生态基础服务架构，包含网络设备、服务器（服务和应用）及存储设备。

一个高效的水电物联网络，应具备以下特点：依托于校园网的主干传输网络；跨行业的强通信整合能力；高度自主可控的设备接入标准；高效的决策支持及数据出入接口。

2.2.1.3 水电物联网的功能

水电物联网的基本功能：提供“无处不在的连接和无时不在线的服务”。通过水电设备的实时连接与即时服务，管理人员及终端用户可以实时掌控网络体系中各设施的运行数据及运行状况，还可以按需控制设备的运行模式，实现个性化的服务及更加高效的管理效率。

从基础层面上来说，物联网具备以下3项功能。

1. 管理功能

管理功能是水电物联网的基本功能。高校水电行业的特点就是设备设施种类多、数量大、分布范围广，原来都是依靠庞大的人工队伍进行抄读、巡查、管理。随着物联网应用的深入，将多种类、大数量的设备设施进行网络化、扁平化、高效化的管理，是水电物联网的基本功能。

水电物联网管理效率的提升，一方面，促进了网络管理理念的转变，人员效能大幅提升；另一方面，深化了网络管理能力，全面提升网络质量，大大提升其核心竞争能力。

2. 服务功能

高校后勤管理部门是一个面向高校各阶层的工作、生活基础保障部门，需要对老师、学生、居民、商业等各阶层人员提供能源保障服务，需要将能源保障设备设施与用户进行无感连接，不但要让用户享受稳定能源服务，还要让用户在使用过程中有个性化、定制化的服务体验，让用户实时了解自己的用能数据，随时随地都可以了解“我用了多少”“什么时候用的”“怎么用的”。

3. 安全保障功能

由于物联网所有权属性和隐私保护的重要性，为防止未经授权的情况下随意使用保密信息、识别行为及追踪行为的干扰，物联网系统必须提供相应的安全保障机制。除了服务区入侵的防御，还可以通过身份管理、权限管理、动态信任等方式来防止员工“误操作”带来的安全隐患。

当然，这只是物联网的“基础功能”，更多功能包括远程维保、决策桌面、统计查询等，随着应用功能的不断添加，物联网前景也将更加广阔。

2.2.2　水电物联网的发展

2.2.2.1　传统水电向数字水电的转变

高校水电管理是高校后勤管理的重要组成部分。高校后勤管理工作涉及多个行业，每个行业都有不同的特点和工作方式，高校水电的管理水平直接影响着高校的发展。学生人数不断增加、教师队伍不断壮大、校区分布不集中、教学科研要求不断提高等特点，都给水电管理工作提出了新的挑战。

进入21世纪，随着信息与数字化管理的迅猛发展并在各个领域得到广泛应用，加强信息化后勤建设，使后勤保障实现数字化管理、整合化管理是提高高校后勤的快速反应能力，打破传统管理模式，向信息与数字化管理模式转型的必然趋势。因此，对高校后勤管理模式进行探索研究，具有十分重要的理论意义和实践意义。

2.2.2.2　基础设施信息化

数字化管理是指利用计算机、通信、网络等技术，通过统计技术量化管理对象与管理行为，进行信息的收集、传输、加工、储存、更新和维护，支持组织高层决策、中层控制、基层运作的集成化的人机系统，并实现研发、计划、组织、生产、协调、销售、服务、创新等职能的管理活动和方法。后勤数字化管理是高校后勤发展的必然趋势，是信息社会数字化建设的必然要求。

高校后勤管理数字化是管理信息的数字化，也是管理系统和过程的数字化。高校后勤管理数字化在提高管理效率的同时，也能达到人力、物力、财力资源的整合，从而极大地提高后勤保障系统的反应能力。

2.2.2.3　数据分析信息化

随着现代办公技术的飞速发展，很多工作都被工具取代，工具的展示、统计和汇总可以帮助我们找出问题的根源。比如，学校用能指标数据统计，如首次水电报修、维修跟进及时率、现场到达率、完成率等，这些数据通过人工登记回访等方式进行记录，不仅需要做重复、烦琐的工作，还会浪费大量的人力资源成本，且人工统计更容易造成统计不及时和数据不真实的情况。

2.2.2.4 数字水电向智能水电的转变

高校水电管理肩负着为学校发展服务，为教学科研服务，为师生员工服务的重任，直接关系到高校的稳定和发展。高校水电管理是高校后勤工作的“总指挥”与“总调度”，因此，水电管理工作质量直接决定着高校教学科研工作能否顺利开展与高效运行。诚如“苟日新，日日新，又日新”这句古训所言，水电管理的改革和创新是高校水电工作与时俱进、顺应新时期新变化和新要求的必由之路。

高校水电管理大体分为3个阶段：2000—2015年的“半信息化”（摸索）阶段；2015—2022年的“稳步信息化”（发展）阶段；2022年至今的“高速智能化”（普及）阶段。

1. 水电物联网摸索阶段（2000—2015年）

2000年以前，高校水电管理基本靠“人管”，人工抄取数据，做纸质台账，人工分类、核算、收费，如图2-4所示。水电设备也基本上是“机械”形式，如机械水表、机械电表、手动开关、手动阀门。安全保障工作也主要是人工巡查、值守。在浪费大量人力的情况下，还存在以下问题：事务处置效率低、服务不及时、数据报表失真比较严重。

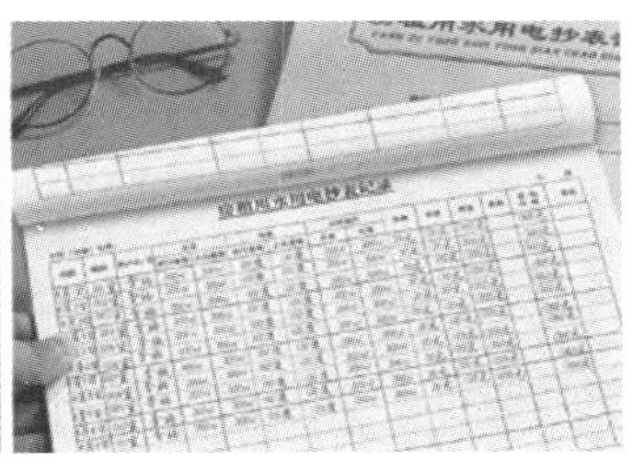

图2-4 2000年前高校水电管理模式

2000年开始，随着电子信息技术的崭露头角，水电管理工作逐步从“人管”过渡到“半信息化”阶段，将需要人工参与的重复性工作，借助电子化的水电设施“半智能化”。随着计算机、IC卡、红外灯技术的普及，水电抄表收费转变为IC卡的预付费模式，水电设施融合应用电子技术，简单的电传电控出现，开始有总线、网络的雏形。

2. 水电物联网发展阶段（2015—2022年）

2015年我国开始正式进入互联网高速发展的时代，各种电子信息技术蓬勃发展，水电管理借着这股“东风”也加速进入智能化时代，随着互联网、物联网的深入应用，水电物联网时代正式拉开序幕。

人们借助云、大数据、神经网络等常态化手段，实现自动化运维、故障自动处置，各水电设备的抄、收、查、控实现自动化在线智能处理。各式水电表如图 2-5 所示。

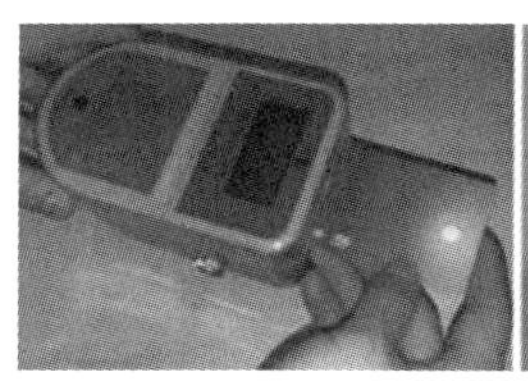

图 2-5　各式水电表

3. 普及阶段（未来 5～10 年）（百花齐放）

放眼未来，水电物联网已进入发展的快车道。随着 NB-IoT 技术的全面普及，NB 芯片的功耗、价格、运行成本也随着设备数量的扩张而无限降低。基于 NB-IoT 技术，物联网发展早期提出的任何时间、任何地点、任何事物的实时连接也将成为现实。

将来，无类别、品牌区分的各类水电物联网产品，将实现免维护、一码自动组网、系统自动建模、数据 AI 分析等前瞻性的功能，如图 2-6 所示。

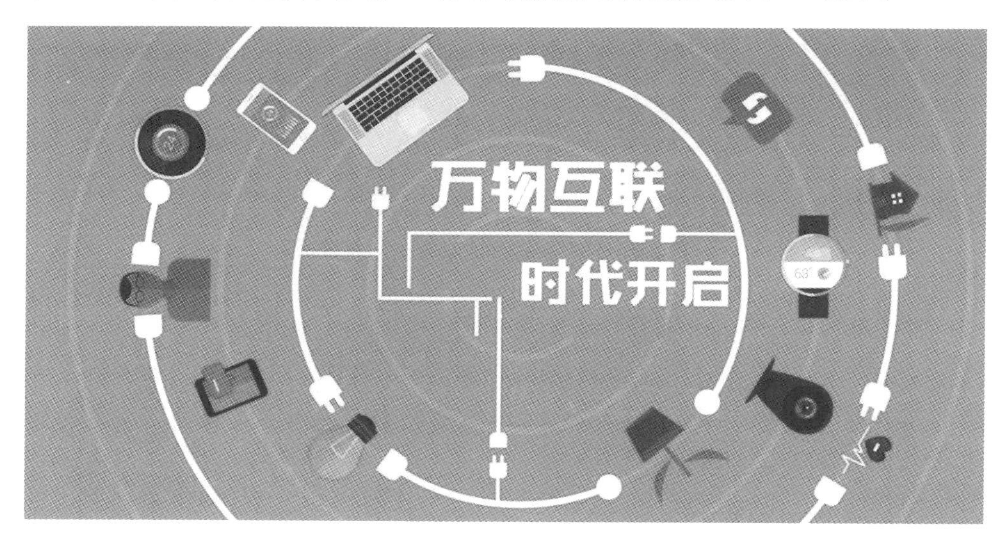

图 2-6　万物互联

2.3　水电物联网分类

水电物联网按应用业务的不同，大体可以划分为计量物联网、供配保障物联网、公共保障物联网三大类。

2.3.1　计量物联网

计量在历史上称为“度量衡”。计量是经济社会发展和科技进步的重要技术基础，是规范市场经济秩序、提高产品质量、维护群众切身利益的重要技术保障，关系国计民生。它涉及工农业生产、国防建设、科学试验、国内外贸易及生活的各个方面。我们每天都离不开计量，我国传统的计量方法已逐渐落后，物联网计量时代即将到来。传统计量工作的目的内涵是量值的准确和计量单位的统一。传统的计量器具管理方法在“生产、流通、检定、维修”之间各自为营，信息难以共享。而物联网计量的到来，将使传统计量发生由传统的实验室测量到在线测量、由静态校准到动态实时校准、由单一参数校准到多参数耦合校准、由独立的仪器及设备计量到系统综合计量校准的变化。

计量类产品的应用特性是安装分散、环境复杂、管理烦琐，而即时性、稳定性又要求较高。那么基于及时性和稳定性为核心需求，使用成熟稳定的物联网技术的水、电、气表抄控技术建设的物联网就是计量物联网，如图 2-7 所示。

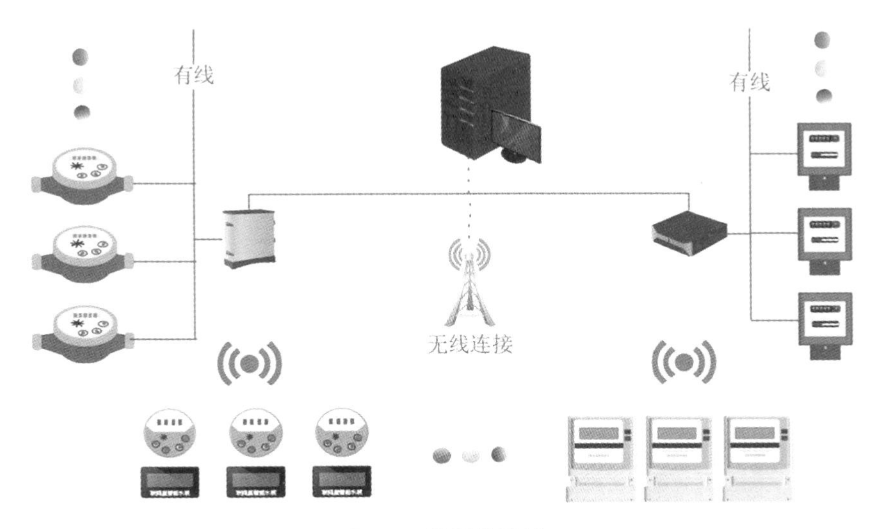

图 2-7　计量物联网

计量物联网应有通信即时性高、实时在线、网络覆盖性好等优点，不论是城市小区，还是荒山野岭，都应有相应的网络技术支撑覆盖，在有完备的网络条件支撑下，能实现实时抄控、云端费控、能耗管理、运行预警、预/后付费、智能运维等多种数据服务的功能。

2.3.2 供配保障物联网

水电消耗是高校能源消耗的重要组成部分，具有控制节点分散、使用时段不固定等特点。高校师生人数众多、区域分散，其中教学区、办公区、生活区，每个区域在不同时段的水电消耗又不一致，每个区域在特定时段都有可能出现高能耗状态，传统的水电管理无法解决水电资源合理分配的问题。而且由于控制节点过于分散，在某些区域不可避免地会出现能源浪费的现象，特别是在设备设施损坏又无人发现的情况下，容易造成巨大的能源消耗，不便于节能管理。

因此，运用物联网技术来建设高校水电节能平台能有效进行节点监控，提高能效管理，使水电资源分配更合理、利用更高效。

供配保障物联网是由安装于泵站、配电房、箱变等场所的供水供电状态监测设备，以及供水供电场所环境、安全保障设备组成，如图 2-8 所示。各类设备通过信息化手段，使能源资源开发、转换（发电）、输电、配电、供电、售电及用电的电网系统的各个环节进行智能交流，实现水电供应安全、稳定、高效、节能的目标。

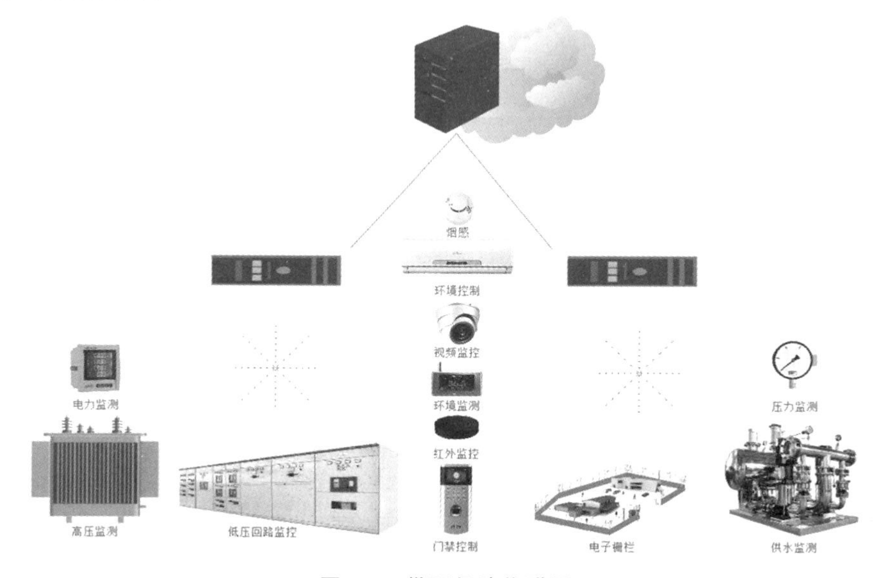

图 2-8 供配保障物联网

2.3.3　公共保障物联网

水电基础保障设施的智慧化运行，也是水电物联网的重要组成部分。公共保障物联网的关注点在于智能基础设施的建设开发，这些智能基础设施融合物联网技术可以提高效率、节约成本、方便维护。公共保障物联网包括有监测和控制需求的公共设施，如路灯、安防、门禁、管道等，如图 2-9 所示。

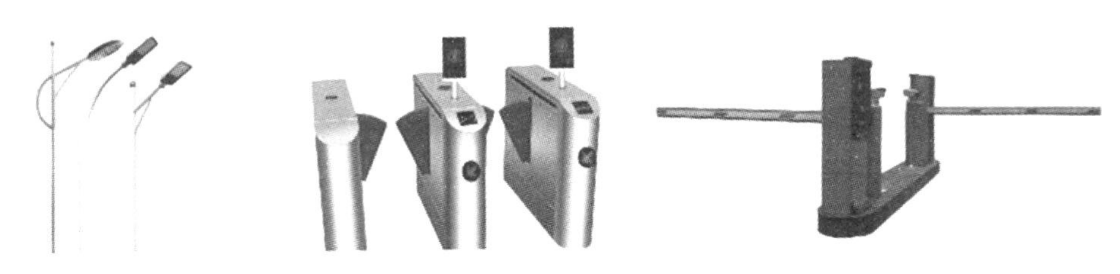

图 2-9　公共保障物联网

从技术上讲，基础设施物联网是工业物联网的一个子集。然而，由于它的重要性，它经常被视为独立的类别。

2.4　水电物联网建设

高校水电物联网的建设，始终是围绕着满足高校水电管理的需求进行的。其建设的核心目标是提高水电保障水平、提升水电费回收率、提高水电能耗节能水平、提升供能服务质量。

保障：高校的发展离不开水电，保障水电基础设施设备的正常运转是水电管理部门的基本任务。对水电设备的运行状态、运行环境进行监控，保证工作条件在适宜区间内可以延长设备寿命、降低故障率；对水电设施的人员进出、实时图像进行监测，可以在故障发生时及时响应，缩短停水停电时间、避免事故扩大。

回收：水电管理部门承担着校园内家属区、经营区、学生宿舍区的水电费回收，抓好回收率，能为学校减轻办学负担，也是水电管理部门的一项考核标准。传统的机械电表需要有工作人员上门抄表，有的高校水电表安装在住户屋内，经常进不了户抄不了表；IC 卡表需要有工作人员在前台值班充值，常常周末或晚上加班为住户服务，表的状态是不可知的，是否有偷电现象难以排查。因此，收费计量水电表应该具备实时通信、远程分合闸功能，有着有线或无线多种方案。

节能：高校水电管理承担的任务越来越重，“绿色校园”创建以及“碳中和”计划，对高校的节能工作提出了高要求。高校用能存在“大锅饭”现象，部分办公室照明、空调长期不关，因此高校节能工作开展的前提是实现水电的精细化管理，对水、电的去向从生产端、输送端、使用端做到全面计量，通过分析用能规律，发现用能问题，采取排名考核、节能技术等手段降低能耗。

服务：物联网的关键是应用，这些数据不仅可以供水电管理者使用，也同样可以开放给师生，提高水电管理部门的服务质量和评价。师生可以通过浏览器、微信公众号等方式查看自己每天的水电用量、余额、累计用量等，院系之间环比、同比每月的水电用量，激发院系的自主节能意识。报修服务方便师生把水电故障用图片上传给水电管理部门，以便及时安排维修，提高效率。

水电基础设施设备的更新“牵一发而动全身”，从底层感知设备到传输网络搭建环环相扣，需要大量的经费投入；难以一次性改造完成；电子技术日新月异，升级换代频率快，可能系统刚建好就成了落后技术；各个业务之间相互关联，硬件选型、网络搭建必须考虑充分，以免不兼容，导致重复建设。

因此，高校水电物联网的建设是个分期建设的过程，不可能一蹴而就，是个整体设计、全盘谋划、分步实施的过程。

高校物联网建设从以下几个方面进行：需求调研、技术选型、技术线路及产品选择。

2.4.1 需求调研

高校水电物联网建设是一个由点到面、从无到有、分批分阶段建设的过程。因建设时间节点、管理需求的差异，物联网的契合程度也不一致。目前普遍存在各业务系统各自为政、关联度低的情况，那么打破看似没有关联的业务之间的壁垒，将不同类型的业务无缝融合起来，建立统一的抄读、管理、预警、服务平台，就是当下水电物联网建设应预先谋划的问题。

高校进行物联网建设谋划需要准确地确立建设目标，对自身的现状要有清醒的认识，确定预设的建设目标、明晰自身现状后，按照规划针对自身信息化的短板逐一对症下药，逐步进行物联网建设。

2.4.1.1 校情研究

一套开放包容、兼收并蓄的水电物联网应围绕高校水电管理部门的现状及痛点提供解决方案。

针对信息化建设深度不一的高校，应先对其现状进行深入研究，设计一套符合自身现状的物联网框架，量身设立切实合用的技术标准，再按需补齐短板，定制建设计划，分步建设一个完善的物联网。

可按以下步骤对水电物联网的建设进行梳理。

第一步，盘点。高校水电管理部门梳理自己的工作范围及内容，将工作细化和归纳整理，盘点自身涉及哪几种物联网建设，如家属区、经营区的水电回收属于计量物联网，水电保障属于供配保障物联网，公共路灯、供配重地安防系统属于公共保障物联网。

第二步，挖掘。对照历年的数据深度挖掘自身的需求及痛点，如水电回收率低需要加强计量物联网的建设、人均水电量偏高需要加强节能物联网的建设、抢修数量多需要加强供配保障物联网的建设等。

第三步，排序。通过分析历年管理人员在哪一项工作耗费的人力多、压力大，哪一部分收到的投诉多，确定哪些项目是急切的、哪些项目是相对不那么重要的。

第四步，摸底。与信息中心对校园网准入情况进行沟通，如校园网覆盖程度怎样、是否稳定、设备能否接入、有哪些要求等。对学校已完成的物联网项目进行效果评估，如采用何种传输方式、是否满足需求、还有哪些扩展空间等。

第五步，设计。结合以上总结的实际需求和现状，对学校整个水电物联网进行统筹设计，为避免重复建设，各部分应整体设计、分步实施，如在计量物联网中安装的公共楼栋总水表，可尽量选用带压力监测功能的超水波流量计，这样压力、流量数据后续可以供水物联网使用，尤其在整个传输网络选型时，要考虑多个物联网系统间的兼容性。

1. 计量物联网建设

高校水电物联网应用最深入的当属计量领域，计量物联网是高校水电物联网最大的板块，也是最重要的组成部分。高校现有的水电表具想要并入大的物联网平台，必须支持远程即时抄控，管理模式也应支持硬件云端费控。目前部分高校还在使用IC卡表甚至机械表，必须得进行更换改造。部分已经具备远程表具的高校，也应该拿到远程表具、采集器的通信协议，以便接入物联中心时进行整合。

如因产品技术达不到物联网的入网要求或者达到要求但临近寿命周期，需要进行升级改造的高校，还需要根据校园实际情况进行网络选型。

这点可以从高校体量上区分考虑，对于面积不大，或同类型楼栋比较集中，或校园网覆盖全面的校区，水电表可以选用有线或LoRa网络，LoRa网络属于自建自管，可维护性高，不依赖于第三方运营商，信号哪里不强就增加信号中继。对于体量较大，或者同类楼栋比较分散，抑或校园网覆盖不全的校区，则建议使用NB-IoT通信方式的智能水电表。NB-IoT目前已经非常完善，信号覆盖已能满足水电表时效性的要求，且通信资费已足够低，新产品售价附带的资费套餐足以覆盖产品的生命周期（通常为6～10年）。

2. 供配保障物联网建设

供配设施是高校水电行业本职工作中要保障的擎天柱，由于其在供配工作中的重要性，供配设施更注重的是稳定性与可靠性，这必然导致其信息化进程不会那么激进。目前相对于水电表来说，供配设施信息化程度普遍不高，但行业领头企业内已有相关的智能柜产品推出，只是目前性价比还不高，可靠性还需要经过市场进一步的检验。

供配保障物联网的建设也因供配设施信息化基础差、工作重点是保稳而不是追求先进，而无法深入契合物联网。但供配保障物联网可以迎合供配工作的重心进行多方面的物联网化改造，如电力质量的检测、供配设施工作环境的监测控制、供配设施场所安全的管控等。随着将来供电智能柜和供水智能泵站的普及，新型供配保障物联网的建设会让维稳保供工作更智能、更省心，最终实现分析、发现、处置即将产生的故障，实现设备会“说话”、异常会预警、远程能管控的目的。

3. 公共保障物联网建设

公共保障物联网也是高校后勤行业物联网管理业务中的重要组成部分，通常我们将非核心水电业务的公共服务领域归类为公共保障物联网，如路灯、门禁道闸、智能停车、校园一卡通等。这类领域的物联网建设对各自设备的智能化依赖程度更高，因为这类公共保障业务是直面高校师生提供大众公共服务的，公共服务属性赋予了这类行业产品更高的可靠性，提出了更智能化的人机功能要求。

高校的公共保障业务现状也基本属于半自动化状态，例如公共路灯，基本还是处于手动、时控模式，没有多场景应用能力，做不到“天黑亮，天明灭；人来亮，人走灭”，控制方式的落后也导致了不少的电能浪费。公共保障物联网是当下高校水电物联网需要大刀阔斧进行改进的领域。

2.4.1.2　方案介绍

既然要建设水电物联网，那么我们要先知道物联网设备的基本工作原理，即怎么采集、怎么传输、怎么应用。其中，传输方式的选择尤为重要。

高校物联网的基础传输技术包括有线及无线两种：无线有采用广域覆盖的窄带NB-IoT、中等范围覆盖的LoRa及LoRaWAN、小范围覆盖的蓝牙/ZigBee等；有线传输有广泛应用于工业总线的CANBus，主要应用于抄表行业的RS485、M-BUS等。物联网硬件系统的搭建主要是以实现低功耗、长寿命、低成本为最终需求。

系统总体分为下位机、数据采集（传输）终端和上位机三部分。下位机为各种仪表、灯具、电机、传感器等设备；数据采集终端起到桥梁作用，采用有线、无线或混合组网方式采集下层设备数据，并传送给上位机部分；上位机为远程抄收系统，主要实现对设备基础数据的分析、整理、归类、挖掘及应用，并可对数据采集终端、下位机的工作模式、状态进行配置。

由于物联网产品应用场景的特殊性，结合产品自身的工作特性，在设计过程中需要考虑供电、安装、成本和工作稳定性等方面，为进一步降低成本及可靠性，产品的密封性、内置电池的寿命也是重要的参考参数。

一个高效的物联网络，其网络结构应有一个统一的构架，接入产品有统一的标准协议，并由一个物联中心抄读所有在网设备。

统一的物联网数据中心，是高校水电物联网系统的灵魂，它打破了不同类型设备之间的种群隔离。物联网数据中心应具备不同类型的设备抄控能力，且有着极高的兼容性和可扩展性，还应支持不同途径数据源的数据输入，并采用统一的数据接口向不同的应用系统提供粗加工数据。

现阶段高校水电行业设备标准五花八门，既有开放的国标、行标产品，也有封闭的厂标甚至定制标准产品。如果要搭建长生命周期的物联网数据抄控中心，标准的确立是不可避免的工作，这也同时体现在数据中心的兼容性和可扩展性上。

例如，标准协议统一度较高的智能电表行业，目前采用比较广泛的标准为《多功能电能表通信协议》（DL/T 645—2007）。同时，部分电表厂家因为市场的垄断性或为了体现产品的差异性，在国标协议上进行修改或添加自定义命令，形成了自有的厂家标准；抑或为了某个客户的特殊需求进行定制修改，产生了特定型号产品的私有协议。

标准协议的混乱对产品更替、管理的延续性都是一个必须跨过的障碍。那么行业标准的确立，就是非常有必要的。

通过对高校水电物联网相关产品、技术的了解，一个基于物联网数据中心为核心框架的应用平台的建设渐露真容。应用平台应该包含一个物联网数据中心、一个数据处理后台、一个数据分析预警中心、多个业务处理系统、一个数据输出中台。

1. 物联网数据中心

物联网数据中心采用主从结构，附属若干物联网终端，负责与所有的物联网设备、设施通信连接，抄读最基本的数据源并进行初步加工，向下获取基本数据元，向上输出初加工数据。物联网数据中心应具备极强的向下兼容性能与极高的对外并发性能。

2. 数据处理后台

数据处理后台将初加工数据按业务需求进行加工处理，加工出面向应用的成熟数据结果，具有接收业务系统的数据请求与硬件抄读控制功能。数据处理后台应具备较高的数据处理与存储性能。

3. 数据分析预警中心

数据分析预警中心主要用于定制系统运行规格及阈值，生成各类预警信息及运行报告，同时按规则进行信息推送。

4. 业务系统

业务系统作为应用平台的大脑，既需要面对管理者的各种管理需求，又需要面对大众提供人性化的服务，具有管理与服务双重功能，必须具备完善的功能和简洁的应用逻辑。

5. 数据输出中台

数据输出中台作为应用平台的灵魂，将整个平台的结果数据进行提炼与展示，是最直观评判运行与管理成效的地方。因此，简洁、美观、真实、高效、便捷都是数据输出中台的重要建设标准。

信息化管理框架如图 2-10 所示。

2.4.1.3 方案路演

通过路演，考察方案是否达到了设计目的。管理部门将全体人员集中在一起，通过现场演示的方法，对项目进行模拟运行。

（1）在方案路演时，应该对应每一个需求点和痛点进行说明，从技术选型、产品选择、传输网络等方面全面地介绍。

（2）在路演中，每个参与者都应该身临其境，代入自己的角色；从最终使用者的角度出发提出问题与意见。

（3）所有的方案都应进行多次路演，如果在方案路演中发现了问题，并且能够解决这些问题的话，那么就必须在下次路演前将这些问题解决。

（4）在路演的时候，一定要注意对整个项目进行记录，找出不同外在因素下的缺陷和问题，寻求通用的解决方案。

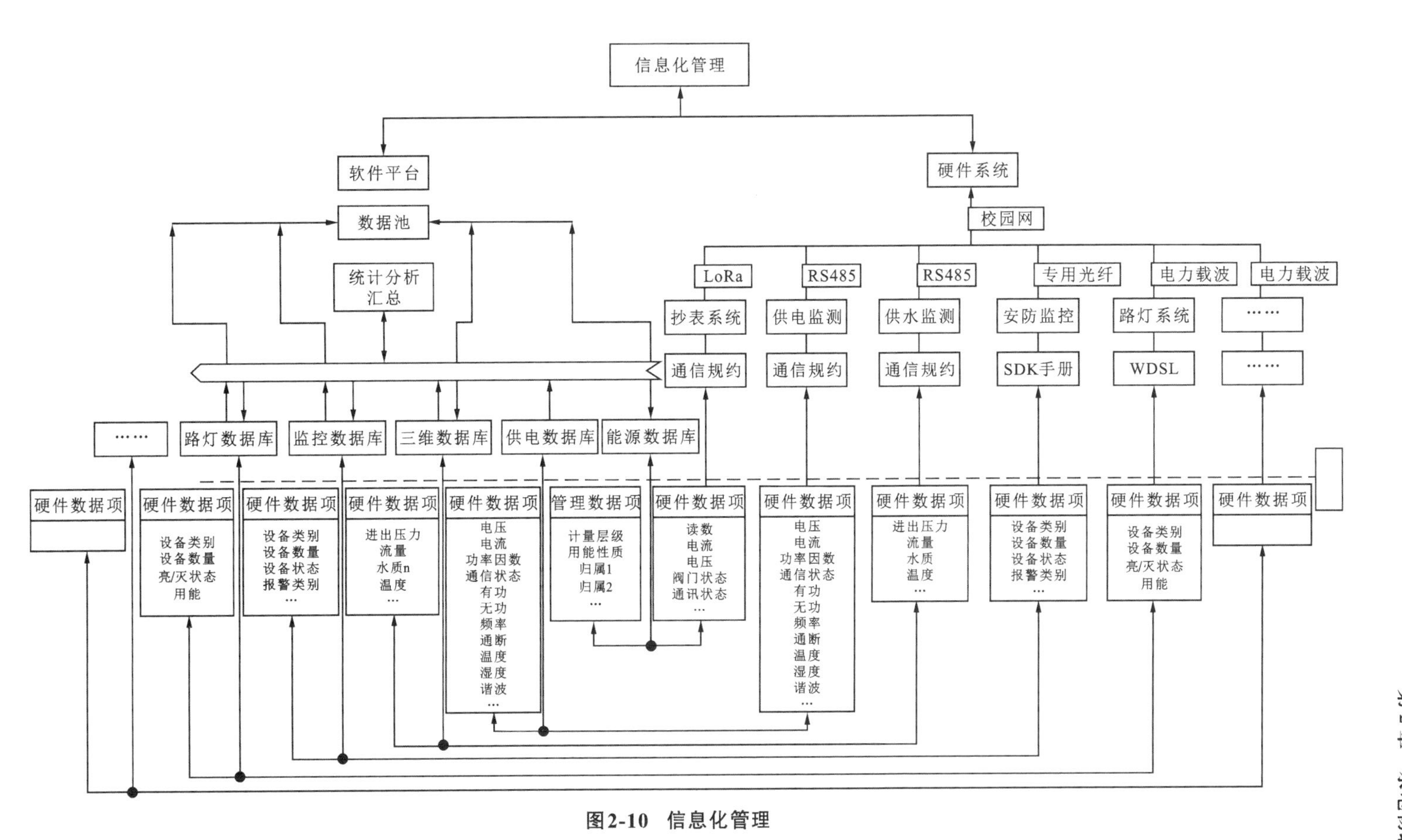
信息化管理
软件平台
硬件系统
数据池
校园网
统计分析汇总
LoRa
RS485
RS485
专用光纤
电力载波
电力载波
抄表系统
供电监测
供水监测
安防监控
路灯系统
……
通信规约
通信规约
通信规约
SDK手册
WDSL
……
……
路灯数据库
监控数据库
三维数据库
供电数据库
能源数据库
硬件数据项
硬件数据项
设备类别
设备数量
亮/灭状态
用能
硬件数据项
设备类别
设备数量
设备状态
报警类别
…
硬件数据项
进出压力
流量
水质n
温度
…
硬件数据项
电压
电流
功率因数
通信状态
有功
无功
频率
通断
温度
湿度
谐波
…
管理数据项
计量层级
用能性质
归属1
归属2
…
硬件数据项
读数
电流
电压
阀门状态
通讯状态
…
硬件数据项
电压
电流
功率因数
通信状态
有功
无功
频率
通断
温度
湿度
谐波
…
硬件数据项
进出压力
流量
水质
温度
…
硬件数据项
设备类别
设备数量
设备状态
报警类别
…
硬件数据项
设备类别
设备数量
亮/灭状态
用能
硬件数据项

图2-10　信息化管理

2.4.2 技术选型

水电物联网技术选型需要遵循四大原则：科学性、经济性、实用性和可扩展性。这是信息技术选型中最基本也是最重要的。

科学性是指产品或服务应该符合技术标准。

经济性是指软件项目不能让使用者在使用过程中产生太多的额外成本，如系统维护时间、维护人员成本等，这会影响企业在市场上的竞争能力。

实用性主要看项目的使用是否方便，能否满足不同层次用户的需求。

可扩展性则主要看技术是否能够与现有或将来的业务系统相结合，能否实现跨系统、跨平台的应用软件技术开发和集成。这就要求软件开发厂商对自己的产品所能提供给用户的服务和业务有一个清晰且全面的了解。例如，在进行软件选型时，要考虑到是否支持现有系统架构和未来升级，能否实现应用迁移，能否实现业务融合等因素。

通过前文的阐述，我们审视了高校行业信息化建设的目的，了解了物联网络的原理与特性，那么对于搭建一个符合自身管理需求的物联网系统，就应该有了一个正确的方向。

2.4.3 技术线路及产品选择

不同行业的产品特性不同，不同行业的管理需求也不同，因此，产品技术线路应结合产品特性及行业最新技术演进线路进行合理的选择。

此处将针对高校水电行业常有的业务板块，结合不同产品的特性及应用场景进行解析与推荐。

2.4.3.1 数据库选型

物联网系统与传统数据库相比，有两个显著的不同之处。

1. 数据源（Data Warehouse，DW）

传统数据库一般都是由数据库管理的，数据存储在本地，通常由数据库管理系统（Database Management System，DBMS）和数据仓库（Data Warehouse，DW）两种结构并存，这也就是所谓的两级架构。而物联网用户在部署了系统之后，可以直接访问网络上的服务器，这样就避免了使用传统数据库的复杂过程和昂贵成本，而且可以通过互联网上的网络服务接口进行数据传输，这也是传统数据库可以在互联网上提供服务的原因之一。

2. 应用方式

通常在传统业务流程中，需要进行大量的用户注册、登录等操作，所以必须使用关系型数据库来存储和管理大量客户信息、账户信息等重要信息。而互联网环境下的业务流程通常是以页面方式进行处理：首先，用户登录对应的网站，浏览网站内容或下载内容；其次，将网页返回给用户；在用户关闭登录或者退出应用后，则进入账户下一步操作，如购买、充值、购物等；最后，完成与传统数据库相关联或相对独立的一些操作。

2.4.3.2　水、电计量产品

水表主要有旋翼式水表、超声波水表、电磁水表等类型。水、气表主要安装于室内或室外的液体、气体流量管道上，通过对液体、气体流量进行体积计量，从而按量进行考核/收费。

目前市面上的流量计量产品采用的传输技术主要分为有线、无线两种。有线又分为有供电能力的M-BUS总线及无供电能力的RS485总线；无线分为广域覆盖的NB-IoT及局域覆盖的LoRa、ZigBee传输技术。

因水、气表安装在潮湿、阴暗的地井、管道井、厨房、卫生间等场所，因此有线线路会因潮气、温度变化过大的因素导致线路、器件产生腐蚀现象，从而导致故障率较高。现阶段采用有线技术的水、气表已属于过时产品，不符合现阶段的管理需求，故而不推荐采用此类产品。

为了规避有线水、气计量产品的网络易腐蚀、故障频发等问题，采用无线传输技术的产品应运而生，且现阶段已成为市场主流。无线传输的产品中NB-IoT网络属于通信营运商建设运营，在早些年存在覆盖不完善、信号强度低、资费相对较高等问题。当时为解决信号及资费问题，仪表行业发展出了多种局域覆盖的无线技术，一度呈现百家争鸣的现象，且局域无线网络为信号源自建自管，具有高度灵活性，可实现哪里信号不行增强哪里，但随之而来的是网络结构复杂、采集传输设备多、维护量大等问题。

近年随着电子电路技术的更新迭代和通信营运商4G、5G网络的日益完善，广域覆盖NB-IoT技术的短板已被补齐，且运行资费大幅降低。另外，水、气表不需要高频抄读数据，而近年来电池性能也进一步提高，电池寿命已不能形成制约，也为NB-IoT技术的上位进一步扫清了障碍。

不论从网络稳定性、经济性，还是可维护性上来说，NB-IoT技术的水、气计量产品已开始对局域无线技术形成碾压之势，已逐渐成为未来无线物联网技术的发展方向，故而推荐选用采用了NB-IoT技术的相关产品。

2.4.3.3 安防监控产品

安防监控系统由多种不同类别的传感设备组合而成，不同类别的设备在同一个控制系统的调度下各司其职、相辅相成、相互联动，从而让整个系统协调有序地为我们提供服务。

常见的安防设备主要分为三大类：光学摄像设备、各类传感器（温、湿、烟、光、声、距离等）、各类控制器。

光学摄像设备按通信方式可分为数字机和模拟机。数字机一般采用 LAN、WiFi、4G 等传输方式，LAN 是当下主流的设备传输方式；模拟机采用同轴电缆为传输载体，采用 NTSC、SECAM、PAL 等视频制式，目前已全面淘汰。

光学摄像设备按工作原理分为普通光学摄像头、特殊摄像头（微光、电磁辐射等）。普通光学摄像头用于录存视频画面，记录视频画面信息；特殊摄像头主要根据应用场景的不同，采录热源、辐射等不可具现的环境变量。摄像头目前国内呈现三足鼎立的市场格局，海康、大华、宇视占据了绝大多数的市场份额。又因视频摄像领域尚无国家标准，故摄像头以这三家的企业标准作为通用的行业标准。

各类传感器、控制器种类繁多，工作原理及方式各不相同，没有统一的通信标准，大部分传感器、控制器采用常见的 Modbus 协议。Modbus 协议是一种比较简单且粗放的协议，只规定了协议的基本规则，每种类型的产品均需对照厂家协议文件进行解析接入。

2.4.3.4 路灯控制产品

路灯智能化是近几年高校水电行业的热门话题。由最早的人工控制、定时器控制，到现在的远程片区控制、单灯控制，甚至单灯亮度控制，经过了几次的升级迭代。目前最新的技术是 NB 控制模块加可调亮度 LED 节能灯组，可以做到定时、定点、随环境光照度、是否有人员经过等多重控制逻辑，实现了“人走灯灭，夜班灯半”等精细化节能管理。

路灯控制是高校节能工作中的重点。高校路灯数量多，工作时间长，是耗能大户，故将高新物联网技术应用于路灯管控，是路灯管理的大势所趋，且路灯智能化升级改造效果明显，有投入小、见效快的特点。

路灯物联网改造主要的技术手段有以下几种：更换智能化灯组（PLC、NB-IoT）；加装必要的环境传感器（如移动物体探测器、光感探头等）；开发人性化的管控平台（个性化运行规则）。

智能化灯组是一个新兴产品，主流采用PLC、NB-IoT通信方式。PLC电力载波通信依赖于供电线路，不但受供电线路的挟制，且可能会在供电线路中产生高频谐波，对精密实验设备有一定的影响，故高校水电行业推荐采用NB-IoT制式的智能化灯组。

2.4.3.5　门禁道闸产品

门禁道闸系统是“平安校园”建设的基础设施，是高校安全管理的第一道防护墙。门禁道闸系统可以分为人员管控的门禁系统及车辆管控的道闸系统。

随着网络传感技术的迅猛发展，给“人车管控”工作带来了新的机遇和挑战。GPS定位、视频人车识别、无线近距离感应等物联网新技术的应用，在带来了前所未有的使用体验与方便的同时，也给管理工作提出了更高的要求。

因门禁道闸的工作机制对响应速度的要求较高，一般普遍采用有线LAN网络，甚至是专线光纤。门禁系统通常采用ID、IC卡，或人脸识别、生物指纹等鉴权技术。道闸系统通常采用光学视频识别、蓝牙ETC等识别技术。通常由供应商厂家打包建设，目前市场上品牌较多，呈现百花齐放的市场形态。其通信标准通常以厂家自有协议为主，视频兼容主流的海康、大华、宇视等，其他采控设备采用工业RS485总线、Modbus协议进行打包封装至厂家定制的信息采集设备中。

道闸门禁系统的建设，因设备应用环境复杂，会产生海量的临时数据，因此对网络传输环境、数据库结构的设计、数据库的选型都有着极高的要求。

2.4.3.6　采集设备选型

传统的水电设备需要人员定期逐一抄取数据，这样抄取数据的方式误差大、工作量大，既不方便又不安全，也不利于管理部门对设备、用户的管理。随着“超收”网络概念的建设与普及，不同类型的采集设备应运而生。采集设备指利用微电子、计算机网络和传感等技术自动读取和处理设备运行信息，并将运行信息加以综合处理的设备系统。

采集设备按功能可分为两大类：带数据处理、存储功能的采集器、集中器，不带数据处理、存储功能的网关、转发器。

采集设备与数据中心连接大多为TCP/IP网络连接，早些年因网络传输性能一般，网络速度、可靠性、延时等指标都比较差，数据中心与物联网终端设备的交互就往往只能在及时性和可靠性中做一个抉择，故带数据加工及存储的采集器、集中器在早期是主流，它既可以在上行网络不通畅时按预定任务时间超收物联网终端设备，也可以在网络状况良好的情况下接收处理中心下发的即时抄读、控制命令。集中器、采集器通常采用微处理器系统构架，有自己的一套传输、处理、存储系统。其特点是功能及性能强大；但与之对应的是成本较高、维护复杂，且稳定性一般。

近年来随着我国网络基础设施的跨越式发展，网络传输速度及稳定性已位居世界前列，已完全满足于水电物联网设备的应用场景。成本高昂、维护复杂的集中器、采集器被功能单一、结构简单的转发器慢慢取代。转发器通常不进行数据的处理与存储，只起到一个将数据在不同类型传输网络中中继转发的作用，是物联网“高速公路中的 ETC”。数据中心至每一个物联网终端都是实时连接，即时通信的。

2.4.3.7 网络传输选型

物联网终端设备与采集设备连接后，最终都是要传输至数据中心进行加工应用的，那么物联网可以采集设备为节点，将网络划分为上行和下行两段。

上行网络至采集设备至数据中心的网络路径，通常采用 TCP/IP 协议连接，主要分为 LAN 有线网连接和 LTE（4G、5G）无线网络连接。有线网络相对于 LTE 网络而言，有着成本低、连接稳定的优点

在具备有线连接的条件下，应尽量使用有线连接；实在不具备有线连接条件的，优先使用 4G、5G 传输方式。

下行网络是物联技术的重中之重，因应用类别不同、设备工作环境差异，对下行网络传输方式的选择应慎之又慎。

下行网络的终端产品通常有 3 种传输方式。

采用 RS485 接口的有线传输，特点是功能强，产品成本低。

采用载波 PLC、小无线的终端产品，其特点是无须施工、成本低，但产品价格高，且早期的 PLC、小无线技术不成熟，容易受到电网谐波干扰。

采用 CAT 通信技术（NB、4G）的终端产品，其特点是安装简单，但产品成本高，且还有后期通信费用。

我们应根据不同的产品及不同的应用环境来选择合理的传输方式，甚至可以采用多种技术相结合的方式来规避 3 种传输方式的弊端，利用其优势。

2.4.4 方案设计

针对不同的产品，我们在做方案设计时应遵循以下几点原则。

2.4.4.1 稳定性、即时性

设计物联网方案时，首先要考虑该物联网的稳定性和即时性，一个稳定、有效的网络，是该设计方案是否成熟的唯一评判标准。只有产品及网络运行稳

定、可靠，传输实时性高，才能发挥物联网技术的最大优势，拓展进一步的智能化应用。

2.4.4.2　产品及网络搭建成本

针对不同类别的产品，网络建设及产品本身的成本也是一个重要考虑条件，应及时了解市面上最新的产品技术及网络传输技术，选择普及度高、成熟可靠、价格适中的产品。

2.4.4.3　技术的可延续

物联网是一项正在飞速发展、日新月异的技术，新兴技术犹如过江之鲫，此起彼落，各种技术方案的新生和淘汰是行业常态。在技术选型时怎么选择正确趋势的技术种类呢？

一是紧跟政策导向。做好前瞻性考察，国家扶持什么技术，什么技术就必然会成为行业的航道标，如国家扶持的NB-IoT技术。

二是看准行业垄断企业产品的演进线路。行业垄断企业的技术标准一般大概率会演进为行业标准，甚至是被国家标准选用。例如，智能电表行业的国家电网；视频摄像机行业的海康、大华；无人机行业的大疆；蜂窝通信行业的华为。

2.4.5　施工管理

水电物联网是一种混合型的水电电子信息系统，既有常规的强电、管道及弱电施工，又有不同于常规水电行业的网络、无线、软件建设施工。因此，其对项目施工管理的要求更多、更细，也更复杂。物联网的施工管理重难点在于施工阶段的跨行业施工转换与衔接，且因涉及行业多，施工工艺与施工质量也不好把控。因此，对相关各行业技术的了解显得尤为重要。

物联网项目施工管理，因涉及多行业的专业知识，且设备安装环境复杂，需着重注意项目节点的把控，尤其应注意以下几点的实施：一是做好施工信息记录；二是采取分段施工、分段检验的方式；三是采用跟踪调试的方式。

那么物联网施工管理什么？怎么管理？让我们一起来看看吧！

2.4.5.1　工程进度控制

工程项目的进度和质量直接关系到建设单位的效益。因此，在施工过程中，必须加强对工程项目的进度控制。

施工组织设计是根据生产计划和施工计划编制的各项生产准备工作方案和技术工作方案，是建设工程管理人员必须遵守的依据。

2.4.5.2 工程技术管理

工程技术管理包括技术文件资料管理和现场施工管理两个方面。

技术文件资料管理就是对有关工程施工、材料使用等方面所做的文件记录。

现场施工管理就是在实际生产活动中，为保证生产活动能顺利进行的各种准备工作及其质量管理过程。

2.4.5.3 物资采购管理

材料供应计划的编制、供应时间和采购方式都必须符合企业内部的要求和外部市场的需求情况，以保证材料的供应，提高企业经济效益，满足对外经济技术交流合作等工作需要，并能满足物资设备供应商提出的价格及服务等方面与客户达成一致，以便双方形成长期稳定、互利共赢、具有较强竞争力的战略伙伴关系。

2.4.5.4 项目成本控制

成本控制是指在保证项目质量合格及不影响生产进度和成本控制标准的前提下，合理安排各项费用支出和各项材料消耗；在满足质量要求和进度要求的基础上使总预算费用最小化并取得最佳经济效益；通过采用先进合理工艺、新型或改良设备等措施降低成本费用；编制科学、可靠的定额，使成本费用得到有效控制；加强经济核算和监督检查，使实际成本费用满足工程预算或合同约定指标要求。

2.4.5.5 质量管理制度

质量是企业生存与发展之本，质量目标要以顾客满意为最终目标，质量体系要以确保产品符合质量标准要求与实现产品可追溯性为中心。

质量方针是企业向顾客提供合格、优质产品的宗旨及其体现形式。

2.4.6 测试验收及试运行

物联网的调试及试运行工作，通常是在项目进度的中前期开始进行，随着设备的增多，应逐渐加大测试压力，确保在正式运行前，有足够多的真实测试数据进行功能性和稳定性测试。当各系统功能及性能测试正常后，再转入下一个测试节点，如水电表抄读控制测试、智能路灯控制测试、视频监控测试、水电供配监测及通信测试等。

2.4.6.1　物联网系统验收

物联网系统验收是一项非常复杂的工作，需要完成的功能和性能试验很多，其中包含的测试项目有以下5项。

1. 现场设备的测试

现场设备在完成功能及性能试验后需要进行试运行测试，如终端设备、采集设备、传输网络等。

2. 物联网的运行状态监测

对所有设备进行现场检测后，在正式运行前要进行试运行。

物联网项目中常见的监测内容有静态数据采集、动态参数采集、在线数据采集，包括各类传感器等测量节点，主要进行温度、湿度、风速等参数的采集测试，保证所有设备正常运行。

系统数据分析功能监测内容有根据物联网设备实际工作情况及历史数据情况对系统进行分析及评估，并提供有效决策信息。

3. 数据管理及交互功能实现

数据管理及交互功能实现是完成物联网设备的基本资料和基本数据的管理工作。

4. 通信性能测试

通信性能测试主要是对网络及节点的通信状态进行测试。

5. 安全性能检测报告

安全性能检测主要是针对一些特殊协议或功能特性而专门设计的检测程序或软件，通过相关检测报告来判断其是否符合要求。

2.4.6.2　物联网正式运行后阶段工作及注意事项

（1）物联网系统正式运行后，应由项目团队定期召开运行分析会，总结系统应用情况、收集反馈信息、提出改进意见并提出新需求和方案，为项目实施提供依据和参考。

（2）物联网系统运行后应制订详细的网络维护计划和设备维护策略等管理措施。

（3）水电物联网测试验收的原则如下。因水电物联网的混合特性，项目建设后的验收测试方式也与常规的水电建设项目有所不同：不但要按本系统的验收测试方式测试单项系统功能及性能，还需要测试关联系统的跨系统稳定性及可靠性；不但要进行单项满负荷测试，还需要着重对跨系统枢纽进行压力测试，确保节点环节的稳定、可靠。

第3章　水电物联网应用

导读：近年来，高校水电物联网应时而生，并逐步发展壮大，这是继计算机、互联网与移动互联网之后的又一次信息产业浪潮。物联网是通过信息传感设备，按照约定的协议，把任何物品与互联网连接起来，进行信息交换和通信，以实现智能化识别、定位、跟踪、监控和管理的一种网络。水电物联网的应用主要可以分为水电计量物联网、供配重地安防物联网、节能物联网、供水物联网、供电物联网、校园物联网等。

3.1　水电计量物联网

水电计量物联网是将水电计量设备与互联网有机结合，实现水电设备物与物之间的密切关联，主要解决传统水电手工抄表人手不足、计量不准、收费困难、数据获取不及时、决策管理跟不上等问题。传统水电向新型水电转变是新时期发展的必然产物，是高校水电建设保障发展的基石。

3.1.1　项目概述

3.1.1.1　行业现状

10年前，高校师生用电、用水的管理收费基本采用“先使用、后抄表、再付费”的传统作业方式，极大地浪费人力、物力和时间。据统计，有的高校仅抄表队伍的人数就有数十人，而人为抄收方式弊端较多，工作效率低；同时，由于高校建校历史悠久，水电表计使用年限长、计量精度低；另外，用户欠缴、迟缴或漏缴水电费等现象也时有发生，给高校水电管理部门造成了人力、物力、时间上的极大浪费。

1. 各类数据获取形式并存

目前，有的高校水表、电表数据抄录仍然采用传统的上门抄表方式，这样做，不仅工作人员的工作强度大，而且获取数据的时效性差、管理成本高；有的高校虽已逐步推行智能表计，但由于表计品牌繁多，类型五花八门，通信规约不统一，有的水电数据无法及时、准确获取，有的多种表计数据获取形式并存，各类用水、用电数据无法共享、共用等问题普遍存在。

2. 各类表计品牌并存

高校普遍使用的水电表有 3 种类型：传统水电表、IC 卡水电表、智能水电表。但市场上水电表品牌较多，每一种品牌根据厂商生产能力、知名度及使用功能需求不同，技术参数设置都不尽相同，每一款水表都有独立的通信规约，也就造成了品牌与品牌之间的相互屏蔽。

3. 各类表计通信规约并存

虽然国网的电表通信规约相对规范，但电表主流的通信有有线、无线、载波等方式。其中有线通信以 RS485 和以太网居多，无线通信有 WiFi、LoRa、NB -IoT、4G 等；常见协议有 Modbus-RTU、DL/T645—2007、Modbus-TCP/IP 等，此外还有 DNP3. 0、BACnet、Profibus-DP 等协议应用于特定领域；水表通信规约多采用私有协议，一般参照中华人民共和国电力行业标准《多功能电能表通信协议》（DL/T 645—2007）制定。多种规约并存导致数据采集、传输、下发、执行等存在一系列问题。

3. 1. 1. 2 行业痛点

水电是学校教学、科研、生产和师生员工所需的重要资源，是保证全校正常工作和生活秩序必不可少的物质条件。在目前办学规模不断扩大、水电费涨价、基础设施老化的情况下，如何加强高校水电计量管理，提升数据分析决策能力，节省水电费开支，保证教学、科研和师生员工的日常生活需要，是高校领导和教职工非常关心的事。

1. 计量不准

一是水电表本身存在质量问题。水电表的生产不达标、未经过检查核定或检定为不合格而不落实返修等问题，都直接导致计量结果不准确。

二是水电表存在超限使用的情况。通常情况下，水电表是需要定期进行检查、按期更换的，一般使用年限不能超过 6 年。但是，在实际的使用过程中，很多用户的水电表已经严重超出了规定年限，其中的部分部件已经受损严重，对水电表计量的准确性产生了严重影响。

三是水电表安装不当。水表安装要考虑方向、流量、管径和管道位置等因素，防止管径大、流量小、水流方向变化而导致计量出现误差等问题。

四是供水管网中存在杂质。管道使用年限过长，在流水的腐蚀下易积累污垢，维修中遗留的丝麻、泥沙等杂质，将会影响水表叶轮转速，导致计量不准。

2. 抄表困难

学校人工抄表都面临着强度大、周期长、手工结算方式效率低下、存在漏抄估抄等状况，而且人工统计容易出现差错；高校家属区又具有单位型社区特点，如住宅分散、高层居民住宅不断增加，以及工作时间入户难等问题；使用IC卡式智能电能表的IC卡携带不方便，容易遗失；IC卡插孔容易损坏导致无法插卡；IC卡技术含量不高，非常容易被破译和毁坏，具有安全系数低、数据信息稳定性差等许多难以预料的问题。

3. 收费困难

由于存在水电表计量不精准、抄表数据不准确、缴纳水电费不及时等问题，水电费用有少收、漏收等现象；教学科研水电费统一划扣，导致老师和同学们缺乏节约意识，“大手大脚”，不考虑节约资源及办学成本，水电费收支出现“倒挂”等。

4. 决策支持缺失

传统的水电用量管理和缴费管理对于师生和校内居民来说，“不方便、不透明、不理解”，对于学校的物业部门来说，“太复杂、理不清、难管理”，大大增加了水电保障的管理难度，水电收费数据对全校的用能状况来说也起不到任何决策支持作用。

3.1.1.3　项目意义

如今，能源计量及收费的方法日新月异，传统的感应式计量仪表及人工上门抄表收费的方法已成为过去式。随着我国信息化、智能化、科技化水平的提升，加之物联网技术的不断成熟，智能技术在水表、电表中的应用也越来越广泛，物联网集中抄收、数据及时回传、用量精准分析、缴费服务自助的管理方法，正被越来越多的人接受。

1. 抄表自动化

通过搭建“平台＋硬件＋通信”的水电计量物联网平台，利用采集、传感、传输等技术自动读取和处理表计数据，将用水、用电信息加以综合处理，可以降低抄表人员的劳动强度、减少人为因素造成的抄表误差，从根本上解决入户抄表收费给用户和抄表人员带来的麻烦；同时，可以防止窃水窃电问题发生，提高管理部门工作效率，提升师生满意度。

2. 数据及时化

通过平台自动获取水电抄表数据，实现数据自动回传，可对表计在线情况和师生及居民的水电用能数据及时分析，在最短时间内发现异常用能数据，并对数据异常原因进行分析及现场整改。

3. 分析精准化

水电自动抄表和数据及时性，为数据的精准分析提供了良好条件，有了这些数据，师生可以实时查看年、月、日水电用量，是否欠费等，避免因费用不足而停水停电；管理人员可以掌握全校师生的水电用量需求，科学、合理计算全年计划用量，核算师生平均用量，为节约水电资源做出合理安排。

4. 服务自助化

将水电计量表计自动采集、数据分析、移动应用等新技术，应用于高校水电缴费充值工作中，为师生和居民提供全天候 24 小时的自助缴费、信息查询、业务申请、凭条打印等服务，实现“线上办理一键化，线下办理便捷化，窗口服务自助化”，实现“数据会说话，师生少跑腿”的服务理念。

3.1.2 建设目标

建设目标：建立集用水量、用电量于一体的水电计量物联网平台，实现计量精准、远程阀控、线上报修等管理功能；实现水电自动抄表、线上办理、自助缴费等收费功能；实现采集、传输、监测、分析等数据融通功能，为高校管理部门提供长期在线监测数据和计算的依据，并为高校的设施建设、运行情况应急管理决策提供参考。

3.1.2.1 精准计量

一是选用质量过硬的水电表。采购水电表时尽量选择规模较大、用材精良、售后良好的生产厂家，所购进的水电表计须有质量合格证及检定证。

二是及时更换超龄表计。依据国家相关规定，水电表计是有使用期限的，生活用水表实行首次强制检定，限期使用，到期轮换。其中，标称口径为 15～25 mm 的水表，使用期限一般不超过 6 年；标称口径为 25～50 mm 的水表，使用期限一般不超过4年。水表表计超过使用年限后，内部零件磨损、锈蚀严重，容易出现计量不准确、灵敏度下降等问题，对用户和二次供水高校或供水企业都会造成一定的经济损失。根据《电子式交流电能表检定规程》（JJG 596—2012）第6.6条规定，0.2S级 、0.5S级有功电能表，其检定周期一般不超过6年；1级、2级有功电能表，检定周期一般不超过8年。

三是加强水电表计使用过程中的维护。要定期派遣人员对水电表计进行检查，严格与表计的参数进行对比，及时发现问题，尽早解决。

3.1.2.2　远程实时采集

水电表数据采集系统由智能水表、电表采集网关、分布式数据云平台组成，如图3-1所示。电表采集网关通过串口与电表（基于Modbus系列或电表645或水表协议）物理连接，采集仪表的数据，在网关上进行边缘计算，数据标准化以后以MQTT的JSON串的格式，通过4G网络上传到分布式数据云平台，通过电脑端或手机端实时监控或控制。

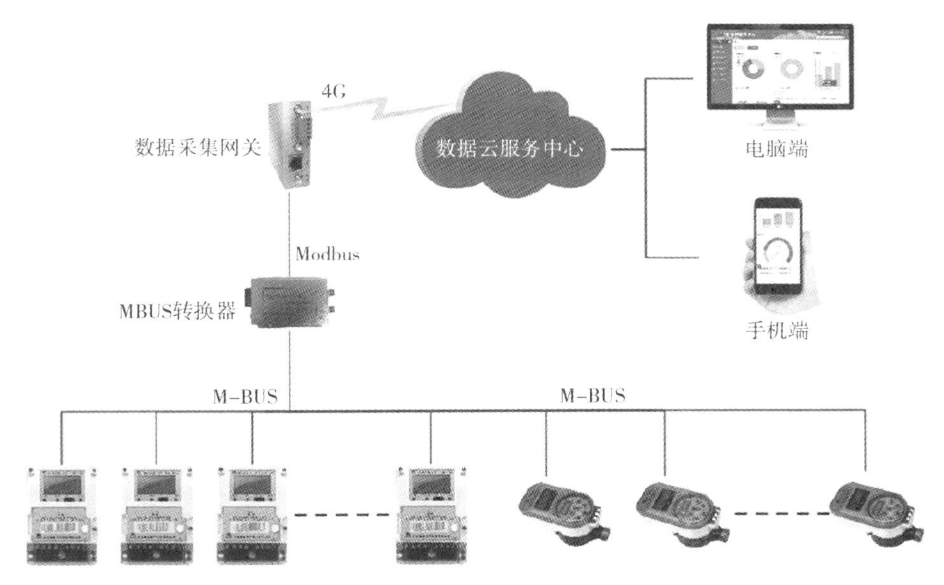

图3-1　水电表数据采集系统

3.1.2.3　高效稳定传输

远程抄表有多种方案：一是RS485转4G方案，电表通过RS485线连到采集网关，采集网关通过4G网络上传读取的数据到能耗管理平台，即实现远程抄表，如图3-2所示；二是电力载波方案，电表内置的电力载波模块，利用现有电网作为信号的传输介质，使电网在传输电力的同时将数据传输到采集网关，采集网关通过4G网络/校园网上传读取的数据，通过数据采集终端，对监测对象的水表、电表进行实时监测，随之采用物联网技术，用光纤专线及时、准确、高效地把数据传输到监测系统的云平台/校园网平台，如图3-3所示。

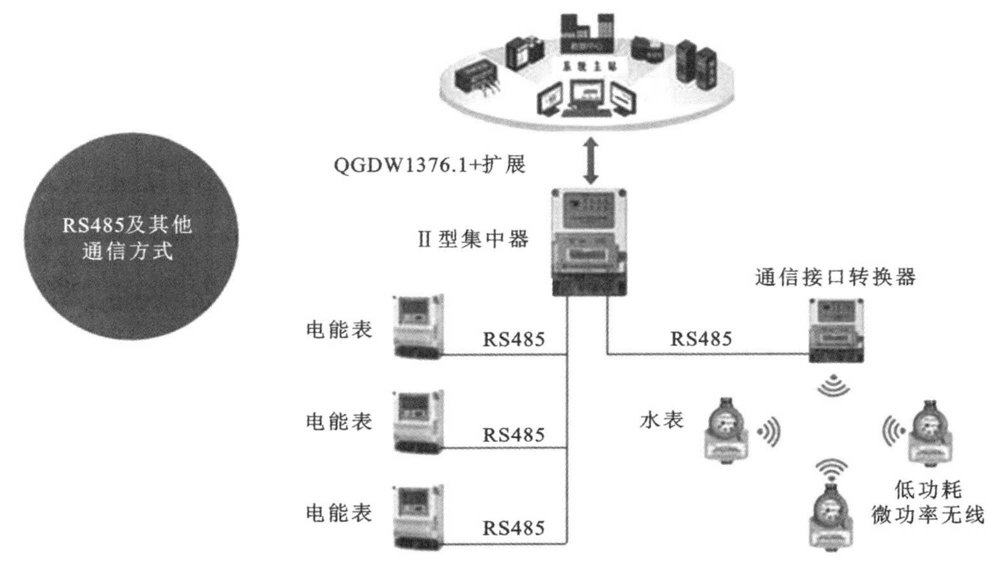

图3-2　RS485及其他通信方式

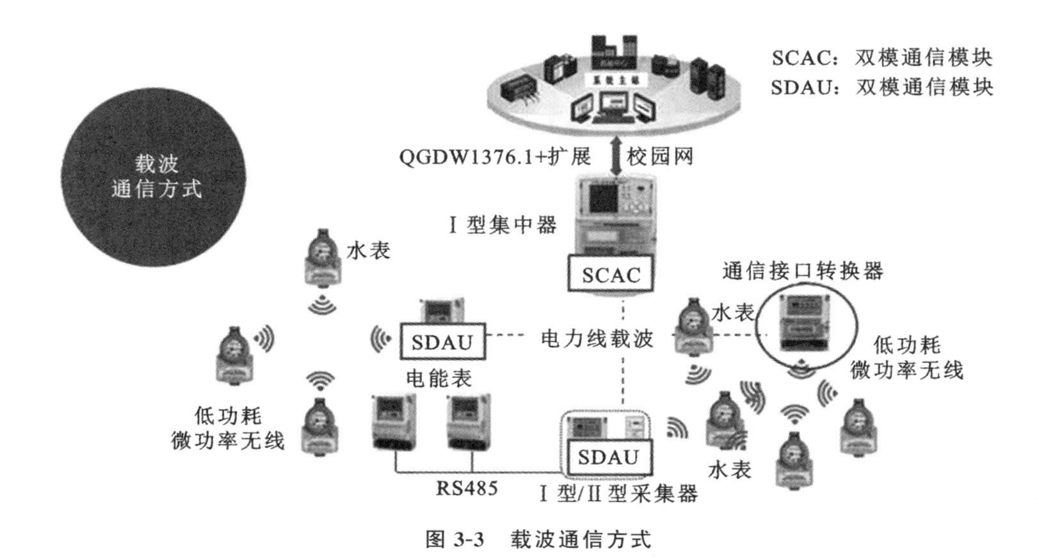

图3-3　载波通信方式

3.1.2.4 安全可靠

水电计量平台会涉及人事、房产、单位、地址、面积、身份信息、联系方式等很多重要数据，其中有些涉及校园信息安全。因此，在平台建设的实施过程中要正确处理发展与安全的关系，综合平衡安全成本和效益，建立和完善平台系统网络与信息安全保障体系。尽管网络安全从技术层面上已有很多解决方案可以实施，但是平台系统的安全更需受到关注的是使用人员的安全意识和机构内部的安全机制建设：一方面，没有安装防火墙或者安装后不及时升级病毒库，会造成内网中流动的信息暴露在危险之中；另一方面，有些部门认为安全问题主要来自外部，但统计表明75%以上的安全问题是由组织内部人员引起的，所以严格按照单位网络信息中心的要求，建立完善的安全管理机制是首要的。

3.1.2.5 品牌兼容

当前，智能远传水表和电表已得到大力推广和应用，但由于生产厂家不同，品牌型号众多，各自标准不一，通信架构和通信协议在实际使用中五花八门，无线频谱资源没有统一，造成计量表计相互不兼容、通信网关相互无通道、共用信道间相互干扰、信息采集网络建设重复等问题。针对以上问题，我们提出前期建设时要约定技术参数，统一通信协议，选用多种通信方式均可，常用的通信方式有NB-IoT、LoRa、WiFi、载波通信、RS485、NB、4G、5G等。

3.1.3 建设内容

根据单位自身需求，应用物联网、大数据等技术，集采集、处理、管理及应用于一体，选择合适产品，坚持先进性、开放性、实用性、可靠性、可维护性等，采用平台化设计理念，建设满足需求的水电计量物联网管理平台，满足管理单位对校内水电使用情况的精准管控，满足学校师生对用电用水情况的掌握。

3.1.3.1 表计更换

我国表计行业经历了从机械表到智能表的演变，而智能表也经历了从预付费智能表（IC卡预付费表）到物联网表计的演变。物联网表计相比智能表（IC卡预付费表）来说，可实现远程抄表、远程阀控、故障检测、异常报警等功能。目前，国内市场主流物联网表计产品主要为NB-IoT、LoRa、WiFi、载波、4G、5G等，高校需根据自身建设需求选择合适的智能表或物联网表计，可以一次性更换至物联网表计，也可以分批更换。

1. 统一通信规约

不论哪种型号的表计，要实现远程自动抄表功能，就必须配套使用通信规约，要实现多表合一的自动抄表功能，就必须做到网络层的通信规约统一，可以由水电计量物联网平台统一抄收不同厂家的表计数据，实现不同表计收费管理系统的兼容，不同厂家的表计能在同一抄表系统中兼容，达到用量数据信息的互联、互通、互换，也可摆脱表计生产厂商对产品的独立控制，打破唯一性，只有这样，水电管理部门才能安心使用。

2. 选择优质产品

物联网表计品牌、规格、型号众多，需把握产品质量、表计功能、计量精度 3 个原则。一般选择市场上知名度较高的产品，口碑良好的产品质量更有保证，表计功能和规格要满足实际需求，比如，电表选择不合适，会对师生和居民的生活、学习都带来很多的不便，电流规格选大了，浪费成本，电流规格选小了，容易跳闸，不但影响生活工作，电表还有可能被烧坏。根据规格来选择计量精度不同的表计，电表常见精度有 0.2S、0.5、0.5S、1.0、2.0，数值越小，精度越高，单相电表最高只能做到 1 级的精度，三相电表最高可以做到 0.1S 级，但是一般都以 0.5S 和 0.2S 为主，1.0 级的电表允许误差在±1%以内；水表准确度等级为 2 级，误差范围为±(2%～5%)。

3.1.3.2 传输网络建设

智能水表、电表都配置无线通信透传模块，可以实现数据采集，通过模块自主网络，并将数据经过协议传输到集中器中，集中器通过 GPRS 将数据传输到电力管理公司，数据常通过 RS485 及 Modbus 协议进行传输。

1. RS485 协议

RS485 协议主要是采用主从通信方式，即一个主机带多个从机，该协议由电信行业协会和电子工业联盟定义。使用 RS485 协议的数据通信网络可以在远距离及电子噪声大的条件下进行有效信号传输，可以支持廉价本地网络与多支路通信的配置。例如，威胜 WFET-2000S 电能表数据有线、无线采集终端可以提供 RS485 抄表接口及低压载波通道进行抄表，每路 RS485 抄表接口可抄读 64 块以上电能表，低压载波通道可抄收最多 1 000 块表具。

2. Modbus 协议

Modbus 协议网络是一个工业通信系统，主要是由带智能终端的可编程序控制器和计算机，通过公用线路或局部专用线路连接而成。系统既包括硬件，也包括软件。它可应用于各种数据采集和过程监控。导轨式多路电量采集器支持 Modbus-RTU 规约，可以实现 12 路三相电流、功率等电力参数的测量。

智能化时代的到来，让智能电表数据传输得更安全、及时、精准、稳定，让电力部门集中获取管理，能够保证数据准确、实时、统一，还可以根据用电信息进行实时分析，可以预防用电隐患，从根本上降低了用人成本，提高了大数据应用，也让用电更加便捷。

3. LoRa

LoRa 可采用 433/470/868/915 MHz 频段，目前国内 LoRa 使用 470～510 MHz 频段，52 号公告规定国内 470～510 MHz 频段限在建筑楼宇、住宅小区及实验基地等小范围内组网应用，任意时刻限单个信道发射。

4. NB-IoT

NB-IoT 是物联网领域基于蜂窝的窄带物联网技术，支持低功耗设备在广域网的蜂窝数据连接。基于 NB-IoT 技术的超低功耗、超低成本、超强覆盖、超大连接等优势，水、电、气、热表等智能表计成为首个规模应用改造的场景。

3.1.3.3　抄表中台建设

抄表中台是水电计量物联网平台的一个组成部分，就是对水电表数据进行采集、计算、存储、加工，同时统一标准和口径，建立可控、可防等自我防护程度较高的表计操控中台，打破厂商对表计和品牌的私有控制和垄断。抄表中台把数据统一之后，会形成标准数据，再进行存储，形成大数据资产层。通过大数据分析工具连接后台数据和前端业务人员，打通数据共享服务的“最后一公里”，满足抄表数据需求。抄表中台页面如图 3-4 所示。

图 3-4　抄表中台页面

3.1.3.4 计量分析平台建设

计量分析平台建设流程基本上可以从计量数据分析流程来理解，如计量数据采集、数据整合、数据加工、数据可视化等。平台以数据标准化、集成服务化、管理科学化为总体建设目标，以校园内部抄表数据管控与分析为核心，整合内部不同来源、不同厂家、不同协议的异构数据，实现供水供电计量抄表信息接入到数据分析全过程的管理，实现计量的科学监控与统一管理，实现计量业务的流程化、实时化与智能化。计量分析中台页面如图 3-5 所示。

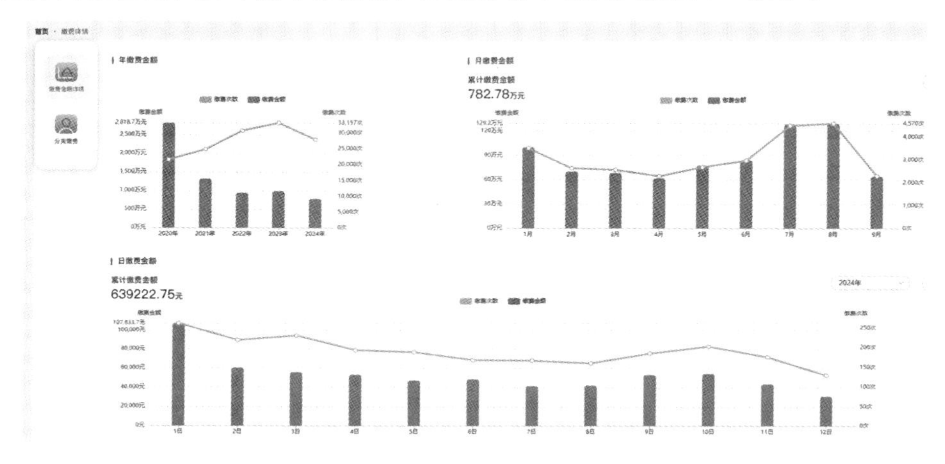

图 3-5 计量分析中台页面

3.1.4 项目设计

项目建设应用物联网、大数据等技术，集采集、处理、管理及应用于一体，采用平台化设计，坚持先进性、开放性、实用性、可靠性、可维护性等设计理念。由于有的高校校园网系统不允许运营商直接接入，可选择将用户水电数据通过 RS485 有线传入到数据采集终端，再经 LoRa 短传到 LoRa 中继器，再经有线以太网或光纤接入校园网。

3.1.4.1 总体架构

系统采用 B/S（浏览器/服务器）和 M/S（手机端/服务器）混合体系结构，支持符合导则要求的智能数据网关，支持第三方设备驱动开发、应用系统门户集成、Web 应用安全通信代理、第三方 Web 应用无缝整合、多应用认证授权及单点登录，支持统一身份认证、统一应用系统授权、统一管理操作审计、HTTP 应用访问加速，提供用户可自定义的报表设计工具。总体架构上分为 3 层：系统服务管理层、通信管理层、现场测控层。

系统服务管理层部署在数据中心，通信管理层和现场测控层放置在计量现场，各物联网表计直接通过 RS485 或无线 LoRa 接入集中器，通信层采用星形结构，集中器上行通过校园网上传至系统服务管理层。

系统架构图如图 3-6 所示。

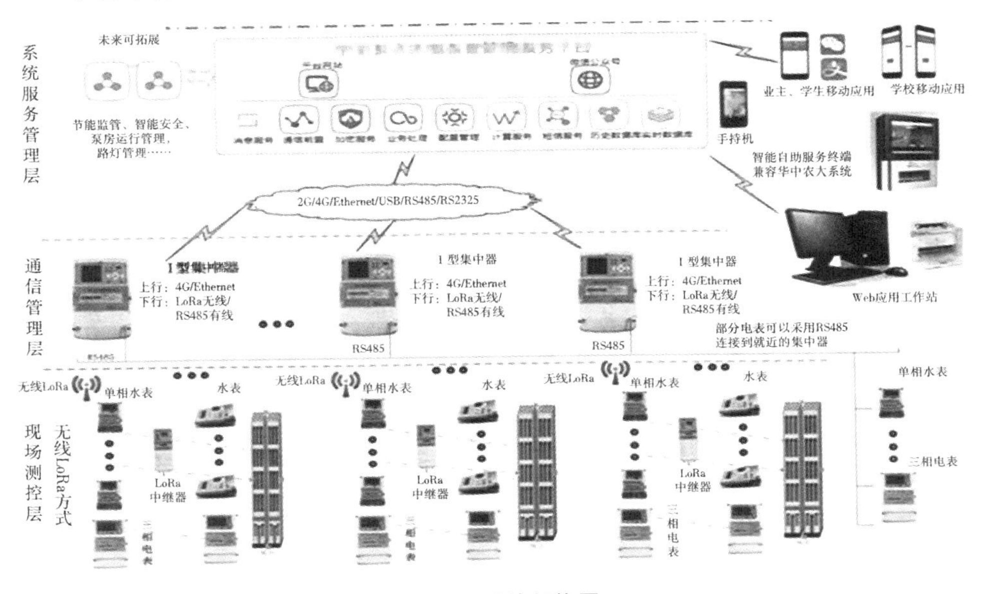

图 3-6　系统架构图

1. 系统服务管理层

系统服务管理层包括数据采集服务、计算服务、业务处理服务、消息服务、加密服务等，系统可完成数据的采集、处理、存放、调配，以及通信规约的转换等。系统服务管理层 EB 管理平台及微信公众号，分别为高校水电管理人员及学生或教职工家属个人提供数据查询、管理等功能。

2. 通信管理层

通信管理层由集中器（内含 LoRa、以太网模块）设备组成，采用以太网络方式通信，集中器根据仪表数量和分布配置，放置在各建筑楼栋弱电井内，各楼栋的集中器由 J5 网口经过校园网上传至抄表服务器数据库。

3. 现场测控层

物联网表计与通信管理的连接采用无线 LoRa 组网或者 RS485 有线连接方式，可非常方便地构建现场总线网络，并且维护费用低廉，是一种性价比很高的现场总线形式。

3.1.4.2 功能结构

水电计量物联网平台是通过平台建设，实现对单位能耗的实时监控、数据采集、数据分析、自动抄表、运行管理、预警管理、能耗展示等，使高校能源管理部门实现水电计量自动化、规范化和信息化，获得较大的经济效益和社会效益。水电计量物联网平台能对各个学院教学科研、实验基地、商业经营、居民用户、学生用户等用能单位的能耗（用电量、用水量）运行及状态进行安全、合理的实时监测及科学化的管理，功能结构如图 3-7 所示。

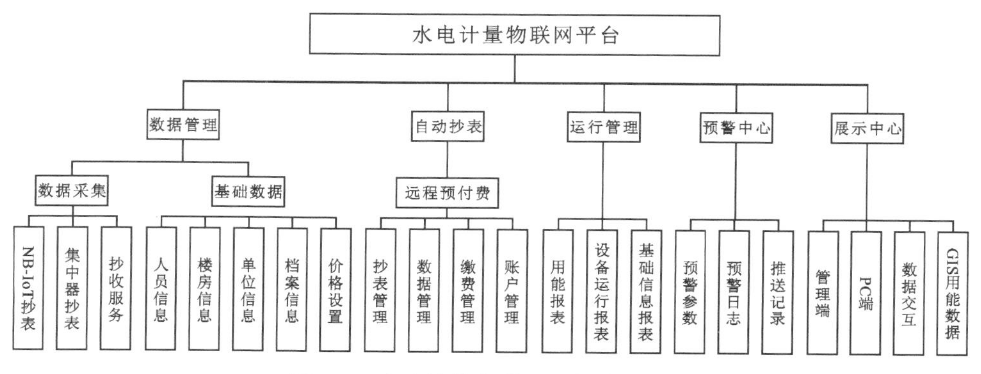

图 3-7 水电计量物联网平台功能结构

3.1.4.3 业务流程

新用户使用水电前需办理水电开户手续，个人或单位开户时先提交申请资料，由水电管理部门审核，审核通过后，即可安排专业人员安装智能水电表计；个人或单位办理销户时，需提交销户申请，水电管理部门进行账单查询，审核资料，用户结清水电费用后即可办理销户手续。水电开户、销户业务流程如图 3-8 所示。

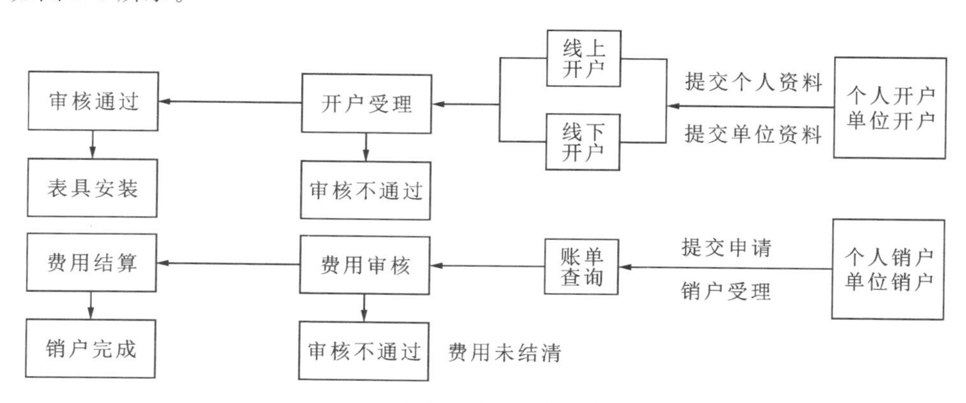

图 3-8 水电开户、销户业务流程

个人或单位缴费时，可采取线上或线下方式办理，线上缴费可选择微信、支付宝、银行卡等方式支付，无须选择水或电，可避免因错选而影响用户使用；线下缴费时可在营业前台办理，可选择现金或移动支付，打印票据。办理退费时，需提交退费申请，水电管理部门进行账单查询，并审核资料，再填写退费单据，提交财务办理退费。充值缴费、退费业务流程如图 3-9 所示。

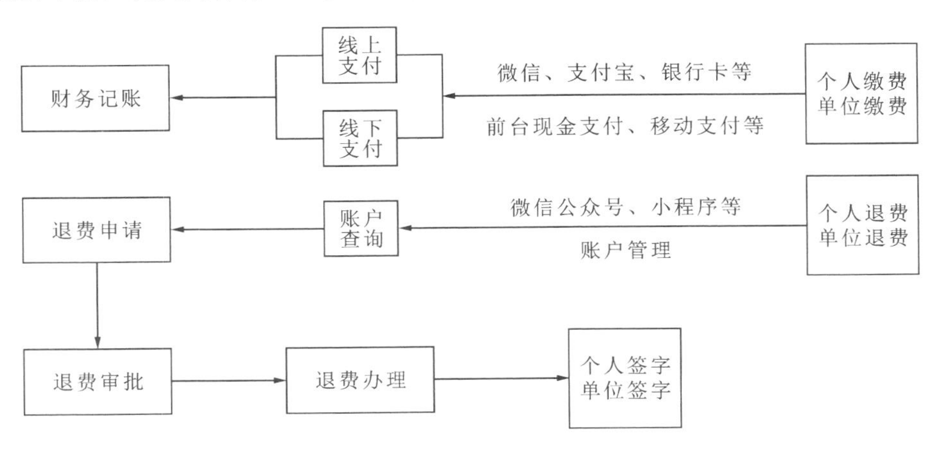

图 3-9　充值缴费、退费业务流程

3.1.5　主要功能

3.1.5.1　自动抄表

系统能实时或定时抄读现场各类表计的用水用电数据，可以显著提高抄表工作人员的工作效率，减少员工工作量，避免漏抄、错抄等问题出现。

3.1.5.2　远程预付费

系统设置“先付费后用水电”模式，用户可通过支付宝、微信等缴费方式缴费，通过微信或短信推送消费信息（图 3-10），实现远程开关阀操作；当系统根据抄读的水电量进行水电费结算后，发现可用金额小于设定值时，可及时通知用户，提醒用户缴费。

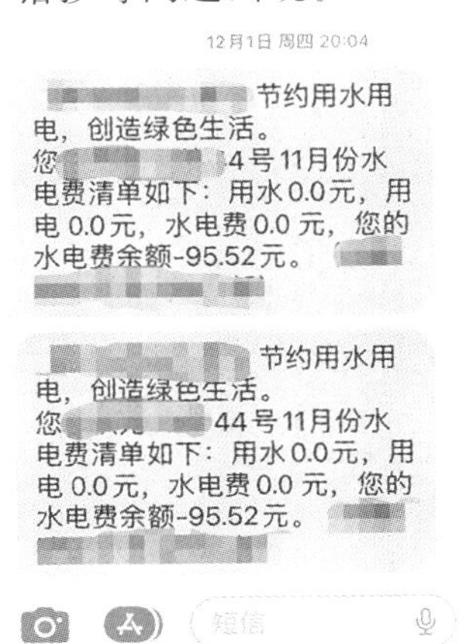

图 3-10　水电消费信息

3.1.5.3　账户管理

系统可提供一个预付费账户对用户的水电费进行统一结算，可人性化设置合并水电费或者分摊水电费，给出明细账单，避免使用两套收费系统，带来管理麻烦，如图 3-11 所示。仪表信息页面如图 3-12 所示。

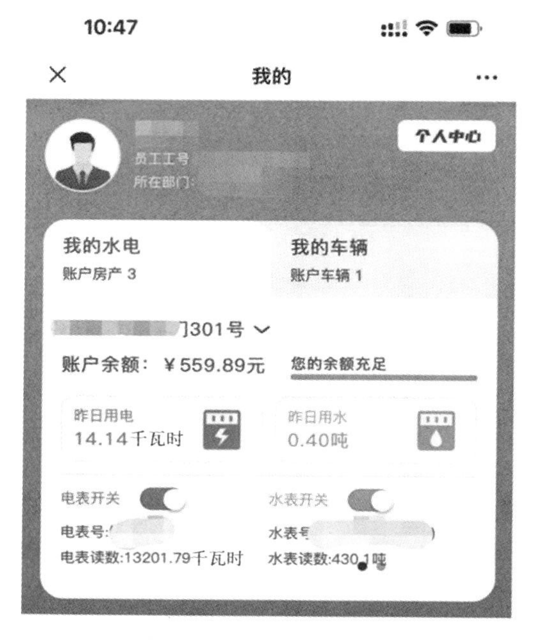

图 3-11　水电账户管理

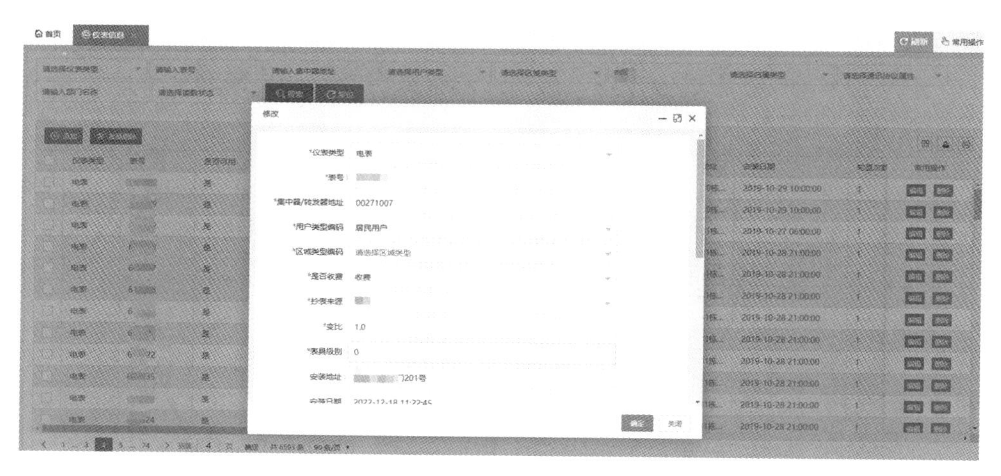

图 3-12　仪表信息页面

3.1.5.4　预警中心

当表计参数发生变化或出现失压、失流、错误接线等故障时，表计可自动上报预警信息，工作人员根据上报信息可以判断用户是否有窃水、窃电嫌疑，并可以及时赶到现场进行检查，能有效遏制窃水、窃电行为发生，做到防患于未然。预警功能包括余额不足提醒、欠费拉闸预警、能耗异常预警等。

3.1.5.5　数据管理

数据管理包括数据采集、数据校验、数据传输、自动补抄等；分区域、分类别、分建筑进行读数查询、用量查询、流量查询、事件查询、水平衡监测分析、综合分析、运行查询、故障查询等。

3.1.5.6　运行管理

运行管理包括表计报装、表计档案、表计更换、采集器管理、采集方案设置、故障报警、异常预警及各类运行参数的灵活设置。

3.1.5.7　管理和服务业务的PC端与移动端同步

系统可实现用户交互，支持通过微信公众号或手机短信等方式，实现缴费提醒、断电提醒、充值等信息的通知，通过公众号为用户提供账单查询、用量分析、充值及充值查询等互动功能，数据库等技术手段跟水电计量物联网平台及Web端协同应用。移动端的账单、用能数据等都同步自PC端，而业主在移动端充值的金额也实时同步到PC端，并且充值记录、消息提醒等业务数据移动端跟PC端也实时同步。

3.1.6　项目亮点

项目运用物联网技术、大数据技术，整合各类水电传感器数据，将人工抄表、后付费管理及安全用电转变成自动抄表、智能集采、预付费管理、用户账户可视、安全用电和欠费预警推送等模式，既可兼容计量设施品牌多样性，实现与学校现有子系统无缝对接，又可与专业平台互连互通，实现数据流转跨业务共享。

因此，本平台建成之后，可为整个学校用能提供保障，为能源管理提供数据和决策依据。

3.1.6.1　抄表中台兼容计量设施品牌多样性

在设备层面上，抄表中台兼容各种通信规约，如Modbus、DL/T 645—2007、CJ/T 188—2018、国网376.1协议，方便接入各种设备；在品牌选择上，打破生产厂商垄断，兼容各种品牌接入；数据网关（集中器）上行支持2G、4G、Internet，也可扩展支持RS485、RS232S，下行采用LoRa，也可扩展支持 M-BUS（或 LoRa 系列的其他更科学的传输方式）或 RS485，相关功能完全满足建设需求。

3.1.6.2 数据流转实现跨业务共享

系统能实现水电用户数据从现有房产系统读取，实现水电与房产业务联动，根据实际需求对接节能监管平台、智能安全平台、泵房运行管理系统、路灯管理系统；对接校园 GIS 地图系统；对接微信、支付宝、校园一卡通、银联等支付系统；微信公众号基于 H5 技术编写，可根据高校要求继续拓展和定制，继续完善微信公众号推送机制，预留部分第三方数据接入接口，支持应用接口层、数据库层及代码层 3 个层次的拓展方式，与其他平台互联互通，数据流转实现跨业务共享。

3.1.6.3 多场景互动提升用户体验

通过微信、手机短信［≥10 万条/年×（3～5）年］等途径就停水、停电、供配信息、水电消费信息等与用户互动，多场景提升用户用能体验。用户通过公众号提供的用量信息功能可以查看最近 30 天的每日用能情况，让用户可以清楚地掌握自己每天、每月、每年的用电量和用水量，可以查看当月及历史账单，包括总的费用信息及各表计的期初、期末用能明细数据，做到信息公开、透明，如图 3-13 所示。

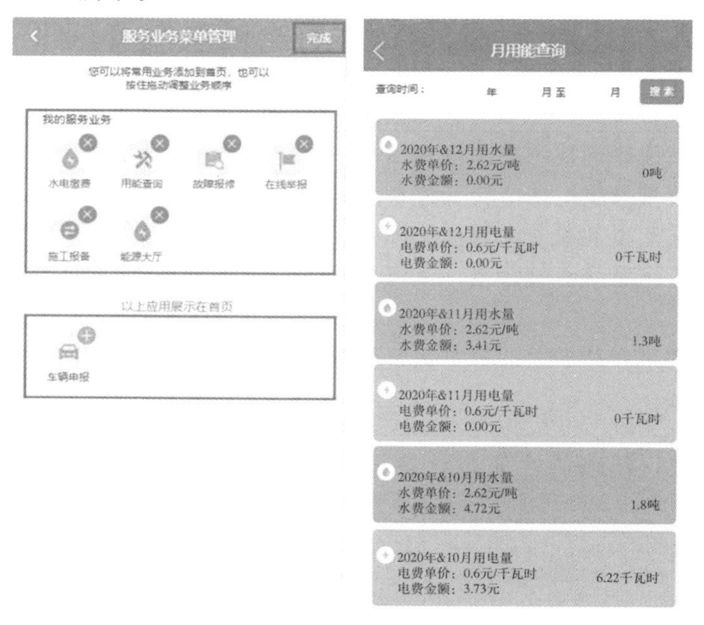

图 3-13 服务业务菜单管理

3.1.6.4 多维度实现“人房表”数据融通

通过整合学校人事、房产信息资源，提取教职工、使用单位、建筑物类型、房屋性质、房屋使用状态等基本信息，构建“人房表”各类信息的大数据储备，通过对大数据进行分析，将表计数据关联到所计量的房间，房间与使用单位和使用人相关联，使用人与用户账户相关联，支持按校区、使用单位、用户账户、表计编号、教职工、房屋使用状态等多个维度查询、统计、汇总计量使用情况，能够导出相应报表数据；支持用户账户随人流动、房间账户与用户账户数据融通、财务结算资金自由流转等功能；达到“以表管房”“以人知表”“房表互查”“以表管能耗”的效果，如图3-14所示。

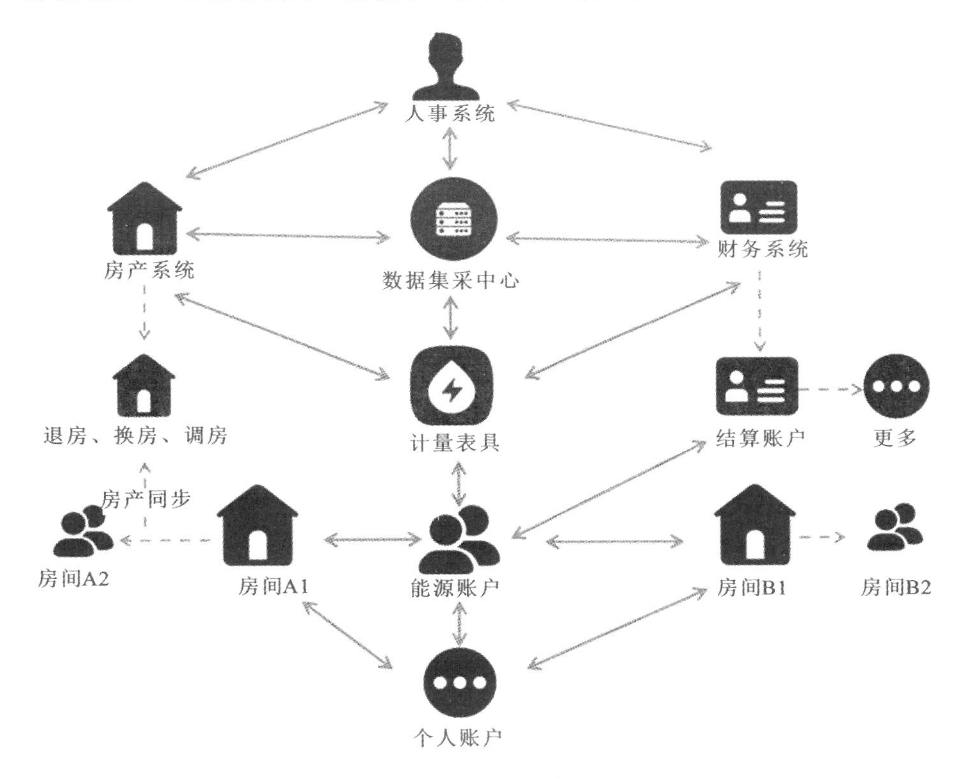

图3-14 “人房表”数据融通

3.1.7 反思与拓展

随着智慧校园的建设，高校在绿色校园建设方面的要求不断提升，水电计量物联网抄表系统得到了迅猛发展。发展物联网智能表计是提高能源管理水平的需要，也是电子技术、通信技术和计算机技术迅速发展的必然结果。

3.1.7.1 反思

智能表计是对传统机械表计的替代，将机械刻度表度数进行数据化，并通过内置无线通信模块接入网络，向校园能源数据中心提供用户的使用数据，实现远程抄表、动态监测、资源优化配置等计量目标。计量设备是终端层，要实现收费、计量、能耗管理等功能就必须要建立抄表系统，如果没有与远程抄表系统结合，那么计量设备就只有普通计量功能。因此，计量设备必须结合抄表平台才能发挥智能化的实力。

1. 计量设备的选择要结合计量目标与精度要求

目前，市场上智能表计品牌、规格、型号众多，每一个生产厂商的生产能力、工艺水准不同，其产品质量也参差不齐，通信协议也不尽相同。从计量目标来看，智能表计除具备基本的测量功能外，还可以对漏水、偷电、管道异常等进行监测上报。从计量精度来看，通常能看出基本的允许误差，智能电表方面 0.2 级的表允许误差为±0.2%；S 级的表对低载负荷有了更高的要求，通常使用在负荷变化比较大，经常会在小负荷状态运行的用户；0.5 级的表在额定电流下基本允许误差为±0.5%，无功也是一样。智能水表计量准确度等级常为 1 级，但使用一段时间后，环境、污染、水质、用水量、压力波动等不确定因素的影响，使水表机芯产生磨损、间隙加大，会造成计量精度的降低，甚至导致误差增大。

还有，选购的智能表计需要和现场环境相匹配，这样才能保证经济性和通信网络畅通。比如，智能电表或物联网电表的选择，不带通信模块时，适合用户集中式安装，多个电表共用一个通信模块，可将 RS485 转无线、RS485 转载波、RS485 转 GPRS，电表共用一个模块可以大量节省成本；带通信模块时，适用于分散安装，不过通信信号可能会受到电网环境的影响。

2. 抄表平台的选择要结合计量网络和传输设备

远程抄表平台通过结合先进的信息技术和通信技术，杜绝了传统人工抄表工作存在的低效性和不稳定性，很大程度上推动了水电管理工作的科学化发展。抄表平台运行稳定、可靠，计量网络和传输设备的性能优异是关键所在。抄表平台可结合物联网卡（Subscriber Identity Module，SIM）和 5G 无线信号设备，或在水电表附近安装数字传感器，通过边缘计算和无线网络，将收集的数据信息进行集成处理，并通过通信渠道传输至校园能源数据中心，实现数据的多元化共享，进而提高数据分析的价值。作为远程抄表平台的核心部分，传输设备需要具备数据转换、数据储存、系统参数预设、定值报警等多个功能，以实现对用户表计数据的采集。

3.1.7.2 拓展

计量物联网应用广泛，涉及校园管理、物业服务、节能管控、智能电网、智能家居、智能消防、老人护理、数字能源等多个领域。将计量基础设施通过先进信息通信技术、网络技术连接起来，并运行特定的程序，实现智能感知、智能计算、智能处理、智能决策、智能控制的目标。

1. 计量物联网与物业服务的融合

计量物联网作为新一代互联网信息技术，在物业服务中起到了很好的作用。小区物业可以整合“线上”和“线下”两端资源，根据应用环境自主搭建计量物联网，采取RS485、电力载波、无线、Modbus物联网云平台等多种远程抄表方式，实现远程自动抄表，抄表简单、快速、准确，收费简单化；用户的水电账单、缴费、用量数据都可以直接通过电脑、手机APP、微信等渠道查询，且可以查询到每年、每月、每日的所有信息；用户对水电的使用情况和缴费情况可以直观地了解得清楚，物业对于小区水电的管理也更加简单、高效。同时，还可凭借计量物联网、传感网等网络通信技术把物业管理、安防、环境、基础设施、通信等体系集成在一起，并通过通信网络连接物业管理，为小区住户提供一个舒适、安全、便利的现代化生活环境，构建一个基于大规模信息智能处理的新的管理形态社区。

2. 计量物联网生产数据的有效应用

“数值定义世界，精准改变未来”。大数据的广泛应用推动了传统计量的转变，计量物联网在大数据时代对数据的深度介入，有利于生产得到大而全、高质量的计量数据。计量物联网数据的应用方向可分为数据采集、数据共享、数据管理分析3个方面，凭借云平台/校园网应用搭建工具，建立数据采集平台，发掘利用大数据的计量数据资源，对计量数据经过分析及合理利用，从已经存在的水电表计数据中找出有价值的信息，用专业化的数据分析手段，完成数据访问、数据管理、数据呈现、数据分析等工作。计量物联网数据的应用场景包括智慧楼宇、智慧物业、重点用能人群监测、电力负荷监测、能源消耗分析等，运用大数据和云计算技术，建立上下行数据标准，提供电力集抄、能耗管理、电气安全、预付费、智能运维、智能照明等多种数据服务，提升了电力抄表服务的稳定性，保障了电力抄表数据的可靠性，实现了监控、告警、运维的信息化、自动化和智能化；计量数据是能源统计的重要组成部分，能源数字化对于能源供给的作用不仅体现在需求端的“节流”方面，更体现在利用各类前沿数字信息技术提高能源生产效率，通过供给端和需求端的“开源节流”，实现能源的清洁、高效利用；能源数字化是继煤炭、石油、天然气、电力、节能后的“第六能源”。

3.2 供配重地安防物联网

一个安全可靠的供水供电系统是高校事业发展的重要保障，一旦出现故障或遇到人为破坏，将造成难以估量的损失。保障供水供电安全，必须从源头着手，加强监管，注重防控，杜绝各类事故的发生。变电站、配电房、泵房等是高校的供配重地，大部分高校设置专职人员对配电房、泵房进行 24 小时运行值班或采用巡查巡检的方式保障设备的运行。

供配重地安防物联网就是利用物联网技术打造供配重地的无人值守、主动预警系统，降低管理者的人工成本、释放工作压力。供配重地安防物联网立足主动防控、提前介入，采用远程数据监控、智能报警联动、可视化运行等技术，构建基于系统联动的供配重地智能安防体系，实现场所无人值守。

3.2.1 行业概况

3.2.1.1 行业现状

1. 依赖人工巡检

供配重地安全是高校供配运行保障中的重要环节，在保障过程中，往往依赖人工巡检的方式进行，运维人员定期对供配重地巡检，检查设备运行状态、查看门窗是否关严等。部分高校还会安排值守人员居住于变电站、配电房、泵房。这种以人为主体的运维方式原始而落后，需要耗费运维人员大量时间去对供配重地进行巡检，同时难以做到应急处置、故障修复的及时响应。

2. 被动式管理

现阶段部分高校已经开始建设供配重地安防系统，但仍处于不完全成熟的阶段，供配重地安防应用依然是以实时监控、事后调阅等应用为主，智能化应用少，在事前及事中的能力普遍偏弱。管理者需要长时间注视监视屏幕，容易造成视觉疲劳，时间久了容易麻痹大意，无法及时发现故障。

对于变电站、配电房、泵房等需要重点防护的地方，采用人工方式难以保证24小时监控，可以通过视频智能分析手段进行不间断监控，如果出现了紧急情况可及时报警。

3.2.1.2 痛点

1. 被动处置多，提前预警少

目前大部分高校的供配重地安防系统缺少主动报警推送的功能，需要管理者全天候地守在电脑前注视系统，一旦中途离开时发生故障，就无法及时收到警报。

2. 设备不联动，系统不能集成

变电站、配电房、泵房内有视频、烟雾报警、门禁等多个系统。每个系统由不同的厂家负责，系统与系统之间相互独立，不能集成。管理者需要在多个系统中来回切换，如管理者收到某配电房的烟雾报警，需要打开视频系统找到对应的防区查看实际情况，操作十分烦琐。互联共享与集成整合是目前供配重地安防建设中必须解决的问题。

3. 更换扩张难

供配重地安防建设是一个长期、不断完善的过程，这种循序渐进、分期进行的建设方式给供配重地安防的建设带来了很多好处，但随着设备的老旧和技术的更新，很多高校会在一段时间后更换一部分设备，因此需要一部分既存的设备和一部分新增的设备能够无缝衔接，形成一个统一的监控系统。

由于高校的扩张，新建校区或分校的安防系统需要与老校区进行有效的整合，实现统一管理、分级授权，以便于日常工作的有序进行和应急事件的高效处理。目前，有些高校的系统仍相对分散独立，孤立的系统出现了无法逾越的瓶颈。

3.2.1.3 项目意义

1. 降低了运行成本，实现无人值守

在变电站、配电房、泵房安装各类综合监控设备，可以减少24小时值守人员，再辅以周期性的巡查巡检，能有效降低人力成本和工作压力。通过供配重地安防系统能实现视频监控、环境温湿度监控、烟雾报警和水浸监测等智能安防联动功能；能实现远程视频监控功能，以及防火、防水浸和防入侵等安全

报警功能；实施可视化运行和安全综合监控、预警，能实现配电房无人值守功能。

2. 打破行业壁垒，充分集成各系统

通过供配重地安防物联网的建设，将各个独立的系统结合起来在一个统一的平台上管理，实现各系统间的资源共享和管理控制，以提高管理效率和应急处理能力。另外学校还建设有消防、广播等其他方面的子系统，通过对接这些系统，实现消防联动、广播联动等功能，可以充分发挥学校已建系统的功效，提升整体应急处理能力。

3. 预警主动推送，提升可靠性

供配重地安防联动系统有一定的危险预警功能，且能通过微信、短信等方式将报警信息推送给管理者，根据预警信息采用适当措施把事态控制在萌芽状态，保障供配安全。预警报警主要包括周界入侵报警、视频智能分析预警、各种报警输入设备报警、门禁报警等，中心平台需要支持接入各种报警信息，并联动预案，便于对应急事件进行紧急处理。充分利用视频监控系统和其他安防子系统，能及时发现问题，最大限度减少突发事件造成的危害。

3.2.2 建设目标

以物联网技术为核心，充分考虑供配重地安防系统的需求，集成各安防子系统功能，统一控制，实现智能化系统集成、全方位联动管理、现代化决策管理、灵活简便的操作方式、高度系统集成，建设出一种关联性强、可统一协调、优化力度大、功能全面的供配重地安防联动系统，实现联网监控、集中监控、统一管理，为水电重地保驾护航。

按照模板化设计思路、集成化管理设计理念，将基于系统联动的供配重地安防物联网分为4个系统。

3.2.2.1 报警与视频的联动

视频监控子系统需要和各类报警子系统具备联动功能，一旦发生报警，须具备声光电警示、报警点图像显示、图像抓拍、启动报警录像存储、LED大屏显示报警信息等功能。如防小动物入侵功能，其形状设置没有约束，可以是区域（警戒区）也可以是一条线（警戒线）。只要有非常规物体进入警戒区域跨过警戒线，则会发出报警声音，然后自动和视频监控子系统联动。

3.2.2.2　门禁与视频的联动

视频监控子系统需要和门禁子系统联动，自动拍摄现场视频，实现存储录像，录入工作人员基本信息，使用面部识别技术、管理人员授权机制，对所有人员出入的信息记录、保存，并针对出入门禁的每一条信息保存实时视频、图像材料。发生非法入侵或门磁异常开门进入时产生告警，门禁系统的报警信息触发监控系统设置与其他系统的一系列相关动作。

3.2.2.3　辅助设备与视频的联动

安装高灵敏度烟感探测器和热敏元件温感探测器，可在系统中设置警戒数值，当烟雾浓度达到一定值时产生告警；供电设备热敏元件发生物理变化时，将温度信号转变成电信号产生告警；电缆沟浸水及地面的积水达到一定程度时产生告警。

3.2.2.4　校园地图与视频的联动

校园地图可以和监控、门禁、报警等子系统联动，可以在校园地图上实现信息的直观显示，并进行相关的查询、定位和管理操作。有报警信息出现也可以和校园地图联动，触发校园地图自动定位报警源的功能，将地点信息发送给工作人员，提醒工作人员进行相关的操作。

3.2.3　建设内容

3.2.3.1　视频监控子系统

针对其环境和场景的需求，在变电站、配电房、泵房进口房内区域布设安装 200 万红外一体化网络球形摄像机，室内设备机组区域过道布设安装 200 万红外一体化网络球形摄像机。

3.2.3.2　可视化报警系统

在变电站、配电房、泵房门口和设备区分别设置门磁探测器、烟雾探测器等，烟雾浓度达到预设值时产生告警，门磁异常开门进入时产生告警，电缆沟浸水及地面的积水达到一定程度时产生告警。

3.2.3.3　门禁子系统

在变电站、配电房、泵房安装智能门禁系统，实现变电站、配电房、泵房出入管理功能，同时对重要出入口实现安全防范管理。

3.2.3.4 综合管理平台设计

基于“高内聚、松耦合”的设计原则和顶层模块化设计的思想，平台采用了SOA架构，平台提供统一的服务管理，各个应用或子系统以及功能模块的服务端皆以独立服务方式提供并注册到平台，具备良好的伸缩性和业务扩展能力，以确保系统符合信息技术发展的趋势，并适应未来应用动态升级的需要，如图3-15所示。

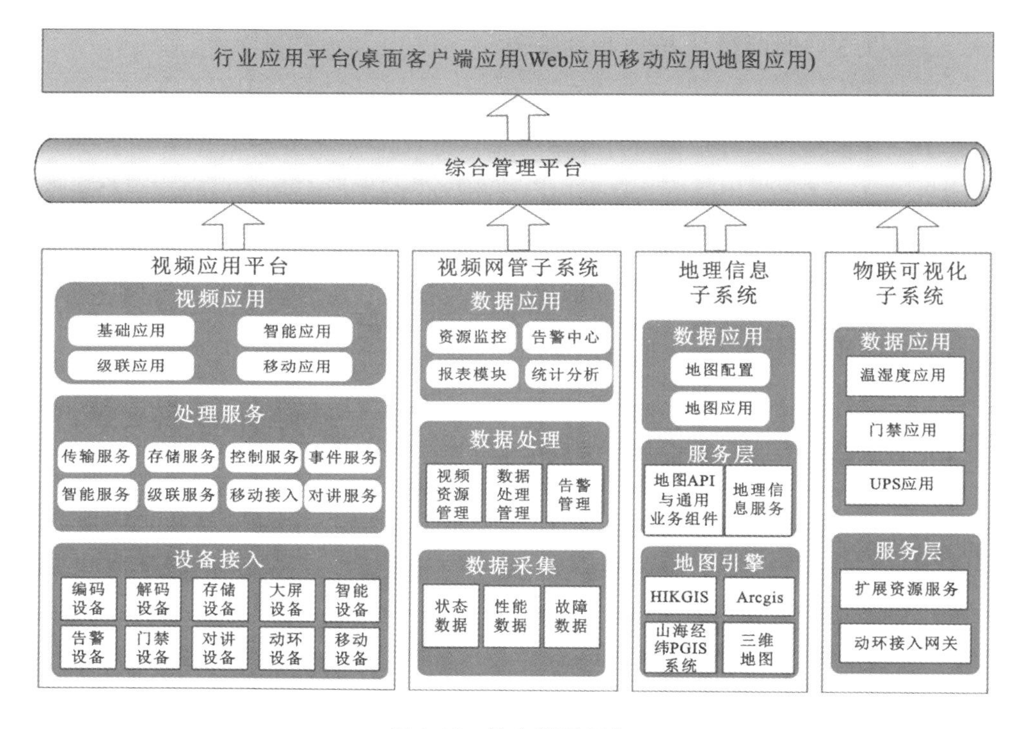

图3-15 综合管理平台

平台支持主流操作系统、Web中间件、数据库产品以及其他的第三方标准中间产品的开发和运行环境，具备很强的可移植性。

基础平台层对操作系统、数据库、安全加密、多媒体协议进行封装，屏蔽差异，实现上层应用的平台无关性，提高开发效率和系统兼容性。

3.2.4 项目设计

3.2.4.1 总体架构

供配重地安防系统是集硬件、软件、网络于一体的大型联网系统，以平台软件为核心，实现联网及跨区域监控，在监控中心即可对前端系统集中监控、统一管理。

1. 总体拓扑结构

供配重地安防系统的总体拓扑结构如图3-16所示。

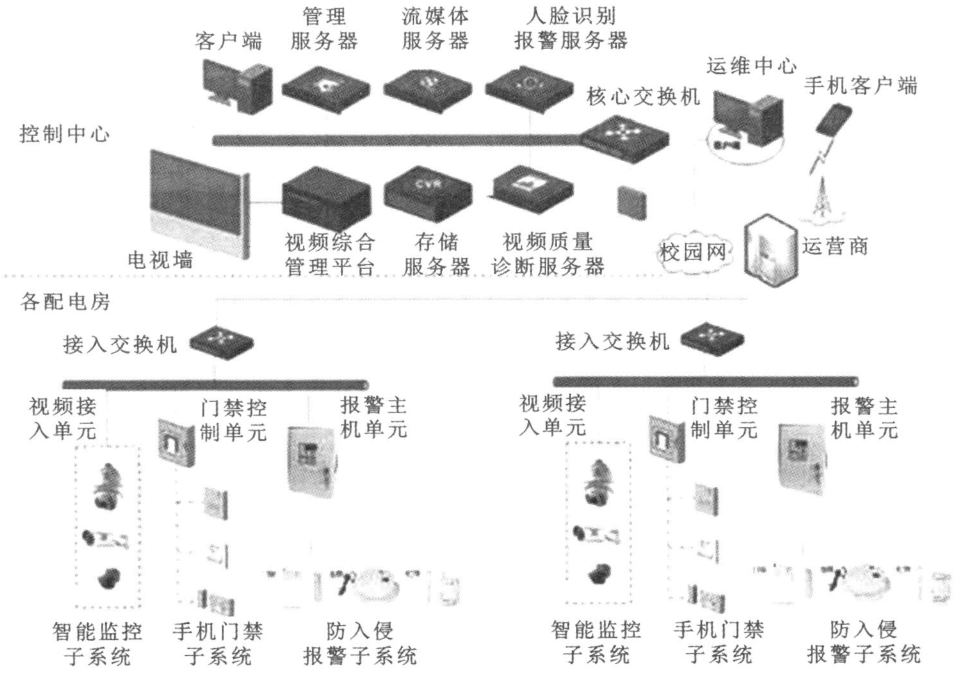

图3-16　总体拓扑结构

2. 平台架构功能

1）智能化系统集成

平台架构按照多层网络结构进行设计，能够对变电站、配电房、泵房视频监控系统、可视化报警系统、门禁控制系统进行统一管理。在管理中心通过综合管理平台进行统一监控管理，包括警情处理、数据报表分析、远程管理、集中存储等。

2）全方位联动管理

安全监控系统中不仅提供实时视频浏览，还可实现与防火、防水浸和防入侵等安全报警联动，同时可将报警信息上传到网络管理中心，也可以由中心进行远程指导或者操作排除险情，做到事故及时处理。

3）现代化决策管理

通过视频监控，可以实时观测变电站、配电房、泵房内设备以及机组的运行情况，为领导决策提供了直观的图像信息，同时可以对变电站、配电房、泵房操作人员的维护与处置进行可视化指导。

4）灵活简便的操作方式

供配重地安防系统采用网络视频，系统授权用户可以直接在电脑上利用软件对各设备进行各种控制和处理，友好的图形化软件界面使得供配重地安防系统的各项操作更加简单易行，也可以在计算机网络内进行操作管理。

5）高度系统集成

系统可以接入前期各类安防管理系统，对接预警平台，实现安防信息统一管理，统一分配。

3.2.4.2 业务流程

供配重地安防系统业务流程见表3-1。

表3-1 供配重地安防系统业务流程

序号	业务项	业务点	业务描述
1	温湿度传感器	状态监测	实时监控温湿度的状态，实时监测和显示工作状态正常与否
2		阈值设定	可对监测的各项参数设定上下限阈值，一旦参数超限，在相应的位置发生报警的参数会显示红色
3		报警联动	产生报警事件进行记录存储并有相应的处理提示，系统一旦监测到有报警或参数越限（可设置），系统将自动进行声光告警
4		日志查询	支持日志查询与报表生成，对温湿度的报警事件可以进行查询及输出
5	空调控制器	状态监测	实时监控普通空调的运行状态，包括送风温度、回风温度、空调开关机状态和空调故障状态等
6		远程遥控	可远程控制空调的开机、关机，有设定温度、来电启动普通空调的功能

续表

序号	业务项	业务点	业务描述
7	空调控制器	阈值设定	可对监测到的各项参数设定上下限阈值
8		报警联动	超限报警，在相应的位置发生报警的参数会显示红色，同时产生报警事件进行记录存储并有相应的处理提示，联动声光警号等
9	动环软件	界面显示	动环软件界面分为设备和监控项总览，含风险指数、近期环境曲线、最近报警列表
10		日志查询	快捷搜索日志，包含所有事件日志、告警日志、通知日志、定时任务日志、动作日志
11		日志导出	日志时间可选择为今天、最近7天、本月、今年，并可以导出为Excel文件保存起来
12	人像跟踪球机	守望功能	预置点，花样扫描，巡航扫描，自动扫描，垂直扫描，随机扫描，帧扫描，全景扫描
13		定时任务	预置点，花样扫描，巡航扫描，自动扫描，垂直扫描，随机扫描，帧扫描，全景扫描，球机
14		入侵侦测	支持进入区域侦测、离开区域侦测、徘徊侦测、人员聚集侦测、快速移动侦测、停车侦测、物品遗留侦测、物品拿取侦测、音频异常侦测、移动侦测、视频遮挡侦测功能
15	热源摄像机	温度异常检测	支持区域内温度异常检测
16		火源检测	支持点火、吸烟检测
17	出入口系统	自动布撤防	支持人员验证后，对红外探测器等撤防；关门自动布防
18		出入记录查询功能	系统可实时显示、记录所有事件数据；刷脸验证数据实时传送给计算机，可在管理中心电脑中立即显示；验证者（姓名、照片等）、事件时间、门店地址、事件类型（进出门通行记录、非法验证、开门超时、强行开门等）等如实记录。报警事件发生时，计算机屏幕上会弹出醒目的报警提示框。系统可储存所有的进出记录、状态记录，可按不同的查询条件查询，并生成相应的报表

续表

序号	业务项	业务点	业务描述
19	出入口系统	与视频监控联动	门禁系统中人员进出联动实时摄像机环境
20		在离线模式	系统可以实时展示门禁设备状态信息，并可导出日志供管理员查询
21	IP对讲系统	双向通话功能	可实现对讲面板与中心寻呼话筒及中心寻呼话筒之间的双向全双工对讲通话
22		呼叫语音提示	对讲面板与中心寻呼话筒之间呼叫时，中心寻呼话筒应发出关机、无人接听等语音提示
23		面板呼叫功能	对讲面板可通过按键呼叫中心寻呼话筒，按键可设置呼叫目标
24		视频联动	呼叫语音对讲时，可联动对讲面板所在区域的视频图像
25	入侵报警系统	防拆报警	支持主机防拆报警、探测器防拆报警
26		多元化联动	防区报警，支持语音播报、视频、电子地图等联动
27	视频预览和轮巡	实时预览	可通过双击视频通道或者拖动视频通道实现图像预览
28			通过关键字搜索，可快速查找摄像头
29			客户端支持1/4/6/9/16/25等画面分割模式及全屏显示
30			可将多路视频组合在一起，可一次操作预览全组视频
31			预览过程中，可随时进行抓图保存到本地
32			预览过程中，发现异常情况可随时记录日志并与录像关联
33			预览过程中，可点击停止单画面的图像预览，也可一键点击停止所有预览画面
34	用户管理	用户身份认证	能设置每个用户的预览、回放、下载、报警主机布撤防、门禁开关、语音对讲等的权限
35			权限配置时支持监控点权限复制，提高了平台的配置速度；电视墙监视屏组支持权限控制

续表

序号	业务项	业务点	业务描述
36	校时管理	设备校时	可设置一个自动校时时间，当修改时间后，系统可自动对存在时间误差的设备进行校时；另外，考虑到某些设备时间误差较大，如误差大于几个小时甚至是一天，则可能是设备故障导致的，需要先进行设备检修，系统只支持误差在一定范围内的设备进行自动校时（可选范围1～30分钟）
37			手动校时前，可根据时间误差范围进行检索，并可手动勾选设备进行校时
38	报警联动	报警联动	报警发生时，中心可自动开启环境视频预览联动，实时复核现场报警事件
39	报警等级	报警处理预案	能够按时间、类型、区域等检索条件，快速查询历史报警信息；能够通过报警信息查看各条报警信息的处理人、处理意见、处理时间等情况；能够对报警日志的查看权限进行控制，使无关人员无法查看报警日志
40	日志查询	报警日志查询	当报警发生时，结合报警点周边摄像机部署情况设置监控联动预案，实现报警信息与监控系统的联动。自动触发图像复核和/或声音复核设备进行报警复核，并触发相关报警联动装置，如灯光、铃声及记录设备等，支持在地图上突出显示报警地点
41	报警显示	报警显示	平台软件内置流程设计引擎，可以对流程的每个节点在软件界面上通过拖、拉、拽方式创建
42	H5端展示	H5端展示	基于企业微信自建应用的H5页面展示视频设备的在离线状态、实时预览和回放，报警信息推送至手机端

3.2.4.3 采集层

1. 视频监控子系统

变电站、配电房、泵房摄像机是整个供配重地安防系统的视频信号源，主要负责对变电站、配电房、泵房整体环境、设备等进行全天候的视频监视，同时能与其他子系统进行报警联动，满足变电站、配电房、泵房运行对安全、巡视的要求。当发生动力环境量、开关量、火灾系统等报警时，监控中心可以先通过视频监控进行变电站、配电房、泵房具体信息的直观了解，避免因准备不足而导致行动盲目、低效，不能对报警进行及时有效的处理。

变电站、配电房、泵房均为封闭环境，且部分配电房没有设计窗户，尤其夜间容易光线不足，虽有补光灯，也只是在需要时才人为打开，不能保证 24 小时的监控效果，所以室内监控选型推荐带红外功能的摄像机。另外有高清需求的，也可选择高清摄像机。

2. 动力环境监测子系统

变电站、配电房、泵房内运行着大量的精密贵重设备，这些设备的正常稳定运行，对周围环境的要求非常高，要求环境长时间保持在一个相对较小的变化范围内，否则会影响设备寿命或导致设备损坏。根据变电站、配电房、泵房的实际需求，为配电房配置温湿度传感器、水浸探头等环境监测设备，监测变电站、配电房、泵房环境，这些环境信息通过动环主机实现数据集中上传。

1）温湿度传感器

（1）监控内容。对于变电站、配电房、泵房内重要的电子设备，其正常运行对环境温湿度有较高的要求。因此在变电站、配电房、泵房内各个重要部位，安装温湿度传感器（带液晶显示），一旦温湿度超过阈值立即启动报警。

（2）实现方式。通过在变电站、配电房、泵房重要部位安装带液晶显示的温湿度传感器对环境温湿度实现监测，既可在温湿度传感器表面实时看到当前的温度和湿度数值，也可通过温湿度传感器的 RS485 智能接口和通信协议采用总线的方式将信号接入监控主机的串口，由供配重地安防系统进行温湿度的实时监测。

（3）实现功能。实时监测区域内的温度和湿度值，同时支持与其他子系统的联动控制，如温度过高则自动联动启动空调进行制冷。

系统可对温度和湿度参数设定越限阈值（包括上下限、恢复上下限），一旦温湿度越限，系统将自动发生报警，同时产生报警事件进行记录存储，并有相应的处理提示，第一时间通过微信推送、手机短信、E-mail、声光等方式对外报警。

提供记录查询：可查询报警数据及具体报警时间的参数值，并可导出为Excel格式，方便管理者全面了解变电站、配电房、泵房内的温湿度状况。

2）水浸传感器

在变电站、配电房、泵房的设计施工中对预防水浸已经考虑很多，但这并不能保证水浸不会发生。雨水从变电站、配电房电缆沟倒灌、泵房的管道破裂等都是造成水浸的原因。由于变电站、配电房、泵房内都是重要的供水、供电保障设备，如不慎发生水浸，不及时发现并清除，后果将不堪设想。正因为变电站、配电房、泵房水浸危害大，又不容易发现，对变电站、配电房、泵房内的水浸状态进行实时的监测是十分必要的。

（1）技术介绍。线式水浸传感器适用于大面积漏水检测，检测线缆长度从几米到几百米不等（可定制），可根据实际情况选用。空调周边、墙壁墙角、水管沿线、静电地板下方等均为适用检测区域。线式水浸传感器灵敏度可设，发生水浸时，电导率高于告警门限时产生报警；水浸解除，水浸探测器又处于警戒状态。

（2）主要功能。通过点式或线式水浸传感器检测到水浸后，产生开关量报警信号，开关量输出给动环主机，动环主机把现场积水情况及时上传中心，同时可联动声光报警，并发送短信到指定管理人员，从而及时进行处理，避免重大损失。

（3）配置原则。线式水浸检测区域广但无法确定精确水浸位置，适合沿管道或墙角铺设；根据实际情况设置点式水浸传感器的报警高度和线式水浸传感器的灵敏度，减少误报或漏报的发生；将线式水浸传感器设为高灵敏度，亦可用于地面过于潮湿的告警检测。

（4）实现方式。在有水泄露的地方四周铺设漏水感应绳，当发生漏水时感应绳将报警信号传给区域式漏水控制模块，通过区域式漏水控制模块的干接点报警信号直接接入动环主机的DI口，由供配重地安防系统进行漏水的实时监测。

（5）实现功能。水浸传感器可实时监测区域的漏水情况，发生漏水时系统自动报警，同时产生报警事件并进行记录存储，且有相应的处理提示，第一时间通过微信推送、手机短信、E-mail、声光等方式对外报警。

3. 红外监测

1）监控内容

考虑到变电站、配电房、泵房设备的安全，在变电站、配电房、泵房的重要区域安装吸顶式红外探测器实时监测供配重地的人体入侵情况，一旦发生报警就通过供配重地安防系统发出对外报警。

2）实现方式

吸顶式红外探测器的信号直接接入（报警主机，通过报警主机的RS485智能接口及通信协议采用总线的方式将信号接入监控主机的串口）监控主机的DI口，由供配重地安防系统进行防盗报警的实时监测。

3）实现功能

吸顶式红外探测器支持红外布、撤防功能，实时监测各防区的报警情况，并可通过供配重地安防系统实现远程布、撤防（各点探测器的报警情况），一旦发生报警，系统将自动产生报警事件，同时进行记录存储且有相应的处理提示，第一时间通过微信推送、手机短信、E-mail、声光等方式对外报警。

4. UPS监控

1）监控内容

设计对变电站、配电房、泵房内UPS电源的各部件工作状态、运行参数等进行实时监测，一旦发生故障及报警就通过供配重地安防系统发出对外报警。

2）实现方式

通过UPS设备提供的RS485（或RS232）智能接口及通信协议，采用总线的方式将UPS的监控信号直接接入监控主机的串口，由供配重地安防系统进行UPS的实时监测。

3）实现功能（只监不控）

UPS设备可实时监视UPS整流器、逆变器、电池（电池健康检测，含电压、电流等数值）、旁路、负载等各部分的运行状态与参数（能监测到的具体内容由厂家的协议决定，不同品牌、型号的UPS所监控到的内容不同）。

系统可对监测到的各项参数设定越限阈值（包括上下限、恢复上下限），一旦UPS发生越限报警或故障，系统将发出报警，同时产生报警事件进行记录存储，并有相应的处理提示，第一时间通过微信推送、手机短信、E-mail、声光等方式对外报警。

UPS监控提供记录查询功能，可查询报警数据及具体报警时间的参数值，并可导出为Excel格式，方便管理者全面了解UPS的运行状况。

5. 火灾报警子系统

由于变电站、配电房、泵房都有重要的电气设备，一旦失火，会造成不可估量的经济损失，严重的还会引起设备的误动作，危及配电房、泵房系统的稳定运行，引起公共场所秩序混乱，所以防火措施是必不可少的防范措施。

1）技术介绍

变电站、配电房、泵房一般都有独立的火灾报警系统，根据每个供配重地现场情况可划分为不同的防区，每个防区内配置有不同数量的烟感等火灾探测器，来监测烟雾报警情况。

动环主机可通过开关量报警电缆与火灾报警主机进行实时通信，能够及时响应火灾报警主机发出的报警信息。

2）主要功能

火灾报警系统具有不同的防区，当检测到火灾时，报警主机输出相应防区的报警信息到动环主机。动环主机可根据预置规则联动相应功能：报警信息上传中心，管理者可以迅速来到事发地点；联动相应的灯光照明，调用预置位，以便监控中心能及时了解现场火势。

火灾报警系统的开关量能实现各种联动：开启门禁，使火灾区域的人员能够逃生；实现与电源控制开关的联动，自动切断重要设备的电源。

3）配置原则

报警主机应具备开关量报警节点，用于输出报警及联动。报警主机需安装在主配电房或支持区。

报警主机可与校园 119 联网，提高系统的消防安全等级。

对于部分没有独立报警系统的变电站、配电房、泵房，可配备烟感探测器，探测器的开关量报警输出接入动环主机。

6. 门禁子系统

门禁系统采用人脸识别、指纹、刷卡的方式进行管理。指纹系统由授权指纹仪、开门指纹仪、门禁控制器和电锁等部件构成。门禁系统可以进行远程监控，实时读取门禁记录的资料，并对门禁系统设置权限。控制系统为分布式控制模式，门禁控制器可独立工作，并可记录 40 000 条出入记录，有效防止了因上位机故障等原因引起的记录丢失。当有人刷卡时，系统在界面上显示持卡人的姓名、所进的门号、所进的时间，并记录在数据库中，以便查询。系统也可对指定的门进行远程控制（如门的开关等），系统还可以联动闭路监控系统自动启动摄像机进行拍照，并将画面存储下来。

系统中的门禁系统是按联网方式进行设计的，门禁卡的发放和授权可以统一在中心进行，对于范围内的多个配电房集中管理非常实用，可以将各供配重地的门禁列出一个授权管理界面，进行远程批量集中授权。

1）实现方式

使用网络门禁控制器，通过网络门禁控制器设备提供的TCP/IP接口及通信协议，采用网络的方式将门禁信号接入监控主机，由供配重地安防系统进行门禁的实时监测。

2）实现功能

门禁系统可实时监控各道门人员进出的情况，并进行记录；可对人员的进出区域、有效日期、进出时段等进行授权，并可对人员进行权限组划分；可对门禁控制器进行远程设置操作；支持与其他子系统的联动功能，如发生火警时联动门禁控制器自动打开各道门的电锁以便逃生等。

3.2.4.4 传输层

在变电站、配电房、泵房前端监控系统（图3-17）中，IP摄像机通过以太网接入视频处理单元，其他子系统通过4～20 mA模拟量输入、开关量输入、RS485及RS232串口、以太网接入动环主机。视频处理单元和动环主机接收子系统上传的视频、音频及动力环境、报警信息，并进行处理、上传，管理者可通过客户端向子系统发送一系列的控制指令。

3.2.5 主要功能

3.2.5.1 首页展示

首页汇总展示了门禁、对讲、入侵、动力环境、视频设备的设备数量信息和每日报警明细，如图3-18所示。

点击每个设备统计数据模块时，会跳转到对应模块页面。

3.2.5.2 数据大屏

数据大屏直观地展示平台各类型设备主机总数、在离线及报警状态设备数量、每日报警统计数据、动力环境温湿度统计数据，以及各类报警统计分析数据，如图3-19所示。

3.2.5.3 实时预览

通过视频监视可以实时了解配电房、泵房内设备的信息，确定配电房、泵房内环境是否正常、是否有人出入、发生的报警是否有误，以及警情程度等。视频监控清晰、可靠，能直观地展现配电房、泵房监控区域的全貌，如图3-20所示。

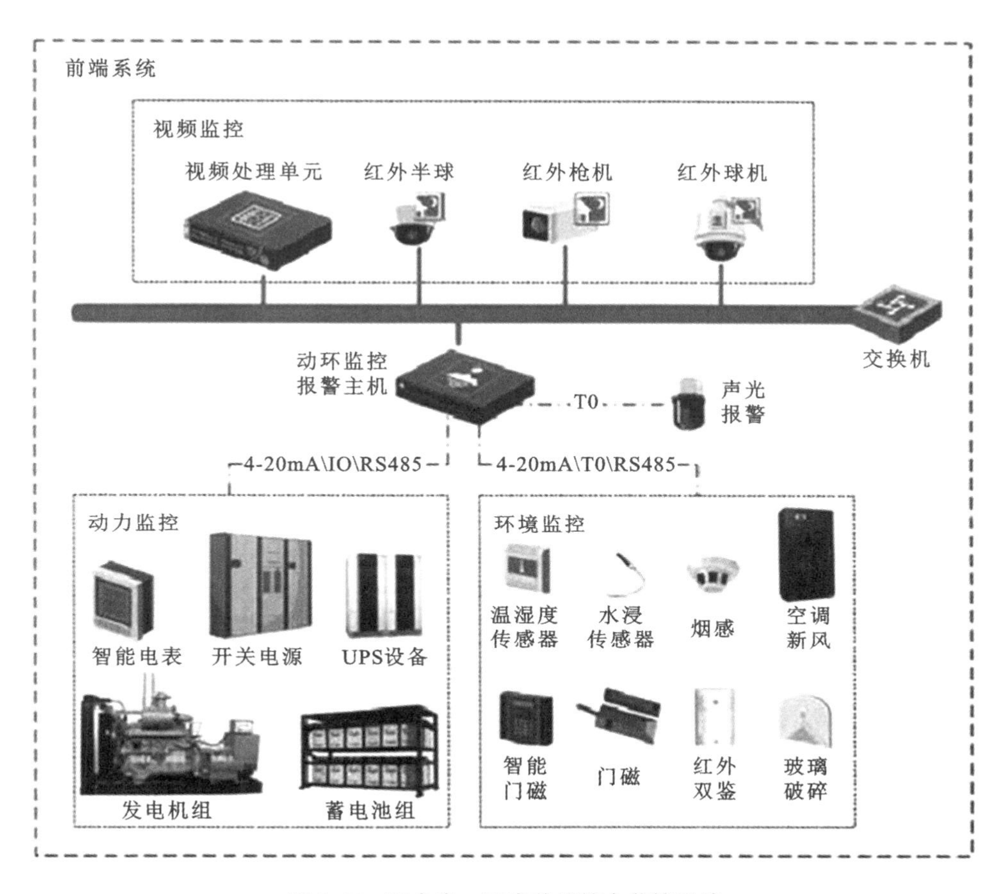

图 3-17　配电房、泵房前端综合监控系统

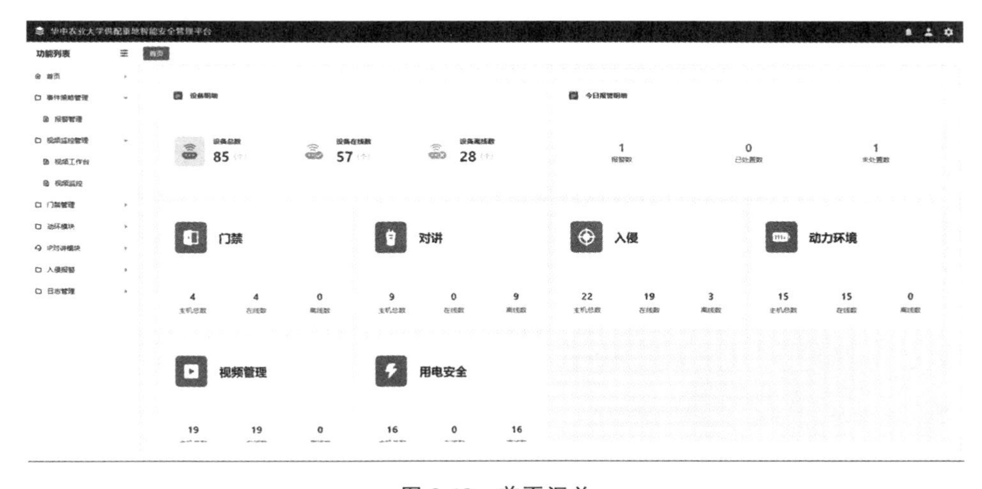

图 3-18　首页汇总

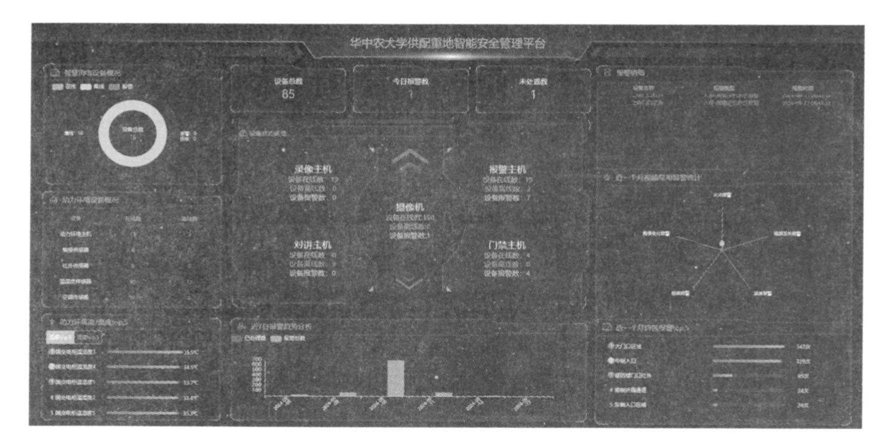

图 3-19　数据大屏

图 3-20　视频监控

3.2.5.4　远程控制

监控中心通过客户端和浏览器可对所辖配电房、泵房的任意摄像机进行控制，实现遥控云台的上、下、左、右和镜头的变倍、聚焦，对摄像机的预置位和巡航进行设置，控制应具有唯一性和权限性，同一时间只允许一个高权限用户操作；且可对门禁、照明、给排水和空调通风系统的开启进行控制。远程控制如图 3-21 所示。

3.2.5.5　系统联动

通过前端数据采集设备与平台软件可以对各子系统进行关联：当周界防御或火灾报警设备被触发时，有预置功能的摄像机还能自动转到预置点，按需设置联动录像功能；预设的报警能弹出窗口，并配合电子地图显示；当温湿度传感器检测到异常时，自动开启空调或调节空调参数，操作时可以联动相应位置的摄像机，对整个操作工程进行全程管控。

图 3-21　远程控制

3.2.5.6　语音对讲

在门禁刷卡处配置语音对讲设备，当巡检人员忘记带门禁卡时，通过对讲设备呼叫远方值班人员开启门禁，可以节省等待时间，提高工作效率，如图 3-22 所示。

图 3-22　语音对讲

3.2.5.7　录像回放

对监控视频进行实时存储，记录告警前后的现场情况，记录配电房、泵房内各种操作；通过网络调用回放录像，提供事故发生时的资料，为事故分析和事故处理提供帮助，并为事故处理和标准化作业教学提供宝贵的资料。

3.2.5.8　配置维护

配置维护模块具有对变电房、配电房、泵房处理单元进行校时、重新启动、修改参数、软件升级、远程维护等功能；给变电房、配电房、泵房处理单元及摄像机提供远程访问功能，管理员不必到达设备现场，就可修改设备的各项参数，提高了设备的维护效率，如图 3-23 所示。

图 3-23　配置维护

3.2.5.9　B/S 方式访问

MIS 用户通过 B/S 方式访问供配重地安防系统，B/S 方式采用标准的 HTTP 协议，具有很强的开放性和兼容性，完全能融合在配电房系统现有网络中。通过标准的 IE 浏览器，领导和值班人员可根据不同的权限对配电房系统进行配置及控制，操作界面全部为中文可视化界面，使用非常方便。

3.2.6　项目亮点

3.2.6.1　各子系统实现联动，定位更加准确

在原有的管理模式下，充分发挥供配重地物联管理平台与前端设备联动的优势，将前端设备采集的数据（火灾报警器、门禁、动力环境等的数据）与视频监控相关联，对重点区域实现视频监控，当出现报警时，自动弹出相关区域的实时画面，形成智能联动报警体系。

3.2.6.2　各子系统实现集成，预警主动推送

通过物联网络、系统对接等方式将各类数据整合在一起，将数据上传至统一的供配重地安防平台；将这些信息进行智能分析和处理后，通过微信、短信等多种方式推送给管理者。

3.2.7　反思与扩展

3.2.7.1　反思

存在的问题：有效预警不足，误报多；预警策略不够智能，同一故障多次报警。例如，视频监控子系统可通过图像变化判断是否有人进入监控区域，当

视频中有昆虫、树叶等从画面中划过会触发报警；动力环境监测子系统中，当温湿度在阈值边界反复变化时，系统会不断触发报警。若无效报警过多，会使管理者麻痹大意，最终造成“狼来了”的后果。

3.2.7.2　扩展

处理办法：利用大数据提高预警的有效性。通过大数据优化预警策略，减少并消除无效报警。系统后台利用算法分析管理者的行为，对管理者划定为“误报”的故障总结其规律，逐步实现相同问题不报或者少报，使预警更为精准。

3.3　节能物联网

实现碳达峰、碳中和，是以习近平同志为核心的党中央统筹国内国际两个大局作出的重大战略决策，是着力解决资源环境约束突出问题、实现中华民族永续发展的必然选择，是构建人类命运共同体的庄严承诺。随着高校办学规模逐年扩大，校园面积、建筑施工、科研教学设施、在校师生人数等急剧增长，但时间与资金有限，基础配套设施建设中很少考虑使用各种节能环保技术、设备老旧且设施漏损及能耗高问题没有得到有效重视改造，导致高校能耗呈现逐年增长的态势，对于各高校实现碳达峰、碳中和目标是一个严峻的挑战。

基于此，本节提出基于物联网的节能平台总体设计方案，并有针对性地在高校进行规划设计及在能耗管理方面进行实践应用，探索高校节能降耗的信息化支撑。

3.3.1　项目概述

3.3.1.1　行业现状

1. 节能与绿色中国

随着气候变化成为全人类共同的议题，碳排放成为世界各国关注的焦点，我国也开始关注碳排放带来的不利影响，并逐渐将低碳与节能减排、环境保护结合起来。在2020年的联合国气候峰会上，我国出于大国责任担当、贯彻可持续发展理念以及保护生态环境的需要，正式提出了“3060目标”。相应地，我国的政策重点也开始将“减碳”提升到了新的战略高度。

1）能源结构调整成为重中之重

推进能源的清洁化使用。煤炭等一次能源使用过程中容易产生污染与碳排放，因此提升非化石能源占比、强化一次能源的清洁使用成为重要工作。2017年，国家发改委发布《能源生产和消费革命战略（2016—2030）》，提出非化石能源消费占比由2020年的15%提升至2030年的20%左右，到2050年超过50%，“煤炭清洁高效开发利用”被列入“面向2030国家重大项目”。

大力优化能源结构，提升非化石能源比例。优化能源结构是实现“3060目标”的最重要途径。2020年12月的全国能源工作会议提出加快风电光伏发展，大力提升新能源消纳和存储能力。《2030年前碳达峰行动方案》将能源绿色低碳转型作为重点任务，提出推进煤炭消费替代和转型升级、大力发展新能源、合理调控油气消费、加快建设新型电力系统。《关于完整准确全面贯彻新发展理念 做好碳达峰碳中和工作的意见》（以下简称《意见》）提出，2030年非化石能源消费比重达到25%左右，2060年非化石能源消费比重达到80%以上，同时明确需要加快构建清洁低碳安全高效的能源体系，严格控制化石能源消费，不断提高非化石能源消费比重。

2）碳交易与绿色金融成为降碳的重要手段

碳交易成为重要的市场化降碳手段。2017年，国家发改委印发《全国碳排放权交易市场建设方案（发电行业）》，正式启动全国碳排放交易体系建设工作。截至2020年8月，我国碳排放交易试点省市碳市场共覆盖钢铁、电力、水泥等20多个行业，累计成交额超过90亿元。目前我国在碳排放权交易市场试点基础上，于2021年7月启动了发电行业全国碳排放权交易市场上线交易，预计可覆盖全国40%的碳排放。

绿色金融为降碳工作提供助力。2016年，中国人民银行、财政部等七部委联合印发的《关于构建绿色金融体系的指导意见》，提出了我国第一个较为系统的绿色金融发展政策框架。我国在绿色金融产品与政策工具等领域取得了诸多进展，到目前已经围绕绿色信贷、绿色债券、绿色股票、绿色保险、绿色基金与碳金融等建立了多层次的绿色金融市场，并匹配了相应的政策支持。我国是全球首个绿色金融政策体系构建较为完善的国家。

3）技术发展开始成为政策关注的重点

实现“3060目标”需要依托技术的突破性进展，政策加强对低碳技术的支持。2020年，中央出台《中共中央关于制定国民经济和社会发展第十四个五年规划和二〇三五年远景目标的建议》，提出在“十四五”期间坚持绿色低碳发展原则，要完善绿色低碳技术的研究与应用。最新出台的《意见》也明确提出强化基础研究和前沿技术布局，加快先进使用技术的研发和推广。

2. 设备节能潜力充分挖掘

随着高校规模的不断扩大，能源开支也在逐年增长，其中隐含的能源浪费现象却日渐严重，在不投入大量资金的情况下，对现有设备进行技术性改造，是高校能耗节约的重要途径之一，下面对设备节能进行探讨和分析。

1）变压器节能

变压器是高校供电系统中的常见设备，由于使用量大且使用时间长，在高校电能消耗中占有着重要比值，所以合理高效地使用变压器，对电能的节约有着重要的意义。变压器的损耗包括铁损和铜损：铁损就是变压器的铁心损耗，包括涡流损耗、磁滞损耗和剩余损耗，是变压器固有的，变化不大；而铜损则是变压器的线圈损耗，随着负荷的变化而变化。

（1）新变压器的选择上，应尽量采用高效节能的变压器，在设计时接线方式要选择合理，要尽量平衡校区用电负载，注意不要让变压器的温度过高，过高的温度不仅会减少变压器的使用寿命，也会加大电量的损耗。

（2）变压器选址时，尽量把变压器设置在负荷中心，这样既可以节省电缆，又可以降低线路压降，提高电能的质量和功率因数。

（3）选择合理的变压器容量和台数，既不要让变压器“大马拉小车”，也尽量避免变压器超负荷，轻载运行过于浪费电力资源，满载或过载运行会减少变压器的使用寿命，一般变压器的容量都是根据现场用电的总功率来确定的。

2）空调节能

空调属于耗电量比较大的一种家用电器，也是高校中的耗能大户，因此合理地使用空调，可以有效地降低耗电量。

（1）空调制冷时温度不宜过低，一般在25～26 ℃为宜，根据研究，空调温度每调低1 ℃，就会增加7%～10%的用电负荷；制热时宜设定为20 ℃左右，且室内外温差不宜过大，一般在9 ℃以内，否则对身体不利。

（2）空调应定期清洗过滤网、散热片，当灰尘堵塞住网孔，会导致制冷、制热效率低下，压缩机长时间不停地运转；使用年限较长的空调，最好检查一下氟利昂，氟利昂缺失也会影响制冷、制热效果。

（3）空调功率大小最好与房屋面积相匹配：空调功率过小不能提供足够的制冷量、制热量，压缩机不停地运转；空调功率过大又会因频繁启动，而增加耗电量，且减少空调使用寿命。

（4）制冷时导风板朝上，能够让冷空气从上而下达到一个循环；制热时导风板置于水平偏下位置，热空气平流朝上，这样效果最好。

(5) 在空调设备的选择上，最好选用能效比高的产品，能效比越高越节能。

3) 照明节能

照明设备是高校最普及也最常见的设备，同时也是能源损耗最泛滥的设备，虽然每盏灯的耗电功率不是很大，但由于基数较大、使用时间较长，因而造成的耗电量也相当惊人。

(1) 采用节能灯，虽然一盏灯能节省出的电能不多，但是数量多，其节能效果还是十分可观的。

(2) 路灯采用光源传感，根据日出日落时间来远程控制路灯开关，避免天没黑路灯就亮了，以及到了白天路灯还没灭的情况；在晚上 10 点后人流量大量减少时，可以设置半幅路灯开，半幅路灯关，还可以设置交叉路灯开启，这样可以节省一半电能；有条件还可以使用太阳能路灯。

(3) 教室为避免“长明灯”和“人少全开灯”现象，可以用“光控开关+智能开关”进行组合，当教室光照度低于设定值且人在感应的区域内时，开关开启，灯亮；若人离开感应的区域，该区的光源按设定的延时自动关闭。

4) 用水节能

水资源也是高校能耗的重要组成部分，倡导节约用水，坚决杜绝“长流水”现象的发生，可以有效地节约用水量。

(1) 学校的花坛、林木灌溉全部使用滴灌。

(2) 引进中水处理设备，对学校使用过的废水循环利用。

(3) 使用节水型水龙头，推广节约用水观念，定期检查水龙头及水管接头，做好维修及维护，查看是否有滴漏现象。

5) 建立水电用能监管平台

建立水电用能监管平台，在水电设备末端装上计量表计，通过采集到的数据对能耗进行实时监控，分析能耗异常，既可以及时查找出故障点，又可以为各院系能耗数据公示提供数据依据。

3. 行为节能引导落实不力

随着高校社会化改革的全面实施，原有鼓励节能的行政手段已经不适用，水电平衡二级计量损耗严重、查表不及时、隐藏问题不易发现、吃“大锅饭”心理普遍存在，节能技术进步的机制没有真正形成。能源管控部门缺乏自我约束的内部核算控制体系，导致节能管理工作不到位，同时对节能工作也不够重视。例如，电表、水表损坏、读数不准没有及时更换；滴漏维修不够及时；个别用户甚至用改装、恶意破坏电表、水表等非法手段窃水偷电；能源使用中忽视经济效益，“长明灯”“长流水”现象长期存在；节能宣传力度不够，节约用水、节约用电意识没有深入人心。

4. 物联网+节能迅速发展

物联网作为时下流行火热的技术，已经广泛地应用到日常生活中，在节能减排上更是展现出了独特的优势，与传统节能减排技术相比，基于物联网技术的智慧能耗计量平台，具有泛在感知、数据采集精准灵活、可监可控、科学决策等优势，借助物联网技术，可以把耗能设备载入互联网，对设备相关场景的各类数据及能耗异常分析等信息，实时反馈到智能手机或平板电脑等终端上，让用户可以随时随地了解设备运行情况及故障分析，轻松对设备进行远程管控，让设备在需要的时候自动连接，避免一直工作，造成设备故障和能源浪费等。

3.3.1.2　行业痛点

1. 节能管理不便捷

传统的节能管理方式，依托老旧的理念，都是依靠人工巡检，人必须到现场才能了解基本情况，不仅效率低下，还容易发生漏检、误检等情况。比如校园路灯因为故障导致电压不稳而不停地闪烁，不仅照明效果差，消耗的电量更远超平时，管理人员不能及时发现问题并处理，无形中就造成了资源的浪费；另外，虽然有定时开关机制，但因冬夏的日出日落时间存在着较大的差异，用一刀切的管理方法给路灯设置固定的开灯和关灯时间，就会造成天还没黑路灯就早早亮起，天已大亮了路灯却还没有熄灭的情况，这也造成了能源的浪费。

2. 节能成效不直观

通过人工手段来执行节能管理，不仅效率低下，节能结果也不直观，人们对节能减排的直观理解是节约能源和减少污染物的排放，它更多地停留在节约的理念上，倡导人们去厉行节约，而什么情况下才算节约、节约的量是多少、节约的标准是什么、指标控制是多少、不同情况下能源消耗的比较等都没有科学的标准和计量方式，只知道做了这件事对节能会产生影响，但没有详细的数据展示，较同期或历史节能效果相比，也只能做出一个大概的估算，既不准确也没有指导意义。

3. 节能提升不精准

由于能源计量、统计等基础工作严重滞后，能耗和污染物减排统计制度不完善，有些统计数据的准确性、及时性差，科学统一的节能减排统计指标体系、监测体系和考核体系尚未建立，对于能源消耗和排放缺乏认识，致使许多节能减排措施无法推行，即使某种措施推行以后其效果也不能确知，除了表面上一些故障性的能耗浪费能根据人为经验来判断，深层次的异常分析就无法精准定位和解决了。

4. 节能业务不系统

随着社会多样性的进一步发展，各种能耗设备更是令人眼花缭乱，但是没有科学性的节能标准，只能在多品类的设备上，制订复杂的条条框框，导致数据及数据集的形成、分析和使用过程中，由于主体能动性、客体技术性以及政策环境、制度建设等不完备形成的不对称、冗余等封闭、半封闭式现象，在驳杂的用能体系中，无疑是增大了节能业务的管控难度。

3.3.1.3 项目意义

1. 契合行业发展趋势

在能源问题日渐严重的今天，节能减排已经不是一句口号，更是国家实行节约资源的基本国策，实施“节约与开发并举、把节约放在首位”的能源发展战略。而传统的节能管控模式，早已跟不上如今缤纷多彩的多样性社会，随着“万物互联”的概念逐渐走进人们的日常生活，节能与物联网的联合是契合行业发展的趋势，也是社会推进的必然走向。

2. 提升节能管理水平

传统的节能大多依靠人为模式，现场用电、用水计量器具配备不全，有的耗能点没有水电计量表或表已经损坏，无法准确掌握实际用能，给能耗考核造成困难，节能相关人员不主动协调问题，导致管理水平越来越差。针对这一问题，将耗能表计都接入互联网，每天采集所有表计数据，对能耗数据进行分析，对异常数据及时处理，对离线表计积极维护，将异常用能和故障率分化给指定人员进行考核，既减轻了考核人员的工作量，也细化了工作内容和工作方向。

3. 提升节能工作质效

通过有效的数据采集和耗能分析，可以将复杂的能耗模式变成简单的图形化管理，之前多个人才能管控过来的区域，如今一个人分出一点时间就可以胜任，通过观察耗能波形图，对异常波动进行进一步数据查看，找出异常波动原因，对异常问题进行分析解决，不仅节省了人力成本，也更有效地减少了能源的浪费。

3.3.2 建设目标

3.3.2.1 终端用能设备全面监测

随着高校用能设备的日益智能化、自动化，对于用能设备的可靠性要求也越来越高，很多高校面临设备的安全管理问题。涉及的设备有种类众多、型号不一、标准不一、配套专业人员不足等问题，给管理上带来了诸多不便。因此，需全面监测在役用能设备的安全运行，科学分析设备运行状态的发展演变规律，实现早期故障预报、超负荷预警等，进而避免故障，特别是重大安全事故的发生。

1. 设备综合监控

使用三维地图GIS技术直观展示设备远程监控状态，包含正常运行天数、运行状态、异常未处理事件、实时预警信息及高发异常项。

2. 安全预警

对于设备安全异常进行实时多次预警推送，如水质监测、负载监测，推送方式包含微信推送、短信推送等。

3. 运行参数监控

对设备关联的运行参数及指标阈值进行集中展示，包含参数说明、参数描述、参数阈值范围、历史状态等信息。

4. 特征管理

利用数据模型建设设备正常运行模型、故障模型，结合设备运维知识库，根据设备故障进行故障模型分类，可查看故障名称、原因及处理方案，辅助巡检人员高效处理设备故障。

5. 数据分析

对同类型设备的遥测数据及关联设备间的遥测数据进行对比分析，提供设备运行状态数据参考及影响范围分析。

3.3.2.2 终端用能设备全面互联

目前高校场景下终端用能物联网设备正在逐步完善中，看起来是夯实了“万物互联”的基础、欣欣向荣一片大好的场景，实际上由于终端用能设备硬件数量较多、不同类型设备协议不一致、各个厂商都想建立自己的标准，从而导致实际上物联网依旧呈现出“碎片化”状态，仅有小范围的设备能实现互联互通，而在高校全局视角下，设备仍然处于个体孤立状态。为全面实现设备互联、自主可控，可从以下两点实现设备互联互通。

1. 统一通信协议标准

参照国家标准或国际通用标准，结合学校实际情况制定统一的通信协议标准，按设备类型制定协议，如水表可采用电信 CTWing 物联网平台实现水表的业务数据上报、远程阀控及设备事件上报、设备告警信息上报。

2. 软件生态合体

通过建设物联网平台，全面打通新旧设备互联互通，主要接入方式有两种：① 硬件接入模式，即解析设备协议及通过硬件 IoT 模组/SDK 方式直接管控设备；② 平台接入模式，即通过设备平台 API 开放接口或数据库，将设备接入物联网平台。

3.3.2.3 多类别终端设备统一操控

设备厂商提供不同的设备操作系统且各厂商系统运行终端不统一，如常用终端有 APP、小程序、H5，导致管理人员需在不同系统间切换进行操作，给管理人员日常工作带来极大的不便，同时也降低了管理工作效率。

1. 统一身份认证，打通系统壁垒

结合学校统一身份认证系统，实现子系统的互访互通，打通系统间的业务壁垒，做到一号登录、一站服务。

2. 统一使用终端

采用 H5 形式开发，相较 APP 而言兼容性更强，APP 开发需区分 IOS 与 Android 系统，开发两套手机应用程序，开发周期更长且成本更高，而 H5 的开发无须过多顾虑手机系统差异，兼容性更强。H5 形式迭代便捷，无需用户下载更新软件，即可实现系统的更新升级，真正做到用户无感知，便利性更强。

3.3.2.4　多类别终端设备数据统一管理

将不同类型设备数据通过物联网平台采集推送至大数据平台，通过数据清洗与计算分析，最终以可视化图形展示，降低人工分析工作量，增加业务数据可读性。完善的数据报告、数据排名、统计报表、数据对比分析及明细，使数据管理可以系统化、专业化地进行。

1. 管理更加高效

能耗数据可以为高校节能工作带来重要的事实依据，通过数据统一管理，能解决数据分散问题且数据将得到简化，因此可以使用更少的存储空间，并且可以高效搜索数据。

2. 数据分享

数据统一管理可根据不同业务需求通过可视化分析将原始数据和非结构化数据转换为更易于理解访问的数据格式；同时支持数据开放共享能力，为其他应用系统提供开放式 API 接口，实现主动与被动两种形式的推送与查询功能，其他系统可以通过订阅的形式获取能耗相关数据，解决数据孤岛问题。

3. 数据可靠性及准确性

数据统一管理可以实现数据清洗，采用保护措施和流程来识别、剔除错误数据，让能耗数据分析更加精准、可靠。

3.3.2.5　能耗数据集中分类展示

充分利用数据中心的数据，已有数据不生产，生产的数据流入数据中心，将所有能耗数据集中分类展示，实现统一分析、综合决策。

1. 概览分析

以全校视角按日、月、年维度分析总能耗、生均能耗、面积能耗，并结合历史能耗数据与能耗指标参数历史变化进行能耗总体趋势分析。

2. 单位能耗分析

按单位类别及学科差异进行分类分析，包含单位生均、分类单位能耗排名、单位楼栋能耗排名、单位面积能耗排名，并同步展示单位楼栋、面积、人数、性质分类等指标参数数据，进而精准分析不同类型单位用能趋势，并给出节能分析报告。

3. 建筑能耗分析

对校内建筑进行能耗分类分析，可根据校园实际情况分类为行政建筑能耗、教学建筑能耗、公共保障能耗、居民能耗、经营能耗等，对数据分门别类地分析有助于给管理者提供精细化节能决策支持及提高节能管理效率。

4. 设备能耗分析

利用物联网技术实时采集、分析校内能耗设备用能状况，包含空调、照明等设备。在服务保障的前提下，通过能耗使用情况分析科学管控设备运行状态，从而实现设备节能。

5. 漏损分析

采用层级分析模型，动态配置用能关系结构。例如，泵房、区域、楼栋等各级节点供水量与下级节点取水量对比分析漏损率，可按时间筛选、组合各级节点日间、夜间用能进行对比分析，同时支持对每级节点用水量进行阈值设置，超过阈值立即预警。科学精准地分析漏损，有利于促进节能。

6. 负载分析

分析各配电房日、月、年负荷情况，并进行历史数据同比、环比分析，结合季节、节日等因素分析用能趋势，在保障用电安全的前提下，科学合理调度供电，减少能源损耗。

3.3.2.6 节能预警智能实时推送

构建节能预警平台，实现用能设备阈值预警、建筑夜间用量阈值提醒、设备状态监测、用户用能账单分析、节能分析报告等预警推送，通过多种渠道推送保障信息送达率，同时支持分类自定义配置预警接收人，有效提高事故处理效率。

3.3.2.7 节能决策数据精准支持

建立用能大数据分析体系，把适应能源决策支持的各类业务分析模块整合连通，通过数据获取、数据储存、数据模型管理、可视化分析等功能，从用能的异常预警、供配运维保障、管网漏损控制、计划性和非计划性停水停电、设施设备安全风险防控、供配重点的安全管理等多个层次出发，通过大数据分析与业务相互融合，精准服务、支持学校用能各项工作的科学决策。

3.3.3　建设内容

近年来，高校规模的不断扩张使能源消耗更是呈现快速上涨趋势，高校又是集教学、科研和生活于一体的，既是人口高密度区，更是重要的能源消耗大户。在借助物联网、大数据现代信息技术的综合管理下，高校水电物联网应时而生，并逐步发展壮大。通过PC端、移动端应用，依托大数据分析，预警异常用能，引导用能行为，提供水电管理与节水决策支持。对容易出现监测盲点、管控盲点、造成能源基础采集数据比较粗放的，实现针对性精细化管控；解决能源系统、用能设备运行状态不明，设备维护检修需要大量人力，运维压力较大等问题；使缺乏基于统一节能目标的有效节能控制策略，对其用能设备进行节能控制与管理；不再让采集到的无法发掘节能潜力的数据累积形成数据孤岛。通过可视化大数据分析用能数据，及时调整用能措施，实现能源管理的科学化。有效的节水、节电措施和信息化手段有助于实现校园的节能降耗。

3.3.3.1　节能数据中台

节能数据中台本质是“数据仓库＋数据服务中间件”，通过“采集”“存储”“打通”“使用”4个方面来进行数据汇聚整合（水电用能数据的采集与存储、数据的可用性、数据维护）、数据提纯加工（标签体系、智能的数据映射、完善的数据防控）、数据服务可视化（用能数据可视化、数据分析能力、数据开发平台）、数据价值变现（跨部门实现业务价值、数据应用的管理、面向场景的数据应用、提供数据决策、洞察驱动业务）。最终通过数据可视化技术组件，如饼图、柱状图、曲线图、热力图、环形图等，实现建筑、单位的用能整体画像，最终为管理者提供节能决策支持信息。

3.3.3.2　震动与压力监测物联网

管道震动与压力监测物联网，依据管道安全监测中面临的问题，结合物联网和监测系统，提供并分析各项监测数据。依靠通信和传感技术，实施对管道的远程监测，为决策提供有效数据支撑。震动与压力监测物联网能够及时发现管道故障，提高维护效率，减少运维压力、降低损失，保障输水、供水质量，达到科学预警、提高效率的目的。

3.3.3.3　水电平衡物联网

水电平衡物联网，通过层级结构，分析泵房、区域、楼栋等各级节点供水与漏损情况，并结合时间段进行各级节点对比分析。按管网布局和计量关系，划分用能区域，建立计量分析模型，设定异常参数，通过总表、区域表、楼栋表水电用量比对，科学分析管道漏损和线路损耗，精确定位管道漏损和线路电损范围，及时处置，减少漏损。

3.3.3.4 空调管控物联网

空调管控物联网具有设置、控制、统计、分析、记录、查询、提示、报警等功能，可实现在不同领域内对各个空调智能终端的个性化管理，根据不同需求（调整开放时间与温度控制）实时智能启动相应的程序，同时用户可以自由设置访问权限，利用互联网实现远程监控。根据空调能耗数据分析、总分表平衡异常、过负荷告警等信息，诊断分析数据辅以实时曲线，发现用能不合理的方面，实现远程空调控制与数据监控，挖掘节能潜力，参与数据决策。

3.3.4 项目设计

3.3.4.1 系统架构

系统采用 B/S 构架，分层设计。依托校园网与基础数据源，将系统配置、业务处理、统计分析、预警与推送、数据采集存储、数据处理等模块分为综合应用层、数据管理层、网络层、采集层，系统整体框架如图 3-24 所示。

1. 采集层

采集层由多个部署在不同服务器或者主机上的前置服务构成，该前置服务为“设备远程管控服务”，可使不同协议终端或者集中器设备进行通信，实现远程控制和数据采集，同时还包括与设备终端厂家的第三方软件服务对接，以实现远程控制和数据采集。

2. 网络层

网络层支持采集层的数据通过校内互联网宽带网络传输、无线移动网络传输、校内局域网传输。

3. 数据管理层

数据管理层包含数据仓储管理、数据标签管理、元数据管理三大系统数据库，数据库分为专业数据库、基础数据库、数据仓库。

1）数据仓储管理系统

数据仓储管理系统是根据业务、可共享的用能数据长期存储的数据集合，是为节能分析和决策支持而构建的基础数据分析数据管理系统。

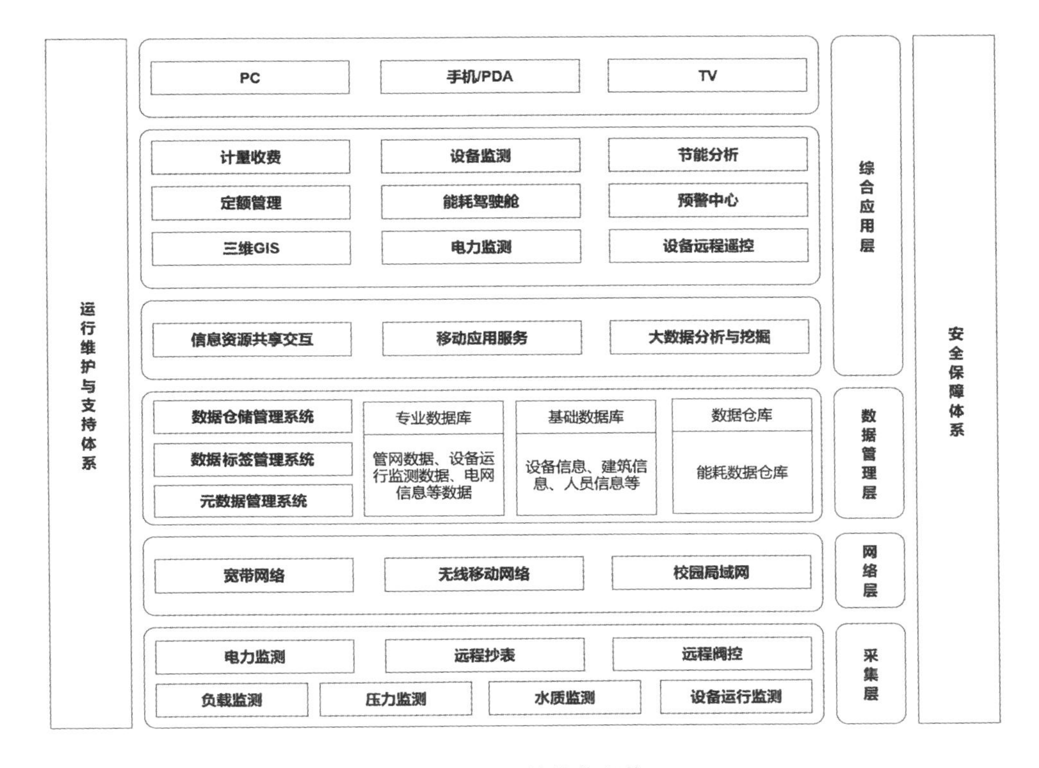

图 3-24　系统整体架构

2）数据标签管理系统

标签是一种灵活的数据组织方式，放弃大而全的框架，基于业务场景自下而上地倒推标签需求。通过特征集合并关联用能标签对象，对分析用能对象生成用能画像，从而科学分析、挖掘用能对象的节能潜力。

3）元数据管理系统

元数据主要用于记录数据仓库中模型的定义、各层级间的映射关系，监控数据仓库的数据状态及 ETL 的任务运行状态。在数据仓库系统中，元数据可以帮助数据仓库管理员和开发人员非常方便地找到他们所关心的数据，用于指导其进行数据管理和开发工作，可以极大地提升工作效率。

4）数据库

数据库主要分为 3 类：专业数据库主要用于存储关键及专业的数据信息，如管网数据、电网数据、设备运行监测数据等，可以规范数据操作权限且强化了数据的可靠性；基础数据库中存储维护系统的自生成数据和其他系统同步的基础数据，包含设备数据、人员数据、组织架构数据等，保障了数据的统一规范；数据仓库主要为前端应用提供全量能耗分析数据及对外开放数据共享能力，既可以保证数据的完整性又可以解决数据孤岛问题。

4. 综合应用层

综合应用层采用分层设计实现，分别包括数据处理、应用服务、终端支持，共计3层构成。

1）数据处理

数据处理为系统最基础的功能部分，支持能耗资源数据共享交换、移动应用服务、大数据分析与挖掘。

2）应用服务

应用服务层由计量收费、设备监测、节能分析、定额管理、能耗驾驶舱、预警中心、三维GIS、电力监测、设备远程遥控等模块构成，支持现有系统集成与后期拓展接入。

3）终端支持

系统应用实现对多终端适配，包含PC端、手机/PDA、TV端。

3.3.4.2 业务流程

1. 项目业务主流程

由物联网采集设备数据并上传至基础数据平台进行数据清洗，整合人员身份信息，通过数据平台为数据决策平台及统一门户服务平台提供数据支撑，如图3-25所示。

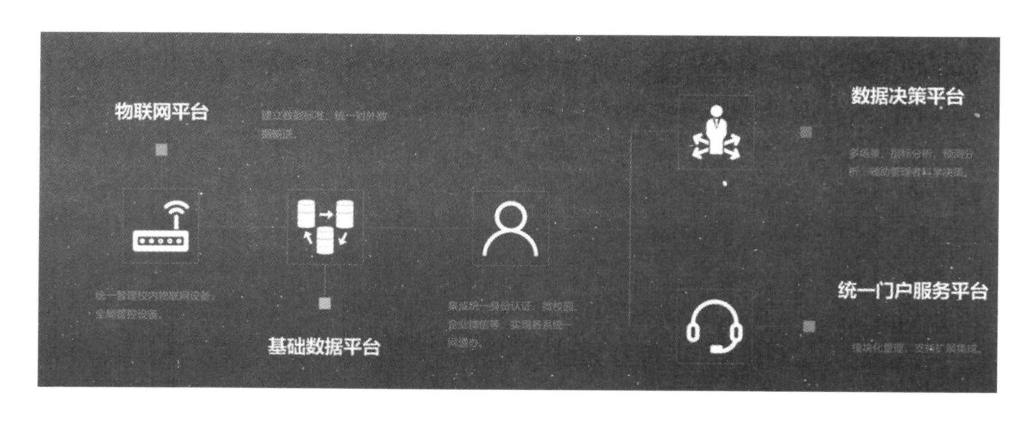

图3-25 业务主流程图

2. 物联网能源业务

物联网平台统一管控各类计量设备，支持多种协议类型，包含 NB-IoT、Modbus、LoRa、定制协议，物联网平台将数据推送至数据中台进行数据预处理等操作后，由业务中台进行数据可视化展示，同时物联网平台支持设备远程操作及预警，如图 3-26 所示。

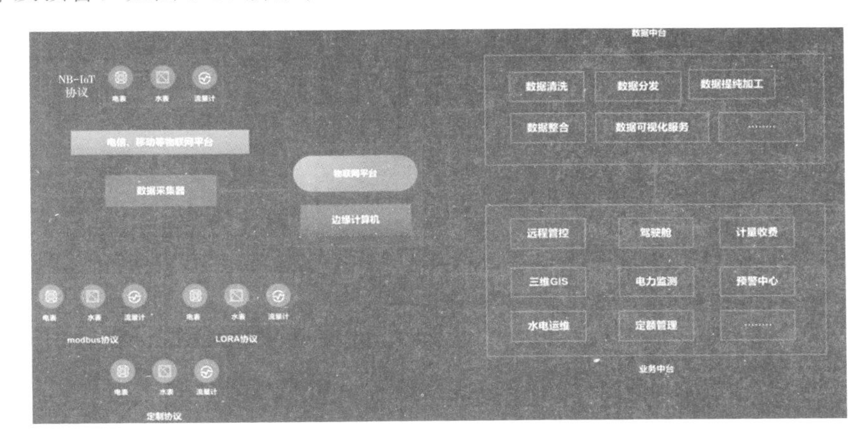

图 3-26 计量业务流程图

3. 供配安防业务主流程

物联网平台统一监测各类设备运行状态，包含温湿度监测、火灾监测、红外监测及移动侦测等信息，支持终端设备报警输出与平台预警推送，同时物联网平台将所有采集的数据上传至数据中心，统一管理，如图 3-27 所示。

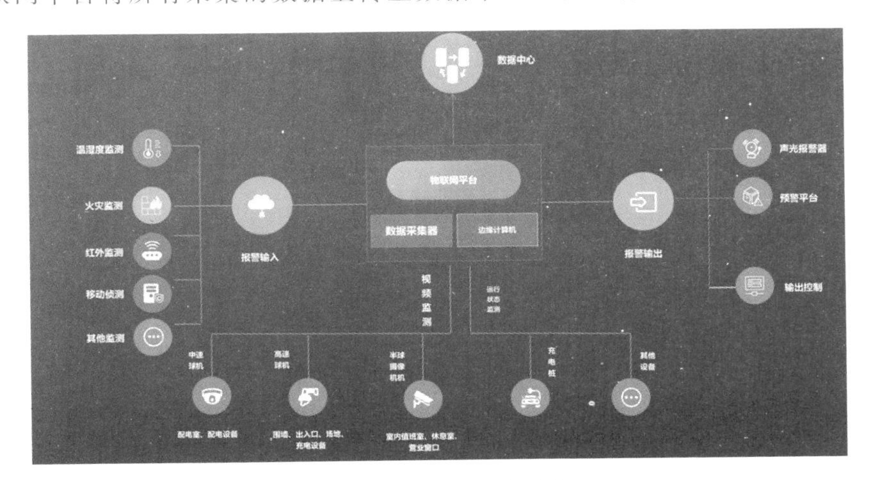

图 3-27 供配安防业务流程图

3.3.5 主要功能

3.3.5.1 水电平衡

1. 水电平衡模型

按管网布局和计量关系划分用能区域，建立计量分析模型，设定异常参数，通过总表、区域表、楼栋表水电用量比对，科学分析管道漏损和线路损耗，精确定位管道漏损和线路电损范围，及时处置，减少损失。

电平衡供电可视化图表层级结构（图 3-28）为一级总览，配电房、箱变（图 3-29）为二级预览，配电房、箱变下归属楼栋（图 3-30）和对应楼栋表计（图 3-31）为三级详情，并且能查看表计基本信息、在线状态、用量等，结合数据统计分析、建立供给和损耗电用能之间平衡关系，分析异常并及时下发终端预警处理。

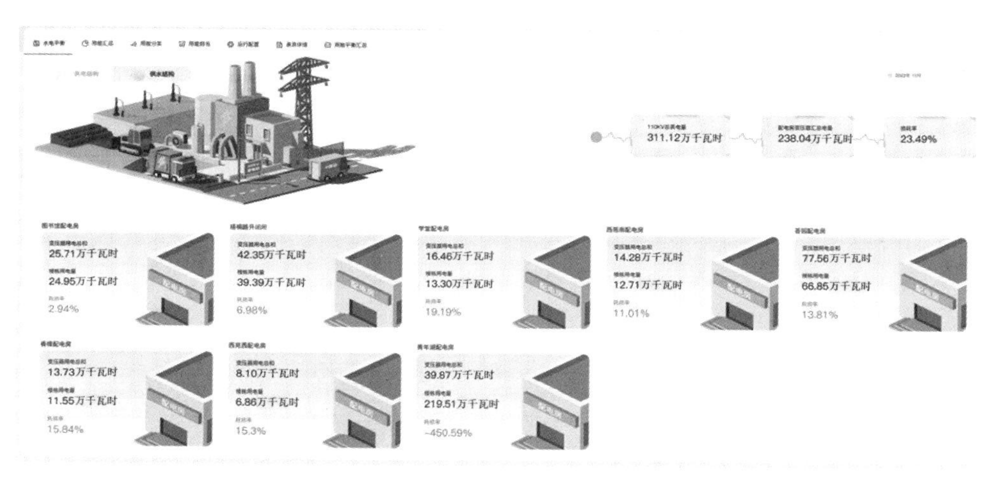

图 3-28 电平衡（总览）

水平衡通过供水层级结构可视化图表（图 3-32）分析泵房、区域（图 3-33）、归属楼栋（图 3-34）及对应表计（图 3-35）等各级节点供水与漏损情况；并结合时间段进行各级节点对比分析，对异常用水数据（用能情况、耗损率）及时报警。通过用量数据分析监测，可以更快确定水量异常区域，极大地缩短了漏损发现、定位、抢修所需的时间，以最短的时间处理漏损的发生，避免大量水损失。

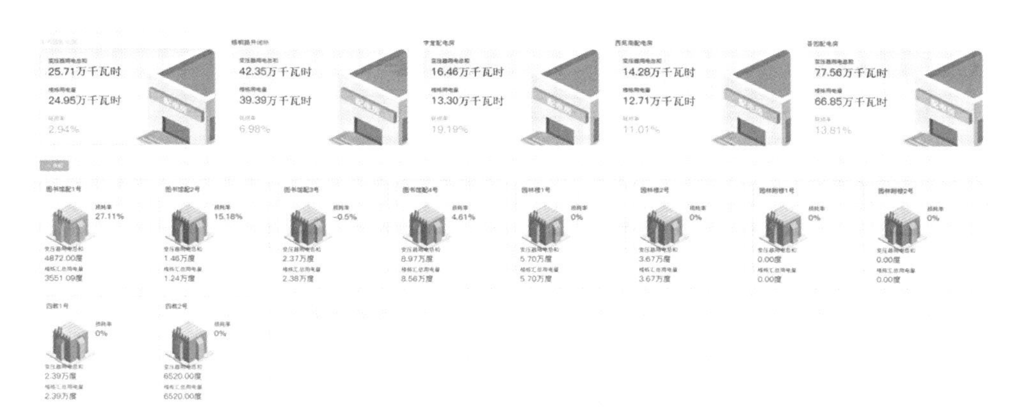

图 3-29　电平衡（配电房、箱变）

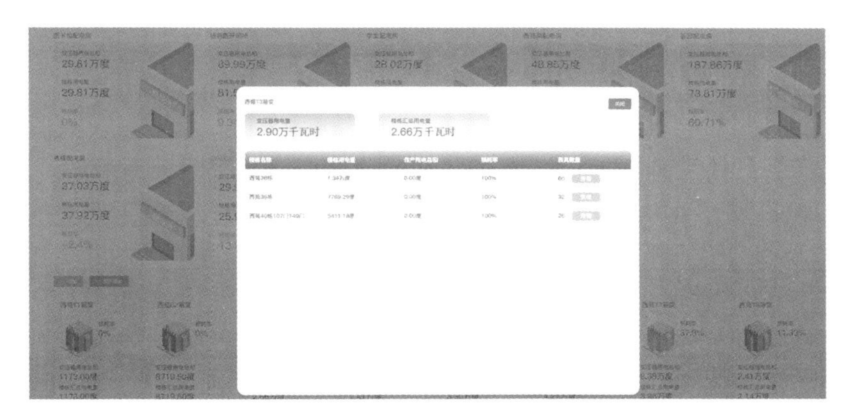

图 3-30　电平衡（配电房、箱变下归属楼栋）

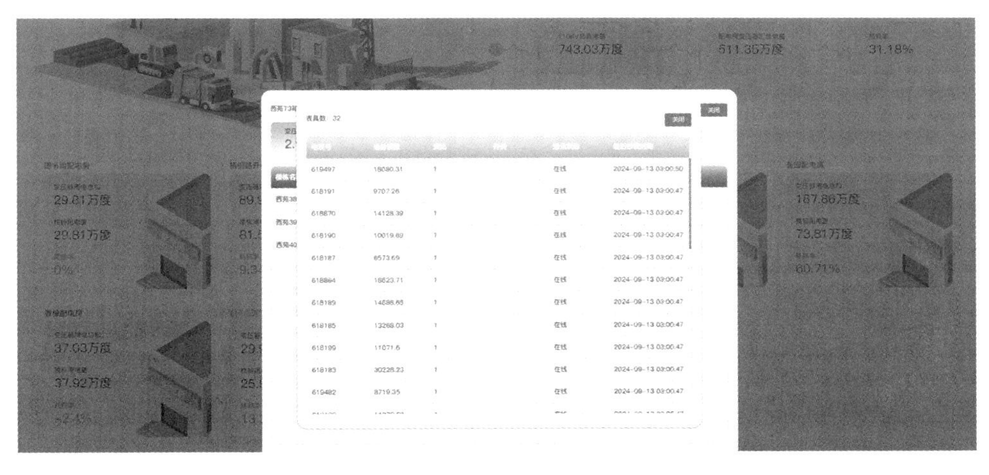

图 3-31　电平衡（对应楼栋表计）

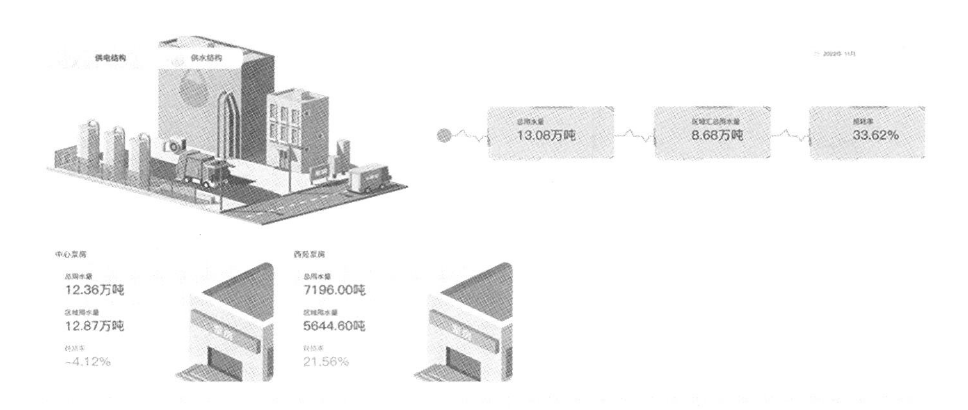

图 3-32　水平衡（总览）

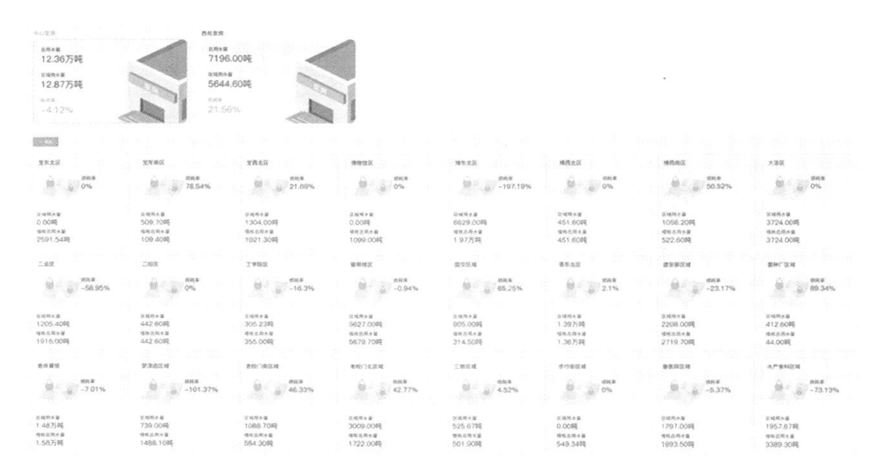

图 3-33　水平衡（泵房、区域）

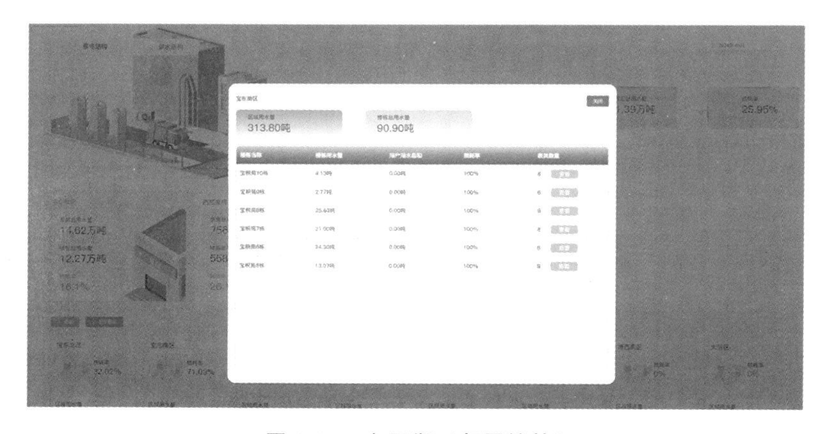

图 3-34　水平衡（归属楼栋）

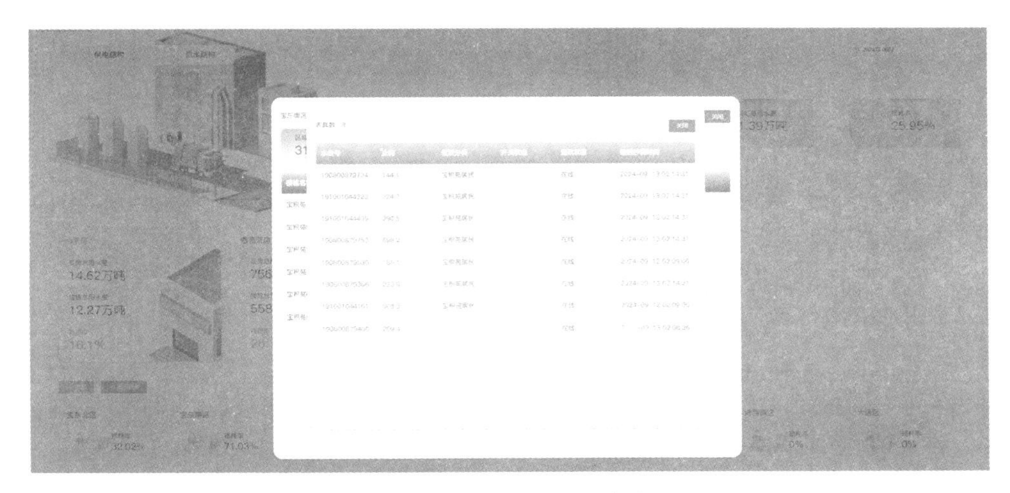

图 3-35　水平衡（对应表计）

2. 计量管理维护

通过表计上下层级结构，直观展示总表、区域表、楼栋表等对应关系（图 3-36），科学合理进行计量管理维护配置，为运行提供统一、便捷的管理帮助。

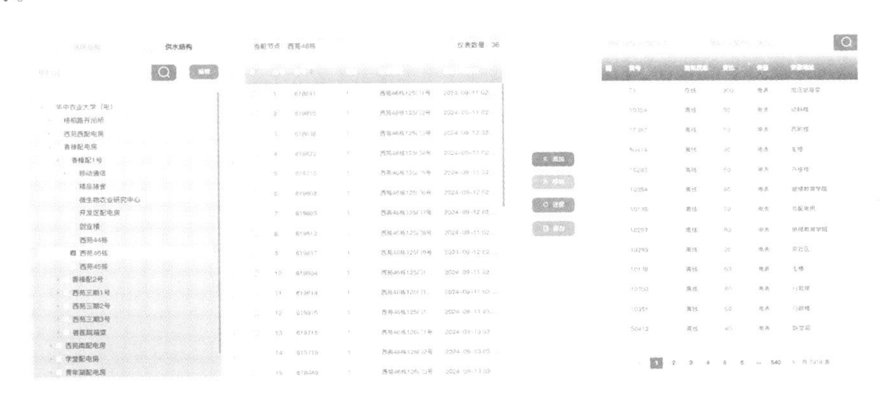

图 3-36　计量管理维护配置

3. 平衡效果展示

通过可视化图形方式展示用能平衡分析（图 3-37），以年、月、日时间段各用量（配电房、变压器、楼栋等）的数据持续监测对比进行耗损分析，有效地缩短了漏损发现时间，避免了用能损失。

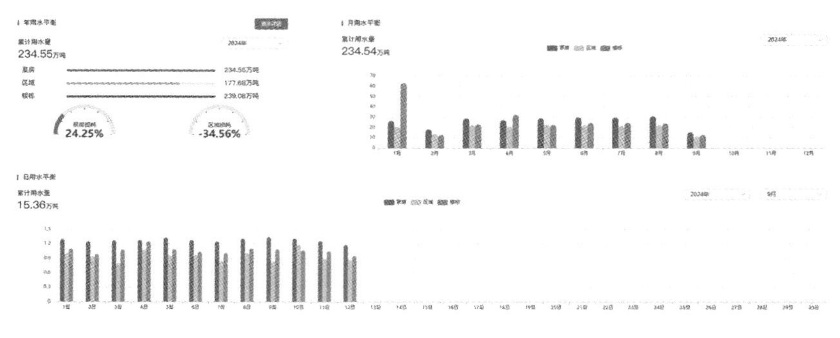

图 3-37　平衡效果展示

4. 平衡失真预警

通过物联网技术，建立统一接入规范，支持阈值自动触发预警联动，水电平衡在用能预警区间，出现异常能耗能够实现区域、位置的精准定位，第一时间处理预警（图 3-38），核实并分析异常能耗的情况。

表具离线(755589)
夜间供水(0)
高杆灯预警(196)
庭院灯预警(4752)
泵房预警(2)
水电平衡预警(30943)
水质预警(15237)
电力监测预警(353)
供配安防预警(14597)

内容：异常类型：损耗异常,能源类型：水,节点级别：1,节点名称：中心泵房,损耗比：31.11%[参考值：25.0%]
时间：2024-09-12 12:00:01

内容：异常类型：损耗异常,能源类型：电,节点级别：2,节点名称：四综3号,损耗比：73.65%[参考值：20.0%]
时间：2024-09-12 12:00:01

内容：异常类型：损耗异常,能源类型：电,节点级别：2,节点名称：油菜中心箱变,损耗比：30.98%[参考值：20.0%]
时间：2024-09-12 12:00:01

内容：异常类型：损耗异常,能源类型：电,节点级别：2,节点名称：开闭所1号,损耗比：100.0%[参考值：20.0%]
时间：2024-09-12 12:00:01

内容：异常类型：损耗异常,能源类型：电,节点级别：2,节点名称：荟园2-2号,损耗比：70.56%[参考值：20.0%]
时间：2024-09-12 12:00:00

内容：异常类型：损耗异常,能源类型：电,节点级别：2,节点名称：科研2号,损耗比：88.87%[参考值：20.0%]
时间：2024-09-12 12:00:00

内容：异常类型：损耗异常,能源类型：电,节点级别：2,节点名称：荟园3-1号,损耗比：87.93%[参考值：20.0%]
时间：2024-09-12 12:00:00

内容：异常类型：损耗异常,能源类型：电,节点级别：2,节点名称：荟园3-2号,损耗比：100.0%[参考值：20.0%]
时间：2024-09-12 12:00:00

内容：异常类型：损耗异常,能源类型：电,节点级别：2,节点名称：荟园配4号,损耗比：55.32%[参考值：20.0%]
时间：2024-09-12 12:00:00

内容：异常类型：损耗异常,能源类型：电,节点级别：2,节点名称：荟园配1号,损耗比：55.53%[参考值：20.0%]
时间：2024-09-12 12:00:00

‹ 1 2 3 4 5 6 … 3095 ›

图 3-38　平衡失真预警

3.3.5.2　漏损管控

漏损管控在节水管理中尤为重要。通过数据分析，排除漏损点，及时修复或更换管网，能极大提高节水率。对比管道前后端的压力和流量差值是判断管道漏损情况的方式之一。数据的实时传输可及时发现漏损等故障，同时提供数据的查询统计及分析功能，为计量分区、压力分区做决策支持。

1. 终端压力监测

终端压力监测利用物联网技术，实时采集各监测点压力变化值，用曲线图展示压力趋势（图 3-39），并通过设置压力阈值判定各采集时间点的压力是否正常，如有异常自动预警。将采集各监测点压力数据保存，通过图表展示历史数据，支持按时间及监测点等关键字查询压力数据及各监测点压力对比数据，实现决策基础数据资源的管理。

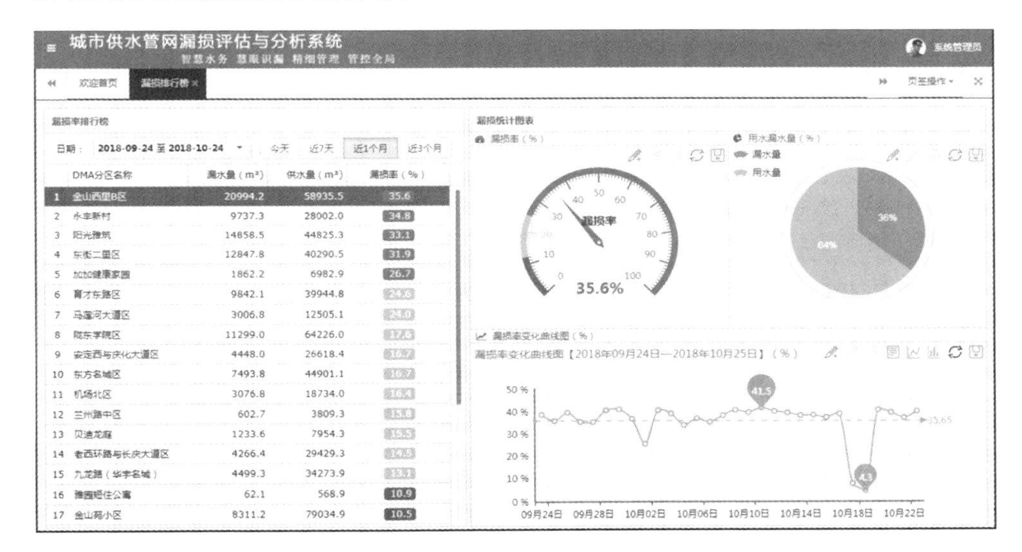

图 3-39　终端压力监测

2. 管道震动监测

管道震动监测通过对管道实时监测数据并生成可视化图表曲线（图 3-40），从而发现管道异常，及时定位处理，可避免故障的发生和扩大。

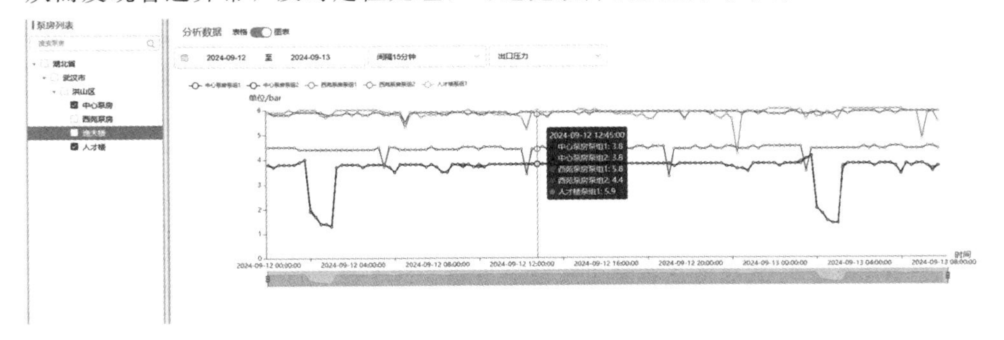

图 3-40　管道震动监测

3.3.5.3 高能耗设备管控

高能耗设备在不同类型建筑的用能比例和重要程度是不同的，且其能源消耗较大，需要按其能耗结构特点进行精细化分析，从而达到节能降耗的目标。

1. 中央空调

中央空调是为建筑物提供集中输配冷量的设备，中央空调用电包含冷热站用电、空调末端用电两部分。冷热站是空调系统中制备、输配冷量的设备总称，空调末端是指可单独测量的所有空调系统末端，包含全空气机组、新风机组、空调区域的排风机组等。

各建筑的空调用电能耗因素众多，并且随着季节变化而产生的波动幅度较大，存在巨大的节能潜力，需要进行能耗数据重点分析挖掘。

中央空调管理系统利用可视化，展示空调机组能效比、能效预警、能效统计、故障分析、故障预警、空调结构示意图等，并实时监测空调机组运行状态，实现中央空调全天候运行安全监控管理，同时通过能效分析统计、监测其用能规律，合理设置中央空调运行配置计划，减少能源浪费，如图 3-41 所示。

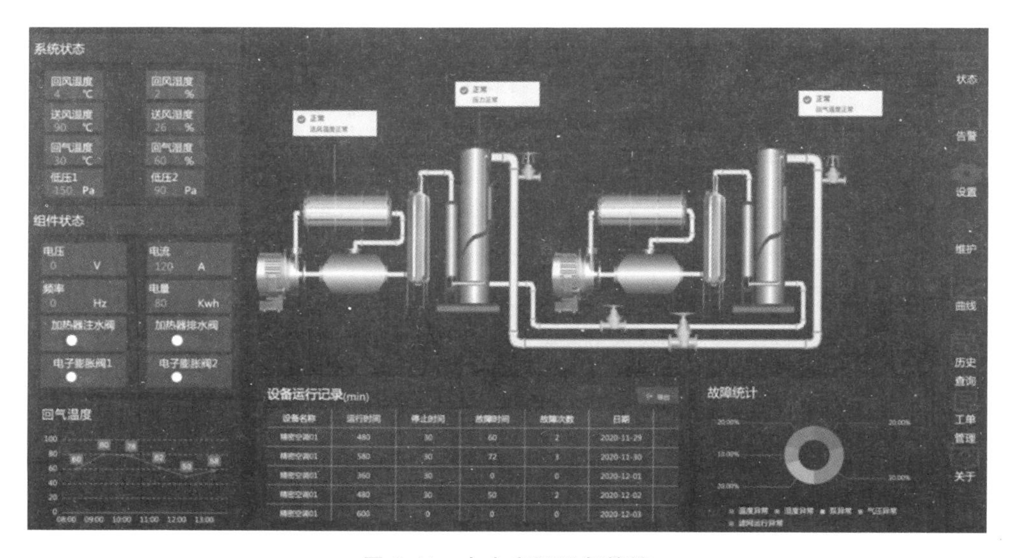

图 3-41　中央空调设备管控

2. 台式空调

台式空调主要有 3 个部分，分别是制冷系统、风路系统、电气系统。制冷系统中有过滤器、压缩机、制冷剂、冷凝器等组件；风路系统中主要有离心风机、机轴流风机设备，起到加快热交换的作用；电气系统中主要有电容器、加热器、电动机等组件，使空调正常运行。台式空调设备管控如图 3-42 所示。

图 3-42　台式空调设备管控

校园因为修建较早等因素，存在大量的台式空调，其运行状态不可知，能耗浪费情况严重。建设一套统一台式空调管控系统，通过物联网技术实时采集所有台式空调运行数据、用能数据，并结合建筑分类及季节变化等因素，分析空调无人常开、温度异常、过度使用等能耗浪费情况，结合校内实际情况制订空调使用规范，倡导师生正确使用空调，从而达到空调合理使用、节能降耗的目的。

3. 电梯

目前学校电梯存在长时间待机、控制系统和照明系统长时间运行等问题，照明设备、继电器、接触器等是主要的损耗器件。在业务时间、寒暑假、节假日，电梯利用率较低，经常低负荷工作，同时能耗浪费情况明显，且增加了电梯维护成本和人力消耗。

通过电梯能耗监测平台（图 3-43），结合物联网技术可实时采集电梯设备运行状态，如有异常及时预警推送，保障电梯安全运行；同时对不同建筑、不同时间段的电梯运行能耗进行统计分析，科学精准制订电梯节能运行分析报告，为节能决策者提供强力的数据支撑，并指导各电梯使用单位合理使用电梯。

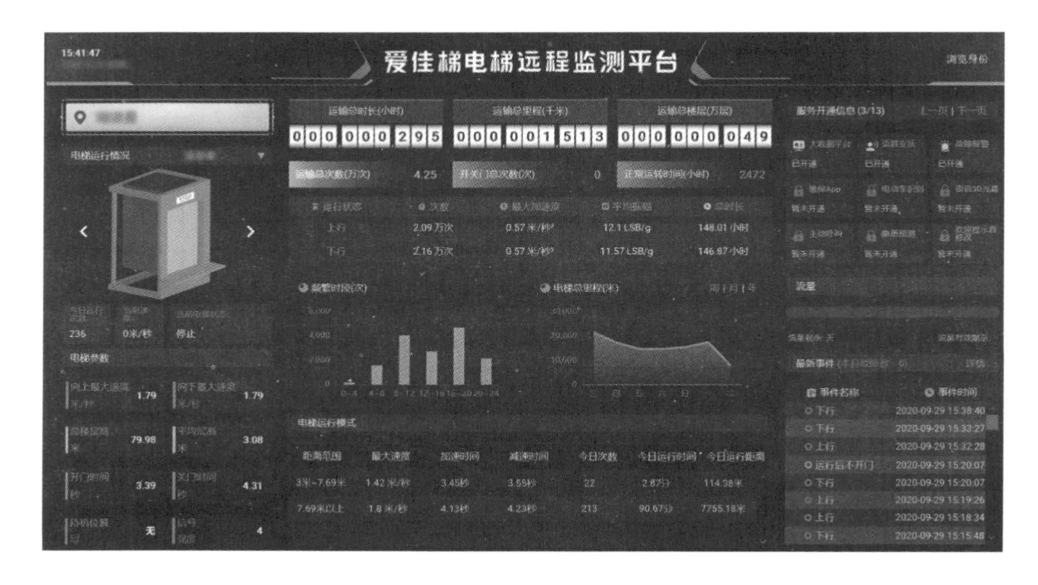

图 3-43　电梯能耗监测

4. 泵房

水泵效率是衡量水泵工作效能的一项重要指标，因此在水泵实际运行中应尽量提高水泵效率，但水泵的节能并不应局限于提高水泵的效率，还应包括系统的节能，结合实际供水管网、用水情况等因素综合提升水泵运行效率，从而降低水泵供水过程中的用电损耗。

泵房系统结合物联网技术可实时采集各泵房运行指标参数，如有异常实时预警推送，精准发现问题并及时处置，降低因设备损坏带来的安全事故与能源浪费情况，如图 3-44 所示。通过综合分析泵房供水流量、压力、末端用水量、季节、寒暑假等因素，科学、合理控制各水泵的运行状态，合理供水，不仅可大大提高水泵的可运行周期，还可以减少供水过程中水资源浪费与水泵运行带来的电力浪费。

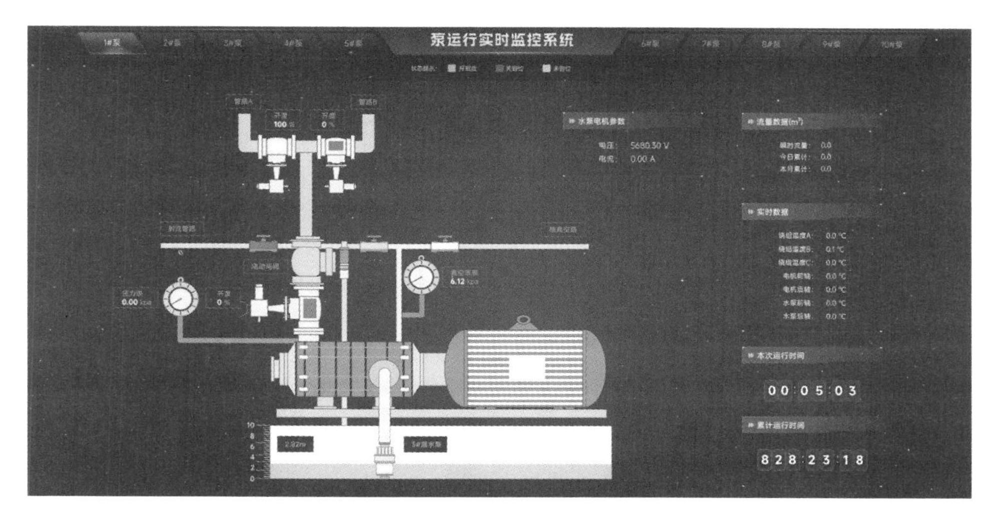

图 3-44　泵房监测

3.3.6　项目亮点

3.3.6.1　多品类设备集中统一管理的物联网设备中台

多品类设备集中统一管理的物联网设备中台，整体技术架构采用云计算架构模式，充分云化数据资源和存储资源，通过多租户技术包装整合资源，为用户提供"一站式"数据服务。用户可以通过简单的配置，将不同厂家、不同型号的设备以统一的标准接入系统，依托智能的数据处理技术，对数据进行收集、清洗、计算、存储、加工，形成统一标准和口径的数据，利用大数据技术，挖掘最有价值的数据，建立数据资产库，提供一致、标准的数据服务。

3.3.6.2　多品类节能业务数据集中分析展示

物联网设备中台并不是一套软件或信息系统，而是一系列数据组件的集合，在这些数据组件上，可以进行多维度的数据集中分析，根据业务形成对应的图形化展示。

如图 3-45 所示为中心泵房和西苑泵房的夜间用水数据，根据图形可以观察到两个泵房夜间不同时间段的用水趋势，鼠标移到对应的时间节点，还可以看到和昨日的环比，有利于及时掌握两个泵房是否正常运转、在什么时间段用水量最大、较昨日的同比趋势判断用水量是否有异常等信息。

如图 3-46 所示是消防栓设备详情，从中不仅可以看出消防栓的信号、电池余量、倾倒状态、水温、压强等，还可以看到消防栓当天用水量、历史总用水量，以及相比昨日、上月、去年的环比，对用水量进行分析，以达到节水的目的。

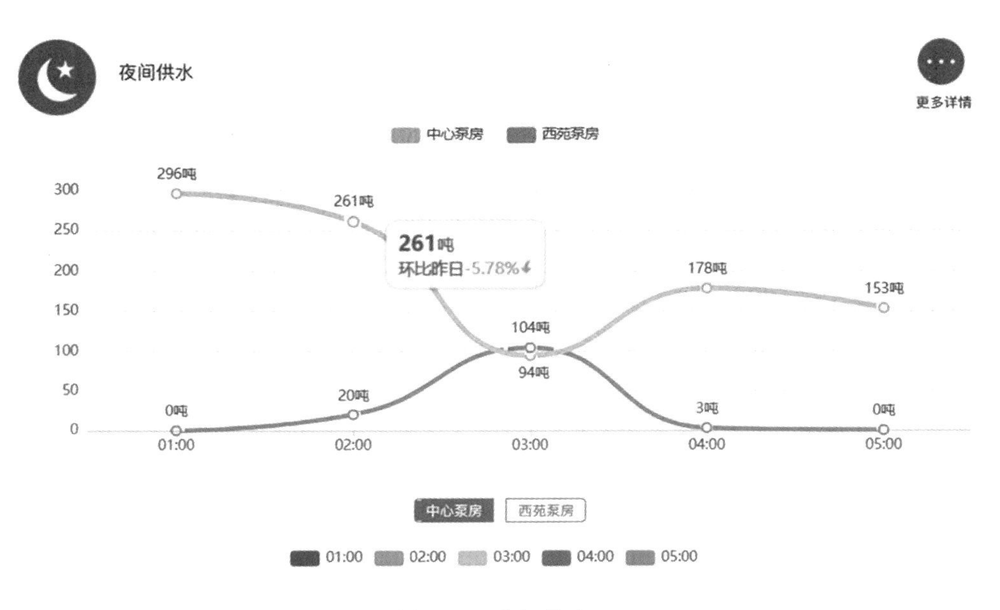

图 3-45　夜间供水

图 3-46　消防栓设备详情

如图 3-47 所示是配电结构各节点用量及耗损比数据，从中可以清晰地看出各个不同节点的配电房的总用电量，以及配电房下的楼栋的用电量，根据两者之间的比值，当耗损比范围过大时，可以进一步查看楼栋详情数据，找出异常原因，从而及时维护异常设备。

诸如此类的应用场景还有很多，摒弃单一的传统模式，将多元设备集中处理，联合设备之间的关联关系，结合实际业务，从微观的角度处理单独的设备数据，从宏观的视角分析整体应用，通过智能的数据分析服务，完全脱离了传统的人工估算模式，大大增加了数据的可读性、准确性和实用性，也实实在在地为节能减排提供了有力的数据支撑。

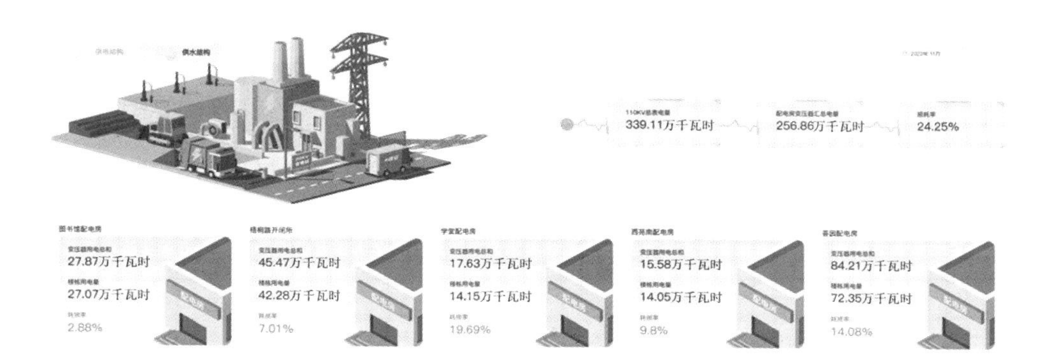

图 3-47　配电结构各节点用量及耗损比数据

3.3.6.3　节能短板和隐患的主动预警与推送

在节能减排工作中，职能部门很难深入内部开展全方位的监测工作，同时也难以实时掌握能耗情况，造成监测工作缺乏时效性和准确性，更难以从能耗数据中分析出问题的短板和隐患并及时处理，这俨然已经成为节能工作中的一大难点。但通过物联网设备中台，将表计数据统一进行处理，每天甚至每小时，都可以统一获取表计读数，进而对离线表计和读数异常的表计进行处理。如常见的水表，根据历史读数计算出平均用量，某一天水管出现滴漏，用量陡然增大超过了设定的阈值，即可设定为疑似异常。对于诸如此类的设备，可以进行针对性的信息预警，并将预警信息发送到用户终端，提醒用户及时处理，使用户化被动为主动，将复杂的工作简单化，既实现了科技创新，大大提升了企业效率，同时还节省了成本。

3.3.7　反思与拓展

3.3.7.1　节能数据的挖掘分析如何更好地支撑工作决策

1. 能耗预测

校内建筑能耗与建筑类型、建筑面积、教学比例、科研比例、行政比例、冷源装机容量、季节等众多因素有关，合理使用回归分析、判别分析、聚类分析、探索性分析等统计方法建立能耗预测模型，同时结合时间序列法研究建筑能耗变化过程中因素变化及发展趋势，进一步挖掘节能潜力。

2. 能耗基准

通过基准评价，分析各用能单位用能情况，对比同类用能单位的能耗差异，分析单位人均能耗、面均能耗、用能性质、用能时长等指标，从而达到分析节能潜力的目标。建立能耗基准评价标准可以进行学科、建筑、人均能耗的基准评价工作，对样本数据生成关联规则，然后分门别类地将这些规则应用于待评价的用能单位，以达到对用能单位能耗状态的有效评估及进行合理节能指导。

3.3.7.2 节能领域内多业务的数据融通

在节能领域中，公共保障类设备能耗高低与设备运行管理、运维手段的科学性有较强关联。运行保障用能设备包含空调系统、照明系统、电梯系统、供水系统、供电系统、排风系统等子系统，可以通过场景联动挖掘各系统间运行能耗数据关系，同时结合聚类分析、探索分析挖掘出合理的节能运行模式，从而辅助节能决策者开展节能工作。

3.3.7.3 节能教育与节能物联网融合

修订人才培养方案，将生态文明教育、节能减排等内容纳入课程大纲。在思想政治理论课中，将习近平生态文明思想、能源与国际关系、能源的战略意义等内容有机融入课程教学，在帮助学生了解国际国内能源供需形势的同时，增强家国情怀，传承中华民族节约的传统美德，开展节能“课程思政”。在环境工程、生态学等学科的专业课教学中，开设“生态文明教育”“节能减排”等课程。面向博士、硕士分别开设“生态与文明”“生态文明与绿色发展”等全校公选课程。同时针对不同学历层次大学生，定期邀请专家、学者立足专业、结合形势举办学术报告，讲述节水理念、节水知识、节水技术。

以学生为主体，创建形式多样、内容丰富的绿色实践体系。与大学生社团建设相结合，成立“绿色协会”，协会定期开展节能、环境保护等主题实践活动及社区服务。积极筹建“绿色校园节能志愿者”团队，邀请志愿者或以助学岗的形式参与学校能源管理工作，如开展校园水电巡查、参与节能数据挖掘、提供节能建设思路和方法等。结合校本研究、大学生科技创新基金及学生毕业设计，设立物联网节能减排相关研究课题，鼓励大学生将自己所学专业与节能环保联系起来，挖掘大学生的科技创新能力，编制校园节能减排工作方案，为绿色校园建设献计献策。

3.4　供水物联网

水是人类生命的源泉，人的生活与生存都离不开水，水对人的重要性不言而喻。国家高度关注供水环境的安全与建设，2014 年 5 月 21 日时任总理李克强主持召开国务院常务会议，提出部署加快推进节水供水重大水利工程建设，解决好“最后一公里”问题；2015 年国务院颁布了《水污染防治行动计划》，同年住建部等四部委联合发布 31 号文件指出“将保障二次供水安全提升到改善民生和国家反恐战略的高度”；2016 年国家发改委、教育部等九部委联合发布了《全民节水行动计划》。高校供水工作责任重大，不仅要保证师生有水用，还要保证水质安全及水资源的节约。

近年来，随着我国高等教育的快速发展，高校内高层、多层建筑不断增加、供水面积不断扩张，市政水压没有足够的压力和储力将自来水输送到校园的每一个角落，为了弥补市政管网水压的不足，高校多选择自建二次供水站，将市政供水经储存、加压后，通过管道再供给终端用户。校园供水保障的根本任务是向用户提供富裕、高质、连续有压力的自来水。提高供水效率，保证水压稳定，杜绝水质污染，确保供水安全，是高校供水工作的重点。

3.4.1　项目概况

3.4.1.1　行业现状

1. 水质安全存在风险

作为自来水“最后一公里”的守护者，高校肩负着保证供水安全、维护师生健康的使命，提供充足且符合卫生标准的自来水是高校供水保障的首要目标。二次供水的水质是管理者关注的重点，自来水储存在水箱、供水管道内，当供水因各种因素受到污染时，管理者一般无法通过肉眼观察的方式发现，常常是收到师生的投诉后，才被动地意识到水质受到了污染。

在高校引起二次供水水质污染的原因一般有以下几种。

（1）水箱、供水管道材质不达标。钢质的水箱、供水管道常年运行易老化生锈，产生重金属污染；混凝土水池池内壁粗糙，易埋藏细菌，产生微生物污染。

（2）水箱封闭不严。水箱中的水与空气长期接触，空气中的细菌进入水内，从而对水质造成污染。

（3）异物进入。水箱、管网经过多年的使用已腐蚀、破损，土壤中的泥沙、有害病菌等从破损处进入校园管网系统，污染水质。

（4）管理不善。国家规定至少每半年对二次供水水箱进行一次清洗、消毒，日常工作中有可能水箱清洗不及时或清洗队伍敷衍、不认真，导致细菌残留在水箱内。

2. 水压不稳影响体验

随着高校近年的扩张与发展，校园内的管网规模越来越大，覆盖范围越来越广，现有的供水结构逐渐不能适应用户需求，校内各处水压不均。一是中心区域水压过高导致频繁爆管、偏远区域水压过低导致用户投诉；二是学生区、居民区较为集中，用水时间一致性高，在用水高峰期高层用户的出水水压过低，用水低谷期管道压力过大，增加爆管概率。

3. 管道老化频繁破裂

高校供水管道绝大部分与建校在同一时期铺设，经过多年的运行已经进入了“衰老期”，因管道腐蚀、地质沉降、管道内水压变化等因素，管道易破裂漏水。同时，供水管道一般为埋地敷设，管道破损后难以第一时间发现。若管道腐蚀严重引发爆管，管理者可以通过末端水压变低、路面渗水等现象发现漏损点；但绝大多数情况是整个管网系统遍布暗漏现象，管道只有轻微的破损，管道两端的压力变化不明显，不仅造成水资源的浪费，更给水质污染埋下隐患。

4. 管网维护缺失资料

高校在建校时，管网主系统一般都会留有纸质或者电子版的底图，随着学校的不断发展，原始图纸与实际管网偏差越来越大，降低了决策支持的有效性、准确性。一是经过历年的改造从主管延伸出了新的支管，支管上又延伸支管，这些陆陆续续增加的管道没有及时在图纸上更新，甚至部分管道由校内人员私接，没有向管理方报备；二是历经多年的发展，校内道路和建筑结构发生了翻天覆地的变化，管理者拿着图纸到现场因对照物的缺失而茫然失措。

5. 供水水平参差不齐

水塔供水是最早的二次供水方式，通过水泵将市政供水抽到塔顶的蓄水池内，利用重力给师生供水，此方式投资大、占地多、水质易受污染，已被淘汰。部分高校还在采用与水塔类似的高位水箱方式供水，通过水泵将市政供水抽到建筑物顶部的高位水箱，缓解管网供水能力的不足。目前在高校较为普及的二次供水方式为“水泵＋蓄水池”联合供水，即将市政供水集中储存在蓄水池内，根据师生用水量控制水泵的投入数量，保证出口水压的稳定。

3.4.1.2　痛点

1. 水质监测不实时

高校供水涉及用户多且大部分为学生，一旦出现卫生问题，社会舆论影响会很大。国家规定二次供水水箱应至少每半年清洗、消毒一次，每季度检测一次水质，并将检测结果向用户公示。高校管理上会定期对泵房、蓄水池等供水设施设备巡查，确保环境安全、设备运行正常。但泵房的蓄水池是敞口容器，水与空气直接接触容易受到污染，水质被污染后无法通过肉眼发现，一旦未能及时发现污染问题，造成的后果不堪设想。

2. 管道破损难掌握

高校供水管道多为铜质，安装环境恶劣且易受潮腐蚀，又受到地质沉降的影响，容易破损。管道敷设于地下，当出现破损后管理者难以发现，不仅造成水资源的流失，更严重的是土壤中的微生物会渗入管道污染水质。目前市场有专门提供测漏服务的企业，在夜间通过听音杆、测漏仪等设备沿着供水管道探测漏点，这种方式的缺点是周期长、耗费人力、效率低，探测水平取决于工作人员的经验。

3. 终端用户低水压

从泵房出去的主管道都安装有压力表，管理者对供水主管道的水压可以根据压力表的数值实时监测、及时调节；但由于校园内供水管线长、支管多、地势起伏较大、建筑高度高等原因，对于部分终端用户会有水流小、压力低，甚至热水器无法启动的情况，尤其是在中午和晚上的用水高峰期。

4. 泵房管理低效率

传统的泵房智能化水平低。水泵运行中需要有工作人员24小时值守，水泵的启停切换全靠人工经验，劳动强度大、自动化程度低。人工调节的方式使出口水压不稳定，时高时低，高峰期高层用户体验不佳，低峰期管道压力过大会导致爆管。泵房蓄水池的水位一般由液位浮球控制，也需要工作人员时刻关注蓄水位，浮球阀长期工作后曲臂易断裂，严重时会让水倒灌进入泵房，导致泵房淹水停机。

3.4.1.3 项目意义

通过供水物联网的建设，提升高校供水系统信息化水平，改善高校供水保障的现状，解决行业的痛点。

（1）建立水质实时监测系统，掌握水质状态，及时发现问题，及时处理。

（2）通过对各管段首尾段进行实时的压力监测、流量监测，诊断管道健康状况，辅助测漏人员快速定位漏点；管理者可掌握不同区域、不同时段的压力变化情况，为区域的再加压方案提供决策支持。

（3）泵房供水压力采用变频恒压供水，使管道出水压力稳定可调；蓄水池水位控制采用“电子液位仪＋电磁阀”与浮球阀双重保障，液位实时监测、及时预警。

（4）供水系统生成三维地图，实现管网资产可视化管理；泵房、供水管网、井盖在地图上直观清晰地展现出来，信息丰富，实现资产的精细化管理。

3.4.2 建设目标

3.4.2.1 信息全面感知

通过安装感知设备，对水池水质、水池液位、管道压力、管道流量等关键的供水信息进行实时采集。

3.4.2.2 传输方式多样

依照稳定性、成熟性、经济学的原则，根据感知设备的位置、数据的使用场景，因地制宜地采取多种有线、无线相结合的传输方式，将供水信息传送至数据中台。

3.4.2.3 海量数据展示

系统平台实时不间断采集数据并记录，以报表、曲线图、柱状图、饼状图等多种方式展示给管理者，以供查询与分析。

3.4.2.4 数据安全可靠

感知设备具有本地存储功能，网络中断时数据存在本地，网络恢复时再自动上传历史数据，保证数据连续无丢失。

3.4.2.5　资产可视化

使各类供水设备设施显示在地图上，鼠标轻点就可以查询到资产信息。利用二维码技术对供水设备赋予身份码，利用 BIM 建模等技术对地下管网绘制电子地图，利用 GPRS 定位技术对供水井盖进行智能监控。

3.4.3　建设内容

3.4.3.1　感知设备安装

对物体信息的感知是物联网的基础。供水物联网的感知设备按使用性质分为以下几种。

1. 水质监测仪

水质监测仪用于采集、监测泵房蓄水池、管网内的各项水质参数，并通过传输设备使数据反馈到平台。

2. 液位计

液位计用于采集、监测泵房蓄水池的水位信息，与电磁阀联动控制水位上下限。

3. 流量计

流量计用于采集、监测供水管道内的水压、水流量、累计用水量等。

4. 标识类

标识类感知设备有二维码、各类传感器，能对供水设备的规格型号、维修检修记录、安装位置等基本信息进行电子化处理，使其能被管理者识别并在三维地图上展示出来。

3.4.3.2　传输网络设计

高校占地面积大、楼栋多、供水设施管网遍布校园每个角落，供水系统的特殊性决定了其大量的设备设置在地底、马路下、大楼外，因此单一的传输方式无法满足供水系统实际需求，感知设备的上行传输网络方式必须丰富，以满足不同场景的需求。

目前各类无线技术越来越成熟，推进了物联网的普及；通过实现组网方式的多元化，在保证数据传输效果的前提下，减少了投资金额。具备校园网条件的位置可尽量利用已有的校园网网络，资金充裕的高校可自建光纤专网，更加稳定。对一些不具备校园网条件的位置，可结合实际情况采用5G、NB-IoT、LoRa等无线技术。例如，泵房内安装的感知设备，可采用稳定、可靠的校园网传输数据；在地下管道及偏远区域安装的感知设备，可以采用无线通信方式。

3.4.3.3 供水数据中台设计

泵房系统采集的泵房耗电量、供水量，除了服务于泵房自身的日常管理、数据分析，还可以用于计量物联网参与全校的水电平衡、定额管理等。供水管网上安装的流量计不仅可以采集实时流量、水压，也具备总用水量的计量功能；这些信息同样也可以用于计量物联网、节能物联网。可见供水物联网中涉及各种不同类型、不同性质、不同用途的数据，若采用独立构建的各自系统，则将导致各类数据接口不一致，使得系统的整体性和协调性不足，各类业务应用之间数据信息共享困难，业务流程之间无法形成有效互动，后续系统运维成本居高不下，数据成为孤岛，流转不开。

数据中台能实现数据汇聚、数据之间的价值共享，解决各种不同类型数据的存储、检索、使用、共享和数据安全隐私保护等问题。

供水数据中台可在线采集、存储每个感知设备提供的实时数据，并提供清晰、精确的数据分析结果，既便于用户浏览当前运行状况，对现场情况进行及时掌握，也可回顾历史运行状况。

供水数据中台可处理海量实时的高速数据，针对实时海量、高频采集数据具有很高的存储速度、查询检索效率及数据压缩比。在满足应用需求的同时，兼顾了数据存储规模、历史数据的存储组织策略及查询检索策略，不至于让数据量过于庞大。

供水数据中台应具备强大的兼容性，要能存储水压数据、水流量、液位、水质等信息；支持各类不同的传输方式，如无线的5G、NB-IoT、LoRa，有线的TCP/IP、M-BUS等；支持各种主流的通信协议，如Modbus-RTU、Modbus-TCP等。

3.4.3.4 供水分析平台设计

物联网建设的最终目的是服务于各个场景中，将传感器采集到的数据信息进行分析处理后，挖掘出宝贵的信息并应用到实际生活和工作中。

供水分析平台由各类针对不同应用场景的分析管理系统组成，包括泵房管理平台、管网状态管理平台、三维管理平台三部分。

1. 泵房管理平台

泵房管理平台能对泵房水质持续监控并及时预警，通过 PLC、变频机保持泵房出口水压在恒定值，具有控制泵房水箱液位不溢出、过高或过低时及时预警等功能。

2. 管网状态管理平台

通过对供水数据中台存储的数据进行整理与分析，将采集的出水压力、流量、水质、液位、管网状态、井盖状态等实时运行监测数据直观地展示出来，并加以分析。如以曲线、柱状图等可视化方式展示各项参数历史趋势，给各类监测数据设置阈值和超限报警，对比管道上下级的压力与流量差值来判断是否有爆管或者暗漏等现象。

3. 三维管理平台

高校的地下管网随着校园的扩张如蜘蛛网般遍布全校，改造施工、线路抢修都需要管理者清楚、及时地知道管道的走向，尤其是抢修时，只有快速定位故障点，才能及时恢复供水。但是由于缺乏可视化的工具，地下管道的位置走向依赖管理者的经验。一方面，对管理单位自身的管网管理造成困难；另一方面，导致校园建设施工中误挖断水管的状况层出不穷，抢修人员疲于奔命。

三维可视化系统基于 GIS 和 BIM 建模技术，直观显示地下管线的空间层次和位置，以仿真方式形象展现地下管网的埋深、材质、形状、走向，以及工井结构和周边环境。将全校地下管网资源聚合，全域多维“一张图”，洞悉全局态势。与常规的管网平面图相比，三维可视化系统极大地方便了管网位置等信息的查找，帮助用户对综合管网以标准化的方式进行管理，并提供了丰富、强大的各类查询、统计和辅助分析等功能，为今后地下管网资源的统筹利用和科学布局、管网占用审批等工作提供了准确、直观、高效的参考。

供水分析平台与三维地理信息系统平台相融合，整合泵房、管网及井盖等数据资源，建成集供水设备管理、决策支持分析、事件预警于一体的决策支持系统，打破信息孤岛，实现信息的共享，为学校供水保障的运营、调度指挥、分析决策、服务个性化提供有效的数据支撑。通过三维建模技术，将泵房、地下管网、水井盖的分布位置在地图上可视化，鼠标点击可直接查看泵房运行情况、地下管网的规格型号、水井盖的状态等。

3.4.4 项目设计

3.4.4.1 总体架构

供水物联网由供水分析平台、供水数据中台及各类感知设备组成，如图 3-48 所示。感知类型涵盖了水质监测、蓄水池液位、管网压力、管网流量、井盖状态等。通过各种类型的数据收集使用达到以下效果：① 水质实时感知；② 蓄水池进水阀根据液位自动控制；③ 泵房出水压力通过自动化系统一直稳定在设定值；④ 根据管网压力分析判断爆管、暗漏情况，掌握压力分区；⑤ 根据管网流量分析判断爆管、暗漏情况，掌握流量分区；⑥ 实时掌握电力井盖状态、位置；⑦ 各类信息实现三维可视化。

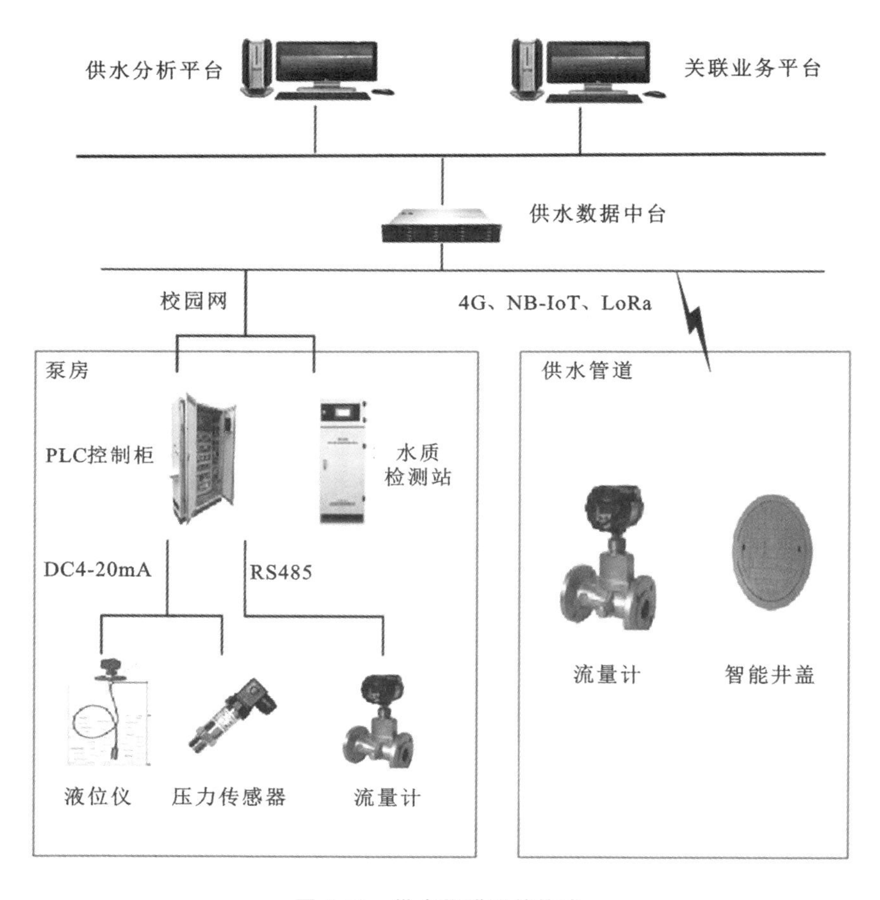

图 3-48 供水物联网的构成

3.4.4.2　业务流程

1. 供水分析平台功能结构

供水分析平台通过电脑端及手机端实现，为管理人员提供数据应用，主要内容包括监控大屏、水质监测、水压管理、液位管理、流量管理、漏损分析、三维管网、智能预警，如图 3-49 所示。

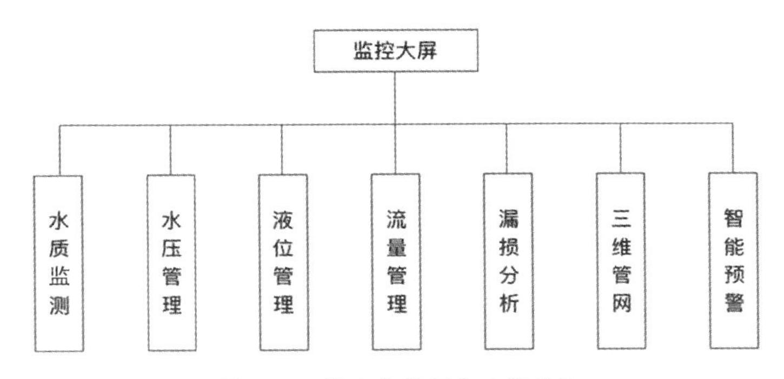

图 3-49　供水分析平台功能结构

1）监控大屏

监控大屏上方展示全校总用水量、当前流量等实时供水信息以及报警消息。大屏中间展示全校管网系统图，包括各个管网节点的压力值，管理员通过大屏可直观掌握管网的运行状态。大屏右侧是一些重要供水参数按小时、日、月为周期的柱状对比图；大屏左侧为各个子模块登录接口。

2）水质监测

水质监测功能显示水质实时数据，可查看历史数据。

3）水压管理

水压管理功能显示泵房出水压力，可设置压力值，可查看历史记录。

4）液位管理

液位管理功能显示蓄水池实时液位，可设置液位上、下限值。

5）流量管理

流量管理功能显示各管段的实时流量，可查看历史数据，有对比分析的图表。

6）漏损分析

漏损分析功能通过对管段前后的压力分析、流量分析，给出管段爆管、暗漏的分析报告。

7）三维管网

三维管网可在三维地图上查看地下管道的走向、水井盖的位置分布。

8）智能预警

智能预警可将各类异常状况报警推送至管理员手机、微信，可查询历史记录。

2. 漏损分析功能业务流程

漏损分析功能业务流程如图 3-50 所示。

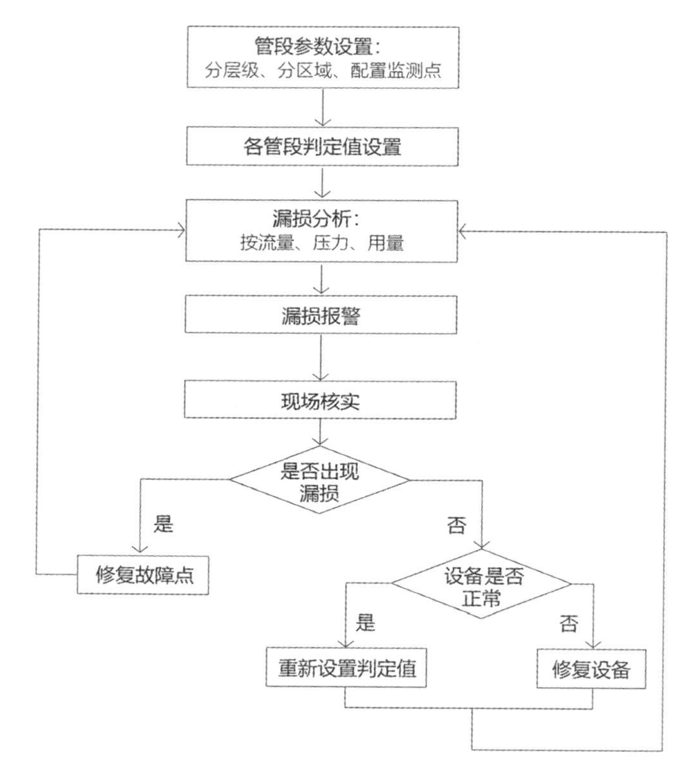

图 3-50　漏损分析功能业务流程

3.4.4.3　采集层

1. 水质感知方案

1）泵房内建立水质在线自动监测站

在泵房内建立无人值守实时监控的水质自动监测站，可以及时获得连续在线的水质监测数据（常规五参数、COD、氨氮、重金属、生物毒性等），如图 3-51 所示。水质在线自动监测站可实时采集数据并将有关水质数据传送至供水分析平台，实现供水分析平台对自动监测站的远程监控，能全面、科学、真实地反映监测点的水质情况，有利于管理者及时、准确地掌握水质状况和动态变化趋势。水质在线自动监测系统由水质监测仪、pH 计、氧化还原电位计、流量计、温度传感器、电导率仪、悬浮固体/浊度仪、溶解氧分析仪等组成。

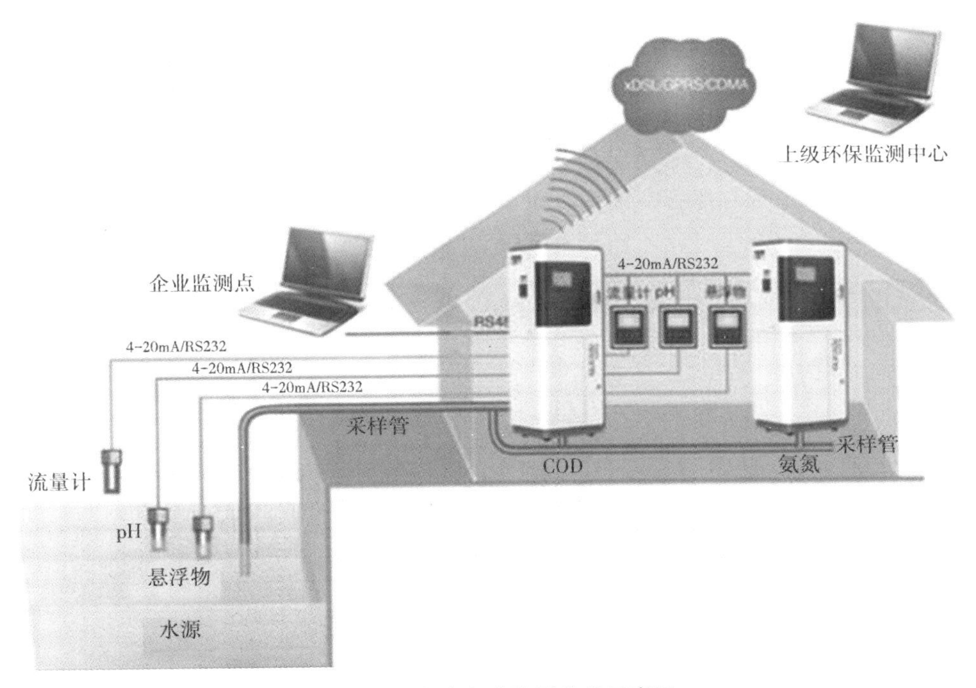

图 3-51　在线自动监测站总示意图

2）用水终端设置水质监测点

在校园各用水终端处设置水质监测点，通过安装水质监测仪实时采集 pH 值、电导率、溶解氧、温度、浊度等常规参数。所有监测数据可通过有线或无线的通信方式上传到供水数据中台。

3）水质监测点布置原则

泵房为整个校园的供水中枢，是一级水质监测点，选用专业的水质监测仪器，采集的水质数据更多、更全、更精准。校园内设置二级水质监测点，应按照点多、面广的原则，选用小巧、易安装、不占空间的水质监测仪，只采集水常规参数。

2. 水压感知方案

1）泵房出水管道安装压力传感器

通过泵房出水管道上安装的压力传感器或具有压力监测功能的流量计，可感知泵房的出水压力。压力信息实时传输给泵房内的 PLC，PLC 依据当前压力值分配水泵的投入数量并输出控制信号给变频机，以调整水泵转速使出水压力持续稳定在设定值。整个水压控制过程全自动化操作，无须人员值守，能最大限度地保证水压平稳，大幅降低故障率，且节能效果高达 30%。

2）供水管道主要节点安装压力传感器

可对供水管网系统的各关键节点安装压力传感器或具有压力监测功能的流量计，管网压力实时传输到后台系统，系统通过比对一条管路前后两端的压力值变化，判断是否有爆管、漏损、淤积、堵塞等故障，同时提供数据的查询统计及分析功能，为压力分区做决策支持，如图 3-52 所示。

图 3-52　供水管道主要节点安装压力传感器

3）压力传感器

压力传感器（图 3-53）是一种测量压力的感知设备，其由压力敏感元件和信号处理单元组成。压力敏感元件将感受到的压力通过信号处理单元转换成可输出电信号，其外壳材质多为铝合金压铸以及静电喷塑的保护层，输出电信号一般为 4～20 mA 的 DC 二线制模拟信号，抗干扰能力强，传输距离远。

3. 液位感知方案

泵房的蓄水池通常用浮球阀来控制，浮球阀是金属结构件，长期使用易磨损断裂，导致水溢出；管理者不能及时掌握蓄水池水位，水溢出只有在巡查中才发现，造成大量水资源的浪费，严重时甚至会导致泵房被淹。

通过在蓄水池内安装液位传感器，实时感知蓄水池水位并在人机界面展示；水位信号经转换输出给 PLC，PLC 按照系统设定的水位控制进水电磁阀动作。

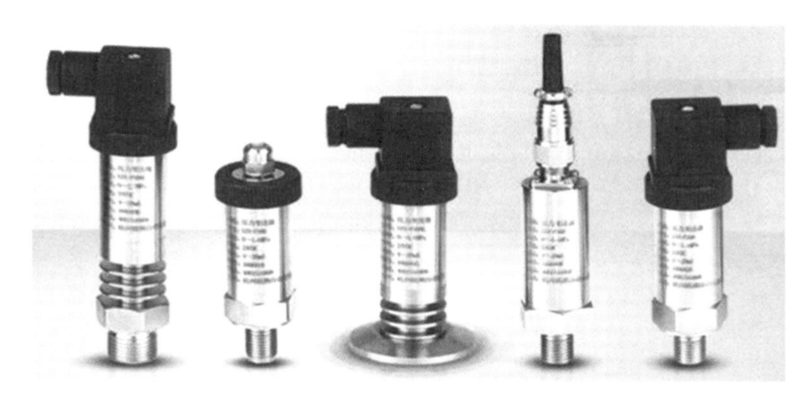

图 3-53　压力传感器

系统上可设定5种水位状态（低水位、中水位、高水位、上限水位、下限水位），每种状态对应不同的控制逻辑：处于低水位时，推送报警给管理员现场排查处理；处于中水位时，控制进水电磁阀开启；处于高水位时，控制进水电磁阀关闭；处于上限水位时，推送报警给管理员现场排查处理；处于下限水位时，停泵并推送报警给管理员。

液位传感器（图3-54）是一种测量液位的感知设备，分为接触式和非接触式两类。一般多选用静压投入式液位传感器（液位计），其原理为所测液体静压力与该液体高度成比例。采用隔离型扩散硅敏感元件或陶瓷电容压力敏感元件，其原理为将静压力转换为电信号，再经过温度补偿和线性修正，转化成标准电信号，输出电信号一般为4～20 mA的DC二线制模拟信号。

图 3-54　液位传感器

4. 流量感知方案

在泵房水泵的出水管加装超声波流量计，对出水流量实时感知。通过出水流量判断水泵是否正常工作，当流量过低时则停泵报警。

对供水管网系统的各关键节点安装超声波流量计，管网流量实时传输到后台系统，系统通过比对一条管路前后两端的流量值变化，判断是否有爆管、漏损、淤积、堵塞等故障，同时提供数据的查询统计及分析功能，为计量分区提供决策支持。

超声波流量计是一种测量管道流量的感知设备。其以“速度差法”为原理，测量圆管内液体流量，按照安装方式可分为外夹式、管段式，如图3-55所示。因其流通通道未设置任何阻碍件，属于无阻碍流量计，在大口径流量测量方面有着突出的优点。它的测量精准度很高，外夹式安装最高也可以达到±0.5%的精度，几乎不受被测介质的各种参数的干扰。

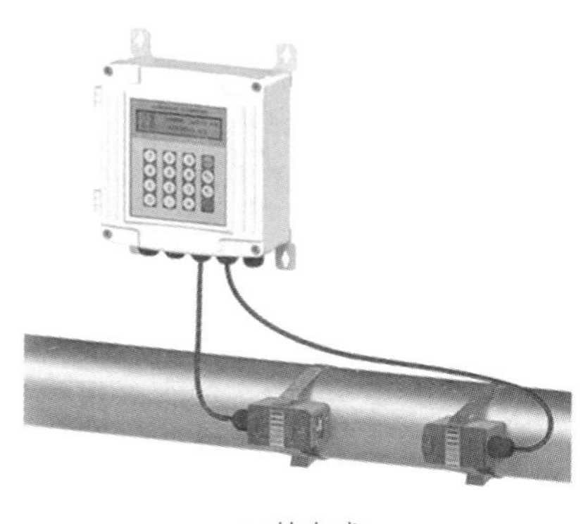

(a)外夹式

(b)管段式

图3-55 超声波流量计

外夹式流量计，无须切管，只用将流量传感器夹在管道表面，即可通过超声波检测流量，自动计算流速值、流量累加值等，其不改变管道原有结构的特点，非常适合于改造类项目。

5. 水井盖感知方案

水井盖数量多、位置分散，有的位于草丛内、有的位于人行干道，一旦出现破损或缺失，如不及时处理，存在一定安全隐患；常有居民因家中装修，私自关闭楼栋总阀，造成无计划停水。因此，水井盖需要一套有效的监控管理手段。通过物联网技术，加装智能井盖传感器和远程锁孔模块可实现水井盖的实时监测。

智能井盖传感器（图3-56）安装于井盖下，井盖传感器监测到井盖发生倾角、位移、异常开启等时，可实时将井盖的倾斜角度、地理位置及报警信息上报给基站，通过传输网络将数据送给供水分析平台，管理人员看到报警信息后，及时派人处理，从而达到智能、快速管理水井盖的目的。

井盖还可加装远程锁孔模块，只有通过专用工具或平台远程开启，杜绝了无关人员私开井盖的可能。

可根据实际部署情况，对井盖监控进行设防、撤防工作，防止多报、误报警；监测监控器的实时电压状态，确保设备正常工作，电压低则监控器触发报警并启动处理机制；监测井下信号传输的强弱，生成特定的信号值，信号弱则监控器触发报警并启动处理机制。

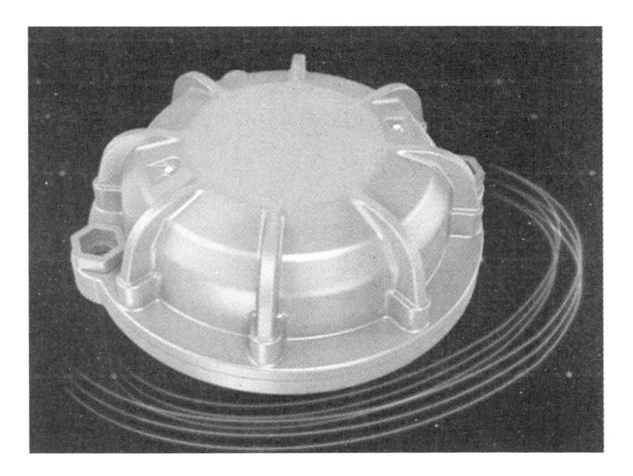

图 3-56 井盖传感器

3.4.4.4 传输层

供水物联网涵盖的设备类型多、设备分布范围广，必然需要结合不同场景使用多种有线、无线技术方案共同实现数据的传输。同时，供水数据与设备联动性高、数据比对分析要求高，需要保证数据传输的及时性、同步性、稳定性。

传输网络必须安全可靠、技术先进、投资合理，以保证各类信息传输畅通无阻、准确无误。根据业务需求，结合高校供水设备的位置分布，采用以无线通信为主、有线通信为辅的传输网络。

在泵房、楼宇内的设备可以采用光纤网络接入到校园网内，安装在户外管道上的设备如果布设信号线需要破路成本很大，可以采用无线方案。

目前无线方案较为成熟，选择很多，常见的技术方案有 LoRa、NB-IoT、4G 等。LoRa 技术是一种无线短距离传输方案，采用 470～510 MHz 的免费频段，感知终端和 LoRa 集中器自组网路由技术，感知数据通过 LoRa 集中器传到服务器。NB-IoT 技术构建于 GSM2G 网络，是基于蜂窝的窄带物联网技术，可将感知数据定时向服务器发送，实现定时传输。

LoRa 和 NB-IoT 技术的共同特点是低功耗，它解决了传统 4G、ZigBee 等无线技术需要给设备外部供电，否则电池耗电快的缺点。LoRa 技术可以简单理解为是自建了一套覆盖整个校园的大型 WiFi；NB-IoT 技术则是利用运营商的基站，感知设备将自身数据按设定的频率自动传到搭建的运营商的 NB 共享云平台，系统服务器再从云平台获取数据。

目前 LoRa 和 NB-IoT 技术都是很不错的无线方案，但 LoRa 的弊端是感知设备与 LoRa 集中器要配套使用，各个厂家间的 LoRa 设备不能通用，一旦采用了某个厂家的 LoRa 方案，后续增加设备就必须一直用同一厂家；而 NB-IoT 技术传输网络用的是运营商的基站和公共云平台，对于校方而言每个感知终端厂家的设备只是协议不同，当有新增设备时，只需新厂家提供其产品协议再要求软件公司做简单开发即可兼容。

3.4.5 主要功能

3.4.5.1 泵房管理平台

泵房管理平台是针对校园泵房管理业务的专业管理平台，全面覆盖校园泵房管理日常工作，涵盖运营总览、实时监控、全景泵房、报警监控等功能模块，打造“监、管、控”一体化，为学校后勤泵房运营决策提供辅助支撑，以提高管理效率，节省运营成本，降低异常事件风险，保障校园供水安全。

1. 运行总览

泵房管理平台提供多种样式的泵房运行总览（图 3-57），为管理者提供宏观而全面的泵房管理监控展示界面，通过图表化的形式实现泵房数据的汇总展示、地图可视化展示泵房分布情况及泵房状态，便于管理者快速了解泵房的宏观运行情况、关键信息及地图分布。

图 3-57 泵房运行总览界面

泵房运行总览可以用于提取泵房重点信息，包括供水量与用电量、近 24 小时出水压力曲线、水质数据、维保业务情况等，全面展示泵房相关运行状况，滚动展示报警信息，使用户可以直观了解当前泵房的安全隐患，及时指挥调度；同时也可应用于调度中心，用于日常监管、分析、对外展示等，全面提升监管效率。

2. 运行监控

1）泵房监控

通过列表、卡片和表格等形式展示各泵房的运行状态，实时监测进出水压力及各机组泵运行状态，快速识别泵房运行异常并报警，有效降低事故风险；同时支持用户查看各泵房数据详情，辅助学校管理者科学、合理地执行泵房调控策略。

2）数据监测

通过曲线图的形式直观地展示各泵房分区机组的各项监测指标变化趋势，包括出口累计流量、出水实际压力、累计电量、泵组状态等数据，并支持通过时间进行快速查询，便于泵房管理者对不同机组的监测指标进行对比，为泵房的日常管理提供指导依据。数据监测界面如图 3-58 所示。

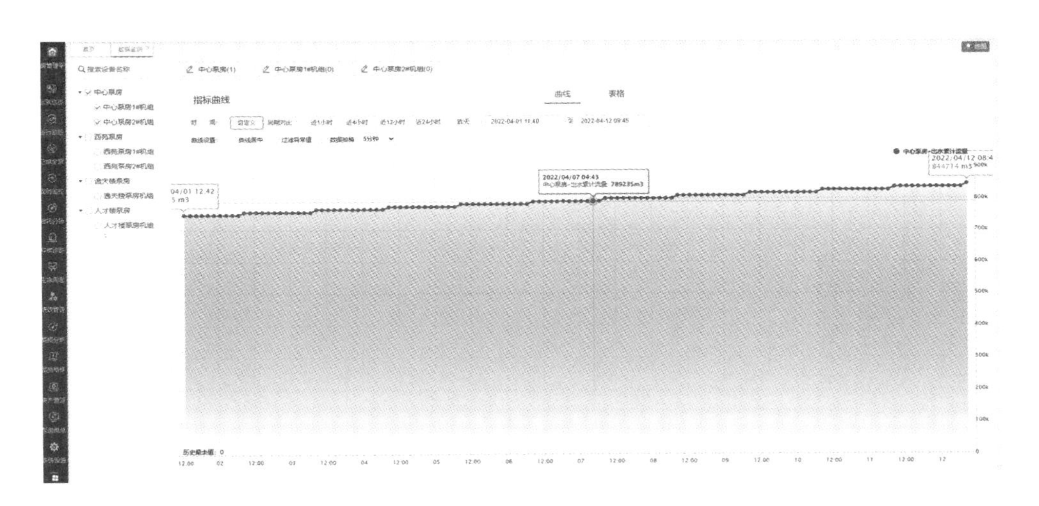

图 3-58　数据监测界面

3）运行日志

系统可对各泵房的运行日志进行统一记录，方便管理者快速查询各泵房的历史运行情况，支持自定义时间、自定义指标的查询，并支持快速导出、一键下载，如图 3-59 所示。

序号	采集时间	今日供水量(m3)	出水累计流量(m3)
1	2024/9/16 11:19:41	0.00	1505704.00
2	2024/2/19 18:41:21	0.00	1505704.00
3	2024/2/19 18:41:21	0.00	1505704.00
4	2024/2/19 18:41:21	0.00	1505704.00
5	2024/2/19 18:41:21	0.00	1505704.00
6	2024/2/19 18:41:21	0.00	1505704.00
7	2024/2/19 16:41:21	0.00	1505704.00
8	2024/2/19 14:41:21	0.00	1505704.00
9	2024/2/19 12:41:21	0.00	1505704.00
10	2024/2/19 10:41:21	0.00	1505704.00
11	2024/2/19 8:41:21	0.00	1505704.00
12	2024/2/19 6:41:21	0.00	1505704.00
13	2024/2/19 4:41:21	0.00	1505704.00
14	2024/2/19 2:41:10	0.00	1505704.00
15	2024/2/19 0:41:10	0.00	1505704.00
16	2024/2/18 22:40:19	0.00	1505704.00
17	2024/2/18 20:40:19	0.00	1505704.00
18	2024/2/18 18:40:19	0.00	1505704.00

图 3-59 运行日志界面

4）水质监控

结合在线地图，可实现全校的水质检测仪位置的可视化展示，直观展示水质信息，当出现浊度过高等异常情况时，可发出报警提醒，同时系统支持对各水质检测仪的运行详情进行快速查看，通过图表的形式展示水质检测仪各指标的数据变化情况，协助管理者进行进一步分析。水质监测界面如图 3-60 所示。

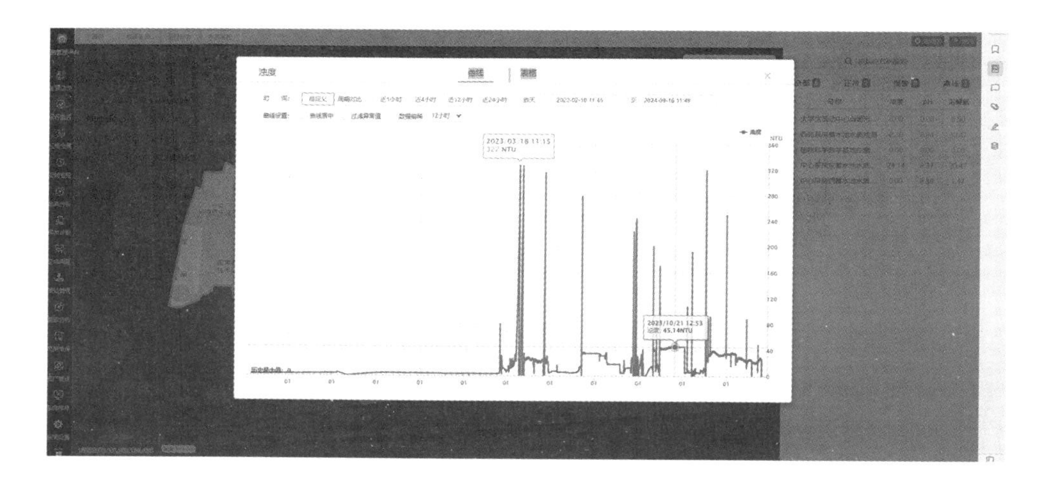

图 3-60 水质监测界面

3. 能耗分析

1）供水、用能报表

系统提供供水统计、用电统计分析工具，可以详细查看每个泵房的全天候不同时段供水量信息、用电量信息；支持对供水、用电信息的追溯查看。这些功能有助于管理者精准掌控每个泵房的供水量及用电量信息，并可以通过历史数据的查询，辅助分析供水过程中的各种异常事件。供水用能报表界面如图 3-61 所示。

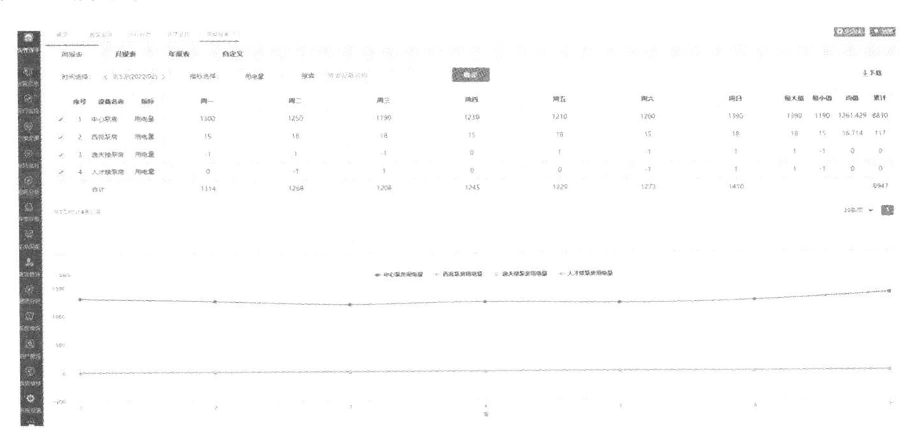

图 3-61　供水用能报表界面

2）吨水能耗

在供水量统计、用电量统计的基础上，系统可以精准计算每个泵房的吨水电耗指标，并以表格和曲线的形式呈现，提供吨水电耗日报表、周报表、月报表、年报表及自定义报表，如图 3-62 所示。

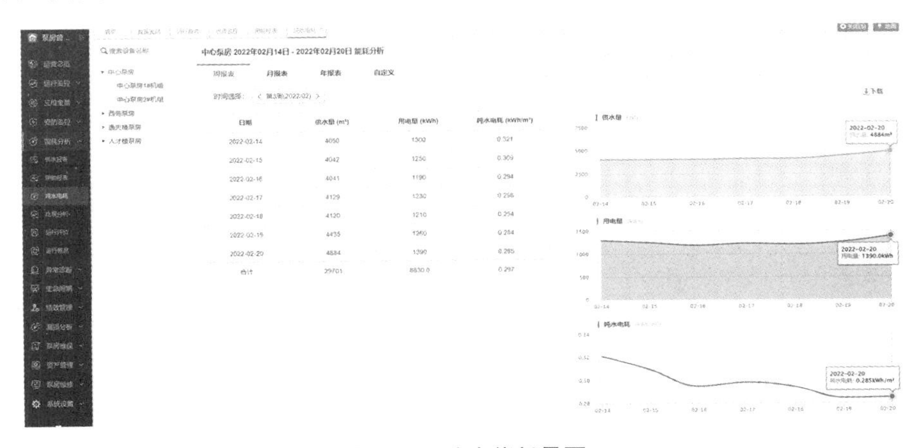

图 3-62　吨水能耗界面

对于吨水电耗分析，用户可以通过每个泵房的吨水电耗走势曲线判断机组运行情况，正常运行的机组，吨水电耗一般处于一个较为稳定的区间，若吨水能耗逐渐攀升，则用户需要注意对泵房进行检修或保养。

3）比泵分析

系统通过图的形式分析、展示各泵房及各机组的吨水电耗、取水量和用电量，并且用户可以通过设定参数，如电价、年度取水等，系统分析出能耗最低、性能最优的泵房。比泵分析界面如图 3-63 所示。

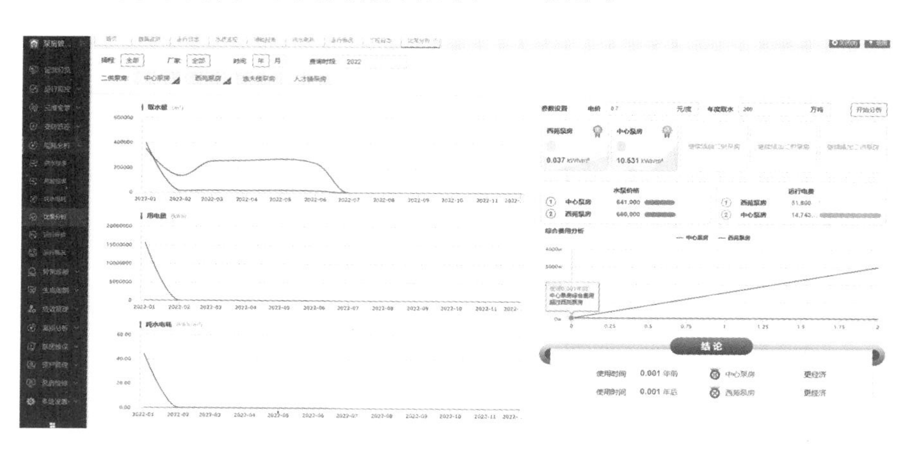

图 3-63　比泵分析界面

4）运行评价

系统可对全校泵房的吨水电耗、总供水量、总用电量进行统计分析，对比所有泵房的能耗情况，以泵房运行能耗指标排名的形式统计其分布情况，并结合泵房设备的运行参数，对泵房运行情况进行综合评价，如图 3-64 所示。

图 3-64　运行评价界面

5）运行概况

系统支持以列表的形式统计每一泵房的运行信息，包括用水量、用电量、吨水能耗、型号、报警次数等，可直观了解用水量和用电量的变化趋势，同时系统支持按多条件筛选查询，方便管理人员快速了解全校的泵房运行概况。运行概况界面如图 3-65 所示。

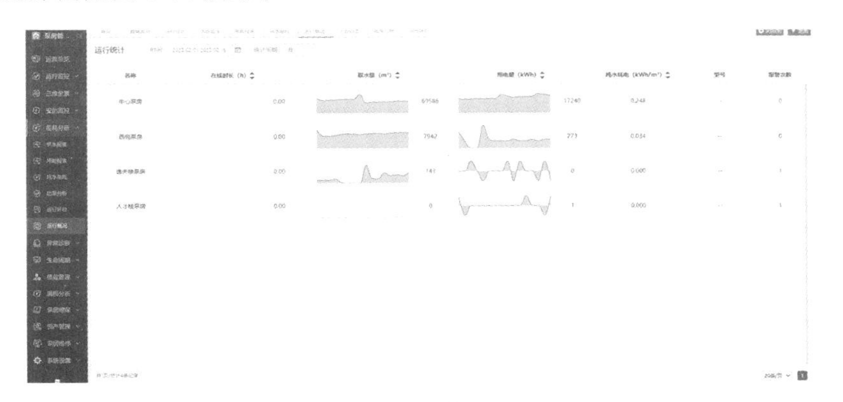

图 3-65　运行概况界面

4. 异常诊断

1）实时报警

系统支持以卡片的形式对全校的泵房报警情况进行展示，报警类型可分为阈值报警、硬件报警、突变报警、超时报警及漏损报警，当出现欠电压、过电压、缺相、出水压力低、出水压力高、变频器故障等情况时，可通过颜色、声音、弹窗、微信公众号等方式，及时发出报警提醒，可根据报警的类型、级别的不同，设定对应的报警方式，方便学校管理人员能够及时接收各类报警信息并处置。实时报警界面如图 3-66 所示。

图 3-66　实时报警界面

2）报警记录

系统支持以列表形式将所有历史报警记录进行综合展示，用户可根据报警级别、报警类型、查询时段等条件，对报警记录进行快速查询，便于发现报警事件发生的原因；同时通过对所有的报警记录进行电子存档，为各泵房设备的日常巡检和维修提供指导依据。报警记录界面如图 3-67 所示。

图 3-67　报警记录界面

3）报警方案

系统支持对报警方案进行自定义配置，通过设置各报警方案的详情，包括基本信息、作用范围、报警值配置等，以满足不同业务场景下的报警需求，例如出现新的故障或系统变更等情况，减少漏报和误报的情况发生。通过报警方案的自定义配置，满足校园泵房管理各项业务、各种设备、各类情况的多样化报警需求。

3.4.5.2　管网状态管理平台

本平台将校园供水管网划分成若干个供水区域，进行流量、压力、水质和漏点监测，实现供水管网压力分区、流量分区量化管理及有效控制。平台不仅实现了在独立分区条件下的漏损治理分析，通过流量平衡、水量平衡、压力平衡建立全面治理体系，使管理者能快速掌握管网状态，有计划、有方向地安排工作。

1. 系统总览

首页总览提供泵房的主要指标数据，从多个角度分析设备运营管理的情况，为企业决策和分析提供有效工具。

（1）统计不同区域、厂家设备的在线率、完好率。在线率分为设备通信在线和供水在线。通信在线即为数据传输正常，超过一定时间未收到现场供水设备的数据判断为不在线。供水在线即为供水压力不足，以系统三级报警（压力最高级报警）为界限，发生三级报警即判断为供水不在线。以上数据定时、实时刷新。

（2）统计能耗，对各个片区的能耗和所有片区的能耗进行分析、排名，作为能耗的参考。

（3）巡检完成率、保养完成率、工单处理率、隐患完成率等指标性数据的展示。

（4）通过故障率、维修及时率、投诉率等指标来对设备排名。

（5）实时展示当前停水用户数。用户数统计来源于泵房资料录入的供水用户数字段，很方便通过机组停水报警或者压力超低报警来统计停水用户数。

2. 运行监控

动态更新实时数据，实时监控及显示各项数据，可让使用者一目了然问题的出处，同时提供个性化配置功能，支持自定义监控内容，以列表或曲线的形式展示。

1）地图监控

（1）通过GIS地图，显示管网位置信息和管网采集数据信息。

（2）支持分区监控，可自主编辑区域监控。

（3）支持地图基本功能，包括查询、定位、缩放、查看详情等功能。

（4）动态显示实时数据，如流量、水质、压力、电量等数据。

（5）实时显示异常信息，通过动态图表、声音消息的方式，让用户快速获知异常消息，并快速定位问题的出处，无须现场排查，减轻出勤工作量。

（6）支持地理位置修正，可以根据管道的实际位置修正地图。

2）列表监控

（1）以列表方式显示各管网的关键监测数据。

（2）关键监测数据包括入口压力、出口压力、流量信息、累计用量等。

（3）异常信息在列表中采用差异颜色提醒，方便用户快速定位问题。

（4）关键参数可自定义设置。

（5）支持分区监控，可自主编辑区域监控。

3）站点监控

（1）显示设备运行状况、监测结果、异常数据，辅助工作人员快速定位问题出处，同时为问题分析和处理提供依据，提升总体的处理效率，降低管理成本。

（2）可远程控制阀门设备，如远程开关阀门等。

3. 曲线监测

系统监测曲线基于数据查询功能分析数据，通过图形化的方式动态展示数据波动情况，方便用户分析波动情况及关联关系，为问题详细分析提供有效依据。

监测曲线包括实时曲线、历史曲线、对比曲线、关联曲线等，同时具备如下功能。

（1）支持按查询的采集数据曲线展示。

（2）支持图表缩放。

（3）支持数值显示。

（4）支持实时曲线分析，可展示管网一天内的关键数据，形成动态曲线，以纵向对比的形式辅助用户发现潜在风险。

（5）关键数据包括压力、水质、温度、流量等数据。

（6）显示数据可以自定义配置。

（7）支持图片导出和打印。

4. 历史数据查看

提供多种分析工具处理海量的数据，形成不同维度的分析结果，辅助用户信息提取，从而形成有价值的研究或结论。

1）历史数据查询

（1）支持自定义时间范围。

（2）支持自定义时间间隔。

（3）支持选择计量点参数。

（4）支持压力、流量、水质、温度等类型的数据查询。

（5）支持数据导出为 Excel 文件。

2）时间对比查询

（1）支持选择监测点参数。

（2）支持压力、流量、水质、温度等类型的数据查询。

（3）支持图形化展示。

（4）支持自定义时间间隔。

（5）支持上、下限数值显示。

(6) 支持数据导出为 Excel 文件。

3) 管道关联查询

多个管道存在关联性，可以通过管道关联查询工具，分析管道之间正相关关系、负相关关系或无关联关系。

(1) 多个管道传感器的压力、流量等数据对比。

(2) 支持自定义时间范围。

(3) 支持自定义时间间隔。

(4) 支持选择计量点参数。

(5) 支持压力、流量、水质、温度等类型的数据查询。

(6) 支持数据导出为 Excel 文件。

5. 统计分析

支持各时间周期维度的报表，可按时间粒度的大小分为日报表、月报表、季报表、年报表，通过不同时间跨度，辅助用户分析波动和趋势。

支持多个维度的报表，如管道压力报表、管道流量报表等，通过关联数据反映管道运行情况，辅助用户深度分析，同时还具备如下功能：① 所有采集数据都可纳入，形成报表数据；② 支持自定义报表，可配置多种格式的报表。

6. 报警管理

1) 报警设置

(1) 支持按参数类型设置报警策略。

(2) 支持阈值报警，即设置固定限值，突破则自动预警。

(3) 支持多级报警，并且每一级报警采用不同颜色提醒。

(4) 报警提醒颜色可自定义。

(5) 一定时间周期内，无数据则自动报警。

(6) 支持按传感器绑定预警策略。

(7) 绑定预警策略后，按照预警策略自动预警。

(8) 可按需求随时切换预警策略或更改策略限值，更改后按新策略自动预警。

2) 报警预判

当现场管网发生异常时，会产生多个报警信号。平台可根据上传的报警信号进行预判，判断出故障的严重程度，为用户调度和解决故障提供辅助。

3) 报警推送接口

(1) 预警消息实时推送到手机移动应用。

（2）推送信息包括报警类型、报警时间、报警信息、合理限值、突破值。

（3）提供故障位置信息，方便管理者定位并处理问题。

（4）报警分级并推送，并且每一级报警可灵活设置接收人员。

3.4.5.3 三维管理平台

三维管理平台为管理者提供更好的交互沉浸式体验，让管理者通过屏幕身临其境地感受现场的真实情况，并且用户可以自由移动视角，观看全景图的不同角度。配合界面上漂浮的标签，用户可以直观监控泵房、管网各项数据指标，辅助用户掌握泵房、管网信息。同时，由于全景图的表现形式丰富，也可以用来对外展示与宣传。

1. 系统首页

系统首页功能主要为系统提供整体的展示、管理界面，实现对整体情况进行统计展示，同时提供外部系统的跳转通道。

该模块主要以界面的形式向用户提供运行监控、预警处置、决策保障、泵房信息、子系统入口等功能。

（1）运行监控：总数、各类设备数、各类设备离线状态。

（2）预警处置：泵房、管道、探漏、监控、水质监测等预警信息轮播。

（3）决策保障：关阀停水、智能排管等功能。

（4）泵房信息：展示不同用泵房的信息，包括泵房泵组的出口压力、水箱液位、日供水量、设备运行数等。

（5）子系统入口：点击可以跳转到需要的已有系统，包括泵房管理平台、管网状态管理平台等。

2. 预警处置

系统具有预警功能，基于泵房管理平台、管网状态管理平台的预警规则在系统中生成预警信息，可对预警信息进行查询、统计、定位、详查展示、监测信息展示等。

该功能模块主要有泵房预警处置、探漏预警处置、监控预警处置、水质监测预警处置、历史预警查询与统计等。

1）泵房预警处置

泵房预警处置模块通过系统可对泵房预警信息进行查询、统计、定位、详查展示、监测信息展示等，为及时发现、处置泵房故障提供决策支持。

泵房预警处置模块主要功能包括预警提醒、预警信息、预警定位、预警详情、监测信息等。

2）探漏预警处置

当出现渗漏、爆管或消防事件时，探漏预警处置模块可对故障点附近的阀门及管线进行分析，列出受影响的供水范围和用户，并对受影响的用户精准推送停水通知。

探漏预警处置模块主要功能包括预警提醒、预警信息、预警定位、预警详情、监测信息、维修记录、关阀分析、影响范围、获取用户、信息推送等。

3）水质监测预警处置

水质监测预警处置模块通过系统可对水质监测预警信息进行查询、统计、定位、详查展示、监测信息展示等，为及时发现、处置水质异常提供决策支持。水质监测数据示例如图3-68所示。

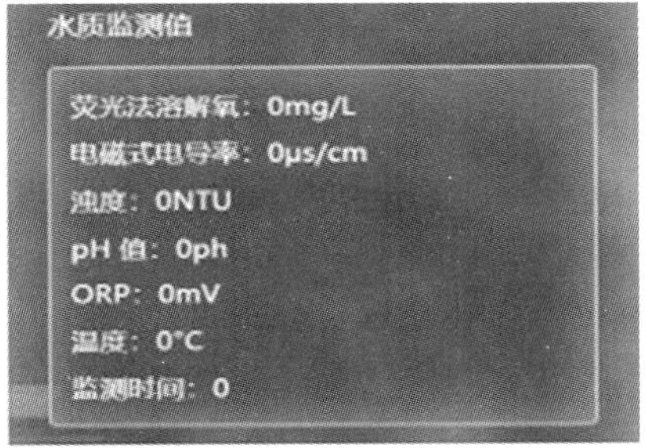

图3-68 水质监测数据

水质监测预警处置模块主要功能包括预警提醒、预警信息、预警定位、预警详情、监测信息等。

4）历史预警查询与统计

（1）预警查询。

查询：可以根据预警名称、预警级别（高级、中级、低级）、预警内容、预警来源（探漏、泵房、管道、井盖、巡检上报）、预警时间段、处置状态（未处置、处置中、已处置）等字段对历史预警信息进行模糊查询，查询结果以表格台账形式进行展示。

导出：对于查询结果可以导出为Excel文档等。

（2）预警统计。

统计：能够对历史预警日志信息进行统计与汇总，按照设备类型（探漏、泵房、管道、井盖、巡检上报）、时间（年、月、季度、周）、预警级别（高、中、低）等条件进行统计；可以统计环比、同比等变化信息；统计结果以表格或图标形式显示。

导出：对应统计结果可以导出为图片或Excel文档。

3. 运行监控

与泵房管理平台、管网状态管理平台等子系统进行对接，实现对泵房、流量计、水质监测、井盖等设备的状态监控，当出现故障时，系统会主动识别，并将相关信息推送至相应管理员的手机，便于工作人员及时了解各类设备的运行情况。

运行监控具体包括泵房运行监控、探漏运行监控、水质运行监控、井盖运行监控等。

1）泵房运行监控

泵房运行监控对接泵房管理平台，通过系统可对泵房设备进行查询、统计、定位、详情展示、监测信息展示等，方便管理人员实时了解泵房的运行情况。

泵房运行监控主要功能包括设备列表、泵房定位、设备详情、监测信息等。

2）探漏运行监控

探漏运行监控对接管网状态管理平台，通过系统可对流量计设备进行查询、统计、定位、详情展示、监测信息展示等，方便管理人员实时了解管道设备的运行情况，如图 3-69 所示。

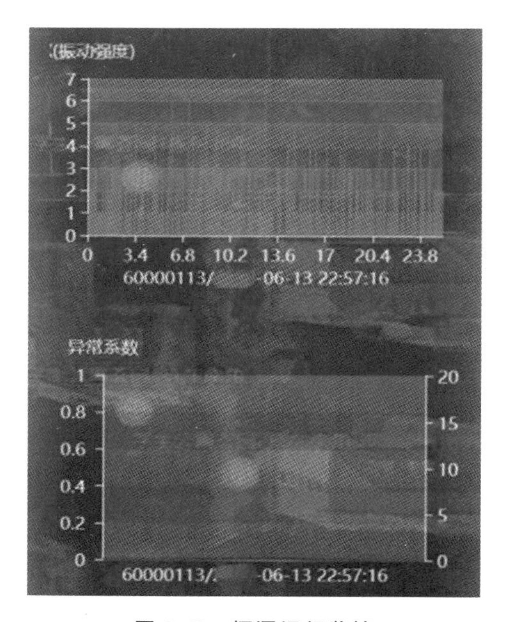

图 3-69　探漏运行监控

探漏运行监控主要功能包括运行状态统计、设备列表、设备定位、设备详情、监测信息等。

3）水质运行监控

水质运行监控通过系统可对水质设备进行查询、统计、定位、详情展示、监测信息展示等，方便管理人员实时了解水质监测设备运行情况。

水质运行监控主要功能包括运行状态统计、设备列表、设备定位、设备详情、监测信息等。

4）井盖运行监控

井盖运行监控通过系统可对井盖设备进行查询、统计、定位、详情展示、监测信息展示等，方便管理人员实时了解井盖设备运行情况。

井盖运行监控主要功能包括运行状态统计、设备列表、设备定位、设备详情、监测信息等。

4. 决策保障

利用三维管网数据，结合预警信息，对故障点位及设备提出应对预案，为道路及管网施工提供地理信息支持。

决策保障分为5个子模块，分别为管线分析、停水分析、智能排管、预案管理、开挖分析。

1）管线分析

管线分析可提供全校泵房及管网总览，可以在图上分析管网进出及连接关系，为管理决策提供全局信息支持。

管线分析主要功能包括BIM模型浏览、管线追溯、影响范围等。

2）停水分析

停水分析可提供爆管分析功能，通过选取、事故上报的空间位置信息，锁定爆管类型、位置，通过网络分析，追溯需要关闭的阀门，以确保爆管事故不扩散；针对需要关闭的阀门，追踪分析关阀之后受影响用户区域，进一步为停水等通知提供用户名单和依据，以便第一时间通知相关影响用户及区域。

停水分析主要功能包括标绘事故点（图3-70）、关阀分析、影响范围、推送用户、信息推送等。

3）智能排管

根据管网施工的要求，输入指标参数，生成三维管线，系统自动进行管网碰撞检测（叠加分析），检测管网的预埋设位置是否和其他管网有冲突，并且自动进行管网的开挖分析，实现具体管线的埋设方案和指导意见，辅助规划设计。

智能排管主要功能包括参数输入、绘制管线、生成模型、排管分析等，如图3-71所示。

图 3-70　标绘事故点

图 3-71　智能排管

4）预案管理

利用三维管网数据，结合预警信息，对故障点位及设备提出应对预案并提醒，为道路及管网施工提供地理信息支持。主要通过爆管停水、市政突发停水、消防开关阀、维修、抢修等故障事件进行预案模拟，为用户提供相应的处置方案。

预案管理主要功能包括文档查看、文档下载、动画演示等。

5）开挖分析

点击勾选相关分析图层，输入开挖深度（单位：m）；点击“绘制”按钮，开启绘制模式，在地图场景中绘制范围以红色高亮显示，最后点击按钮，展示开挖详情，弹出针对相关图层的分析结果。

开挖分析主要功能包括参数输入、绘制管线、开挖分析等，如图 3-72 所示。

图 3-72　开挖分析

3.4.6　项目亮点

一个设备集成多项数据。本项目使用的流量计，具有用水累计量、实时流量、实时压力监测功能。目前高校多使用带叶轮的旋翼式水表作为计量设备：一方面，常规水表采集项单一，只能采集累计用水量；另一方面，供水主管道一般在 DN100～DN300，当管道流量低于其最小始动流量，用户末端管道的水表存在计量走字、上端主管道不走字的情况，导致水平衡数据失真。随着电子技术的普及，采用超声波、电磁方式计量的水表、流量计，不仅同样具备用水量的计量功能，同时有比常规水表更低的始动流量，还可以采集水压、流量等参数。与原来采集同样的数据需要安装水表、压力表、流量计 3 种设备相比，本项目使用的流量计减少了施工量、维护量，降低了对管道的破坏。

3.4.7　反思与拓展

3.4.7.1　反思

数据如何利用？供水物联网采集的各类数据只有深度挖掘，才能发挥出作用。数据的利用需要结合管理者工作中实际的经验和算法的支撑，如在南方有地势差，每个管段前后的高度不一致，通过水压来判断漏损，需要给每个管段设置不同的范围值，范围值的多少是合适的需要通过探漏、抢修的经验数据不断更新修正，使其越来越精准。通过流量来判断漏损，采集设备自身就有一定的误差范围，当前后两端流量有差值且不大时，怎样判定差值是设备误差导致的还是确实出现了漏损（如管段正常，管前流量计计量误差＋0.25％，管后流量计计量误差－0.25％，合计差值为 0.5％），也需要通过实际经验对系统算法不断更新和修正。

3.4.7.2 扩展

高校因为楼栋多、管网长，会有大量的大口径阀门，如楼栋阀、区域阀、总阀等。在正常情况下，阀门会一直处于开启状态，当需要停水或下级管道抢修时才会关闭阀门，若操作方法不当极易造成阀门损坏，如开关阀门用力过猛、过快，会造成管网内的“水锤”现场冲击阀杆和阀板连接处，使之出现松动或脱落。另外多种原因都会造成阀门故障，如冬天的温度骤降也会使阀门冻裂，长期工作后水中的杂质导致阀门锈蚀失效等。阀门是否失效无法用肉眼判断，只有在开关阀时才能发现，导致水电管理者的抢修工作非常被动，常常因为楼栋阀故障而不得不关上级区域阀，进而影响更多师生、居民无水可用，导致屡次被投诉。

目前市面上已经有一种电动阀门可实时监测阀门的开到位、关到位状态和阀门的开度；还可远程控制阀门的开启、关闭和停止；远程控制阀门的开度，通过 4G 传输数据控制，无须布线。此类电动阀门最高口径可达 DN300 毫米。

在校园内逐步安装此种电动阀门，结合系统自动控制达到识别阀门是否正常的目的。系统上设置以月为周期在凌晨 2:00 校园内用水量最小的时间段，控制阀门开度关闭 30%，过 5 分钟后再完全开启。系统可判断每次关闭、开启是否达到了设定值，将无法正常关闭或开启的阀门推送给管理者，安排更换。

3.5 供电物联网

供电物联网是物联网技术在供电保障中的应用。近些年，随着人们生活水平的不断提升，不仅负荷总量不断增长，同时人们对供电的优良性和稳定性的要求也在不断提高。在此背景下，传统的等待故障出现的被动响应运维方式，无法应对现在多元化的供电需求以及复杂多变的供电环境。因此，应充分利用物联网技术在物体感知、资源整合及数据利用层面的优势，逐步提升供电网的智能化、信息化，做到提前谋划、主动排查。

3.5.1 项目概述

3.5.1.1 行业现状

1. 供电设施基础薄弱

部分高校建校时代久远，电力基础设施从建校起一直使用到现在，存在变压器容量小、高峰期配电线路频繁跳闸、供电设备老化严重、设备带病运行、存在用电安全隐患、供电线路老旧、不能满足学校师生负荷需求等问题。

2. 供电分配不平衡

一般高校的电力结构为变电站接收市政电网供应的 110 kV 高压，站内转为 10 kV 高压输送至校内各 10 kV 变压器，再由 10 kV 变压器降压为 400 V 低压分配给校内各区域供电。近年来随着高校的几次快速扩张，存在 10 kV 配网结构设置不科学、主次不分和中心不明的问题，导致供电效果不佳，线损提高；另外，用电高峰期电压不稳定，末端电压低，影响供电稳定性。

3. 电力负荷增长快

近年来，随着社会发展水平不断提高，校内的家用电器、教学仪器越来越多，电量呈高速增长的趋势；校内师生、居民用电习惯一致、用电时间较为集中，导致电力负荷增长速度远高于电量增长速度。电力峰谷差日益加大，也就是说，每天电力最高峰和最低谷的差值越来越大。大部分高校配电系统还是按照十几年前，甚至二十年前设计的负荷容量在使用，一旦到了夏冬用电高峰期，管理者就忙于四处送电。

4. 运维管理方式落后

电力线路的负荷值、电力设备的运行状态等信息需要管理者及时了解。目前高校的智能化水平普遍不高，主要通过管理者周期性的巡查巡检来掌握电力系统运行的健康状态。关于电力设备的各种资料、记录和台账信息多是纸质文件或在个人电脑上，更新不方便，电力设备经过多年的保养、抢修后，台账资料与现场实际有出入。

3.5.1.2　痛点

1. 人工巡检效率低

高校内电力设施设备多、分散不集中，需要多次巡检才能将全校的电力设施设备巡查完，耗费了管理者大量时间、精力。部分线路负荷高峰在中午或者夜间，需要管理者牺牲自己的休息时间。很多电力设备的隐患难以直接通过肉眼发现，需要借助专用的仪器。巡检的结果一般记录在纸上，之后再手工输入电脑中或者归档保存，必然造成巡检数据查询统计比较困难，同时大量的巡检记录也造成了管理上的困难；对于巡检的结果无法进行科学的分析，无法准确地判断设备的运行及检修情况。

2. 增容改造无数据

电力基础设施建设是一项复杂的系统工程，建设任务重、周期长、影响面大、资金需求大。一些大型高校的电力升级改造往往会经过多期建设，跨度甚至达近十年。因此，高校电力基础设施建设必须深入谋划、精心准备，避免设计错误，造成国家资金的浪费。电力增容及改造的工作要考虑校区用电情况、用电需求规划、电力电缆路径的走向、供电半径等诸多因素，需要大量的电力数据做决策支撑。高校日常管理中通过人工巡检记录的负荷值，一方面有线路统计不全面、有缺失等问题；另一方面记录的负荷值有些不在波峰，甚至可能在波谷，会对增容改造方案造成错误的决策。

3. 设备管理缺工具

高校电力设备数量多、类型多，除了一般配电房内的电力设备，还有地下电缆、电力井盖等。电力设备采取粗放式的管理方式，完全依赖管理者的记忆。电力设备的型号需要翻找纸质资料，费时费力；地下电缆路径依靠管理者的经验，一旦管理者逐渐退休，只能花大价钱从市场上请专业的巡线队伍；电力井盖的丢失、破碎只有在收到报修后才知道。

3.5.1.3 项目意义

通过供电物联网的建设，提高电力系统信息化水平，为高校电力网络的变电、配电、用电、管理等环节提供重要技术支撑。

(1) 建立电能实时监测系统，实时监控负荷、电流、开关量、温湿度等电力参数，各项参数形成趋势曲线，生成历史查询报表。

(2) 建立预警系统，能给各项电力参数设置上、下限阈值，并及时推送给管理者。

(3) 建立环境控制系统，温湿度传感器与空调（加湿器）控制器联动，保证配电房、箱变的温湿度一直在适宜范围内。

(4) 生成三维地图，实现管网资产可视化管理，配电房、供电管线、电力井盖在地图上直观清晰地被展现出来，信息丰富，实现了资产的精细化管理。

3.5.2 建设目标

3.5.2.1 电力信息感知

通过安装感知设备，对负荷、电压、电流、温湿度等关键的电力信息进行实时采集。

3.5.2.2　传输方式丰富

根据感知设备位置的不同，因地制宜地采取多种有线、无线传输方式，将电力信息传送至数据中台。

3.5.2.3　海量数据展示

系统平台对电力信息以 5 分钟/次为周期高频采集并记录，以报表、曲线图、柱状图、饼状图等多种方式展示给管理者，以供查询与分析。

3.5.2.4　数据安全可靠

感知设备具有本地存储功能，网络中断时数据存在本地，网络恢复后再自动上传历史数据，保证数据连续无丢失。

3.5.2.5　资产可视化

使各类电力设备设施显示在地图上，鼠标轻点就可以查询到资产信息。利用二维码技术对电力设备赋予身份码，利用 BIM 建模等技术给地下电缆绘制电子地图，利用 GPRS 定位技术对电力井盖智能监控。

3.5.3　建设内容

3.5.3.1　感知设备安装

供电物联网的感知设备按使用性质分为以下几种。

（1）多功能仪表、电力质量监测仪：负责直接采集各供电回路、设备的电力参数。

（2）智能断路器：负责采集配电柜内各断路器的开关状态、内部温度及电力参数等信息。

（3）各类温湿度传感器：负责采集电力环境的温湿度、各回路电缆触点的温度、变压器的温度等。

（4）标识类：通过二维码技术对电力设备的规格型号、维修检修记录、安装位置等基本信息电子化，使其能被管理者识别。

3.5.3.2　传输网络设计

供电物联网需要监测的设备基本都在楼栋、配电房、箱变内。校园内绝大部分配电房都在楼栋内，附近有可用的校园网；部分配电房、箱变分布位置偏远，周围没有建筑。结合此场景，供电物联网的传输方式采用校园网为主，无线传输为辅。

3.5.3.3 供电数据中台设计

配电房的多功能仪表可以采集多种电能信息，如总用电量、实时负荷、电流、电压、频率等。总用电量可以用于计量物联网、节能物联网，同时一个感知设备不能同时向多个平台传输数据。因此，供电数据中台的设计，一方面，解决了各种不同类型感知设备的数据存储问题；另一方面，解决了数据交叉调用的问题，避免硬件设备的重复建设。

数据中台专门用于采集、存储各类感知数据，开放同一接口供各类业务平台调用数据。根据实际经验，现场实时数据可采用5分钟为周期的周期性采样存储，在满足应用需求的同时，兼顾了数据存储规模、历史数据的存储组织策略、查询检索策略，使其不至于过于庞大。

供电数据中台应具备强大的兼容性，不仅能存储电力数据，还要存储温湿度、地理位置等信息；支持各类不同的传输方式，如无线的4G、NB-IoT、LoRa，有线的TCP/IP、RS485等；支持各种主流的通信协议，如Modbus-RTU、Modbus-TCP、DL/T 645-2007、CJ/T 188-2018、IEC103、IEC104、AnyPolling等。

3.5.3.4 供电分析平台设计

供电分析平台是物联网的应用层，物联网的最终目的是应用在各个场景中，将物体在物联网云平台上传输的信息进行处理后，再将挖掘出的宝贵信息应用到实际生活和工作中。

供电分析平台由供电管理中心与三维可视化系统两部分组成。

1. 供电管理中心

供电管理中心用于对供电数据中台存储的数据进行整理与分析，将采集的负荷、电压、电流、谐波、温湿度、开关状态等电力实时运行监测数据直观地展示出来，并以曲线、柱状图等可视化方式展示各项电力参数历史趋势。可以给各项监测点设置阈值和超限报警功能，同时系统对实时温湿度做出联动反馈，控制空调（加湿器）控制器，使配电房、箱变温湿度在适宜范围内。

2. 三维可视化系统

高校的地下电缆与供水管道一样在地下纵横交错，随着校区建设的迅速发展，导致竣工管线档案不全、各管线权属单位信息共享不足、挖掘损毁管线、维修不便等问题日益突出，因此亟须借助三维可视化系统基于GIS和BIM技术对学校地下管线进行综合监管，通过设计管理模型、建立综合管线决策分析系统，为管线的现状分析、动态模拟、运行管理、风险分析、应急处置和科学化决策提供可靠的基础数据，为提升学校管线信息化服务能力提供有效手段。

三维可视化系统不仅仅局限于地下管网，还可将电力井盖、配电房一起显示在地图上。通过三维建模技术，将地下电缆路径、配电房内部结构、电力井盖的分布位置在地图上可视化。点击鼠标可直接查看地下电缆的规格型号、电力井盖的状态、配电房内开关的规格及实时信息等。

3.5.4　项目设计

3.5.4.1　总体架构

供电物联网由供电分析平台、供电数据中台及各类感知设备组成，如图3-73所示。感知类型涵盖了电力数据、环境数据、断路器控制及各类电力资产的管理。通过各种类型的数据收集，管理者可充分地掌握每个回路的负荷状况、每个设备的运行状况，温湿度传感器与空调、除湿机的联动使设备的运行

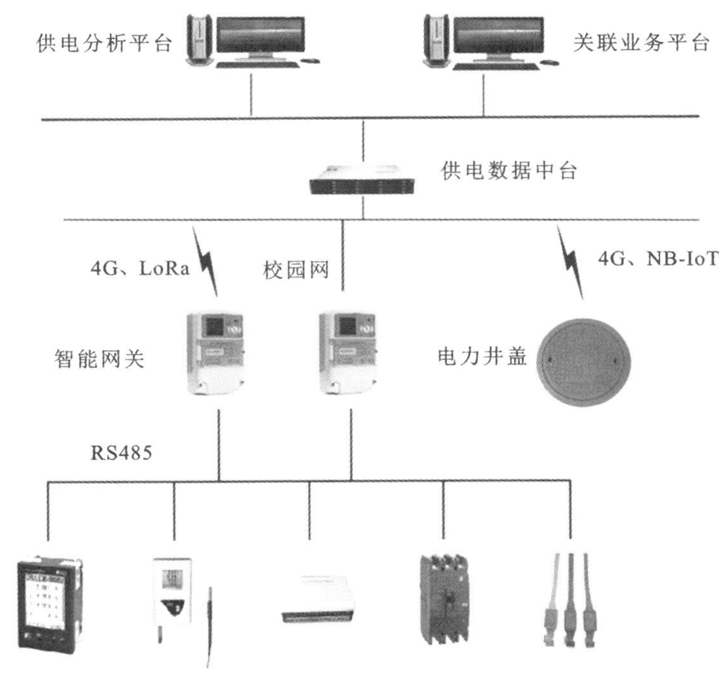

图3-73　供电物联网总体架构

环境时刻保持在适宜状态的同时，减少了电力的浪费。

感知设备一般不能直接与服务器通信，需要加装一套智能网关。智能网关在业内有多种叫法，如集中器、通信管理机、采集器等。智能网关支持多种数据接口，可与感知设备连接，如RS485接口、M-BUS接口、DIDO接口、LoRa接口等；智能网关上行通过光纤网络或4G无线技术将感知数据传输给服务器。数据的传输方式按照稳定、高效、经济的原则选择，如配电房使用稳定的校园网光纤传输，位置偏远的箱变就通过4G无线传输数据。配电房、箱变内的温湿度传感器、空调控制器之间的通信传输等可采用RS485有线或LoRa自组网。

3.5.4.2 业务流程

1. 供电分析平台功能结构

供电分析平台以电脑端及手机端实现，为管理人员提供数据应用，主要内容包括监控大屏、电力数据分析、动力环境、三维地图、资产管理、智能预警，如图3-74所示。

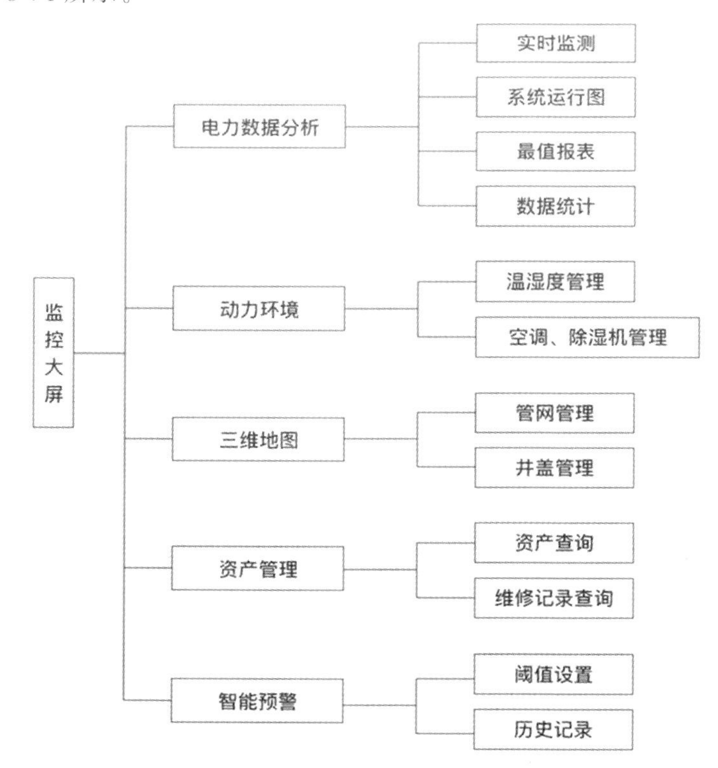

图3-74 供电分析平台功能结构图

1）监控大屏

监控大屏上方展示全校总电量、当前负荷等实时电力信息和报警消息。大屏中间展示全校变压器的拓扑图，每个变压器图标会随着实时的负载率变换颜色，管理员通过大屏可直观掌握每个变压器实时的运行状态。大屏右侧是一些重要电力参数按小时、日、月为周期的柱状对比图，大屏左侧为各个子模块登录接口。

2）电力数据分析

电力数据分析为管理员提供详细的电力分析查询功能。

（1）实时监测：可查看各回路的电力实时监测数据及趋势曲线图。

（2）系统运行图：生成各配电房、箱变的一次系统模拟图，在图上可看到断路器的分合闸状态，以及回路的实时电压、电流、电量等参数；可选择断路器远程分合闸（需输入密码确认）。

（3）最值报表：可自选时间段查看各个回路的电力参数的最大值、最小值、平均值及发生的时间。

（4）数据统计：提供数据详细报表，可自选时间段查看该时间段的电力数据曲线图，也可选择多个时间或多个设备通过柱状图、饼状图等方式对比数据。

3）动力环境

（1）温湿度管理：可查看每个配电房、设备的实时温湿度；可自选时间段查看该时间段的温湿度曲线图、历史数据，并生成报表。

（2）空调、除湿机管理：可查看各个空调、除湿机的运行状态并远程控制启停；可设置空调、除湿机的阈值范围与温湿度传感器联动，当低于阈值时停止，当高于阈值时开启。

4）三维地图

在三维地图上可查看配电房的内部结构、地下管线的走向、电力井盖的位置分布。

5）资产管理

对电力资产建立档案，可新建、修改、删除电力资产，生成二维码，支持筛选、查询。对设备的维修记录进行登记保存，自动同步到电力资产信息中。

6）智能预警

对各类电力参数、温湿度参数等设置阈值，超过或低于阈值报警，通过微信、短信等方式推送给管理员，同时可查看报警记录。

2. 智能预警功能业务流程

供配电物联网智能预警功能业务流程如图3-75所示。

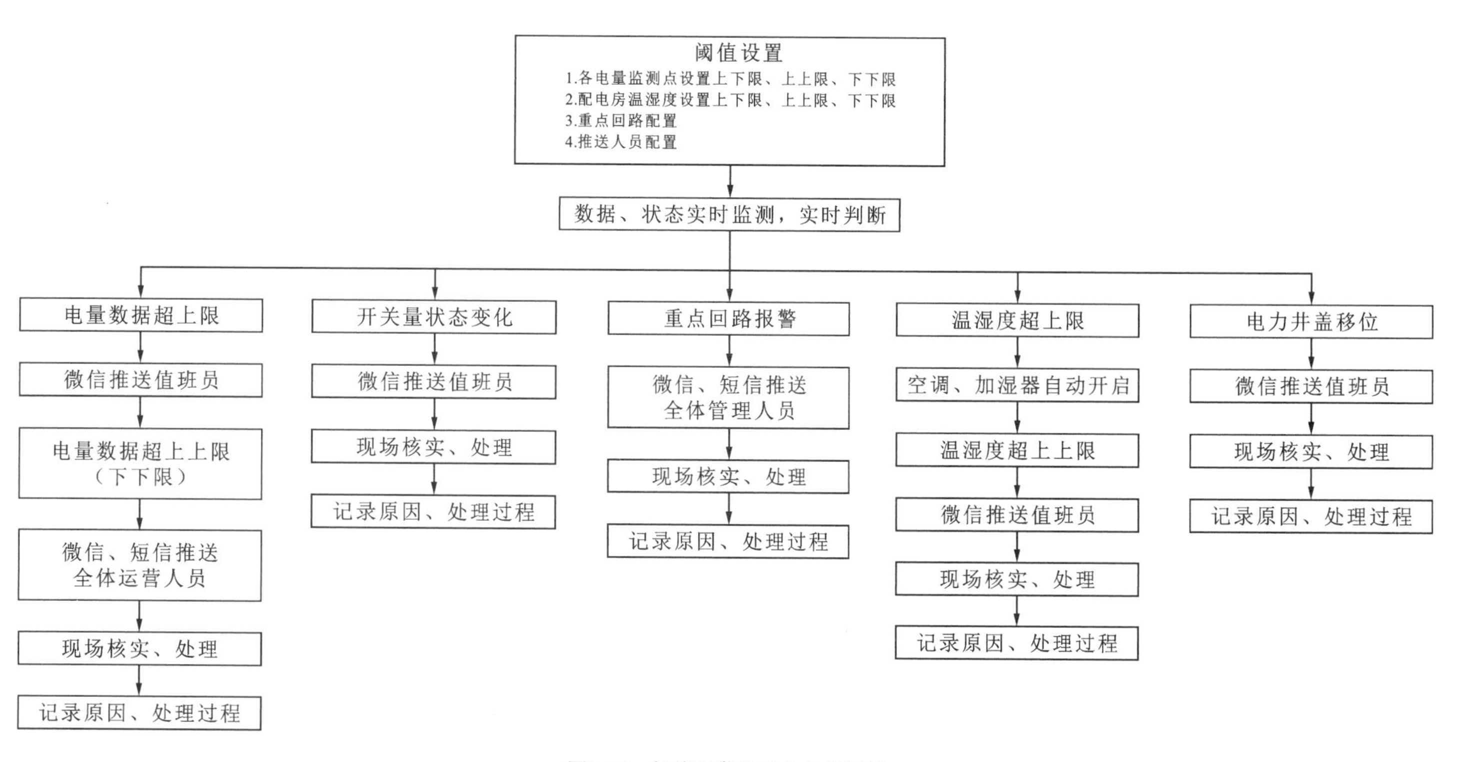

图3-75 智能预警功能业务流程图

3.5.4.3　采集层

1. 电力数据感知

1）电力数据感知方案

管理者需要关注电能的各项指标，此时需要通过多功能仪表（电力质量监测仪）感知看不见、摸不着的电能，通过对各项数据的存储、分析，掌握电力供应的质量。多功能仪表（电力质量监测仪）可实时采集各项用电参数，如三相电压、电流、功率、功率因数、频率、谐波、不平衡度等，采集到的数据远程传输到系统平台。

多功能仪表（电力质量监测仪）应具有本地存储功能，自动记录各项参数的最大值、最小值及发生时间，避免断网情况下的数据缺失。多功能仪表（电力质量监测仪）可以通过多种方式传输数据，至少具有RS485或4G接口。当设备集中且附近有可用的校园网时，可采用RS485信号线串接多台设备至智能网关，智能网关上行接入校园网将数据传给系统；当只有少量设备且附近没有校园网时，采用带4G模块的设备，利用电信基站将数据直接传到系统中。

在配电房电力柜内各回路安装多功能仪表（电力质量监测仪），监测线路的电流、电压、功率因数、谐波、不平衡度等信息。针对不同的数据情况及时做出改进，将隐患消灭在萌芽状态。例如，线路电流增长较快，管理者可对终端用户加粗电缆或分流负荷；功率因素过低，启用无功补偿器；谐波过多，加装滤波器；三相不平衡，可在用户侧对供电线路进行调整使三相平衡。

在用户侧安装多功能仪表（电力质量监测仪），观察电压波动。用户侧电压过低，可能原因有线路负荷大、线路供电半径过长。管理者针对此情况可在用户侧附近处加装箱变，或将线路迁改至较近配电房。

2）电力数据感知设备：多功能电力仪表（电力质量监测仪）

多功能电力仪表是一种具有可编程测量、显示、数字通信和电能脉冲变送输出等多功能的智能仪表，具有电量测量、电能计量、数据显示、采集及传输等功能，多功能电力仪表广泛应用于变电站自动化、配电柜自动化、智能建筑，以及企业内部的电能测量、管理、考核。其测量精度为0.5级，实现LED现场显示和远程RS485数字接口通信，采用Modbus-RTU通信协议。

2. 开关状态感知

随着物联网和电力电子技术的普及，断路器除了具有控制和保护高低压配电网络的功能，新型智能断路器还带有通信功能，可实现对断路器的分合闸状态远程监测、分合闸远程控制等操作，是具备测量用电环境的传感器；能进行电流、电压、相序、频率、功率、电能、谐波测量，而且可以通过上位机直接修改断路器的所有保护整定值和工作参数。

在各个关键部位换装智能断路器，掌握每个回路的电力信息，管理者在供电分析平台上可实时查看断路器的分合闸状态并且远程控制断路器的分断，确保了操作人员的安全。当回路出现短路、漏电、过流过载、过压欠压、过温等情况时，智能断路器会即刻启动自动断电保护功能，保护线路免受伤害，并进行事故上报，提醒尽快处置，当故障恢复后，管理者可以远程进行开关，避免故障未消除对现场操作人员造成二次伤害。

3. 电力环境感知

1）电力环境感知方案

电力设备与人一样，只有在适宜的环境下工作才能有最佳的效率及寿命，因此保持配电房、箱变等电力设施的环境温湿度十分重要。空调是目前高校用于改善配电房环境温湿度的主要手段，但是对于某些坐落在潮湿环境的配电房，还需要加装除湿机来保持湿度适中。

空调、除湿机如果一直开着会造成巨大的电量浪费，有违高校水电管理的节能目标。通过人工巡查的方式开关空调、除湿机，在水电管理人员自身工作繁杂的基础上又增加了工作任务和负担，因此可在配电房加装具有传输功能的温湿度传感器对环境温湿度进行实时远程监控，同时联动红外解码器使其能在设置的阈值范围远程控制空调、除湿机的智能启停，保持配电房温湿度在设定的范围内。

运行中的电气设备通常工作在高电压和大电流状态下，设备中存在的某些缺陷会导致设备部件的温度异常升高。温度过高可能会引起燃烧、爆炸甚至设备损坏或质量事故。

对母排、电缆接点等部位加装温度传感器，采样到的温度数据可通过无线、RS485有线及多种组网方式传送出来，实现了温度的实时监测功能，可及时发现设备的发热故障，并通过对历史数据的统计和分析，对设备问题做出及时的预警，保证设备的可靠运行。

可监测的部位有：① 高压开关柜动触头、静触头、电缆触头等；② 低压开关柜触头、电缆接头等；③ 电容器、断路器、隔离开关等；④ 电机出线盒电缆接头等；⑤ 电缆表面、电缆接头、电缆夹层等；⑥ 变电站或户外重要电路中的电气节点等；⑦ 变压器中的电气节点；⑧ 整流柜中的电气节点。

通过物联网技术实时测温，解决了传统方式下管理者定期现场巡查的劳动强度大和增加管理者带来的成本高的问题；解决了传统测温方式的温度测量不准，受人为的、环境的干扰因素大的问题；杜绝了因设备发热导致设备故障的情况发生；保证了设备安全、可靠、持续地运行。及时发现并提前预判设备的故障，可以提前消除设备故障，减少了设备的损坏，降低了学校的维护成本，真正实现了配电房、变电站无人值守的要求。

2）电力环境感知设备

（1）温湿度传感器。温湿度传感器多以温湿度一体式的探头作为测温元件，将温度和湿度信号采集出来，经过稳压滤波、运算放大、非线性校正、V/I转换、恒流及反向保护等电路处理后，转换成与温湿度呈线性关系的电流信号或电压信号输出，也可以直接通过主控芯片RS485或RS232等接口输出。温湿度传感器是一种装有湿敏和热敏元件，能够用来测量温度和湿度的传感器装置，有的带有现场显示，有的不带有现场显示。温湿度传感器由于体积小、性能稳定等特点，被广泛应用在生产生活的各个领域。

（2）温度传感器。温度传感器用于测量高低压带电物体表面或接点处的温度，如高压开关柜内的触点、母线连接处、户外刀闸及变压器等的运行温度。温度传感器由温度传感器、逻辑控制电路、无线调制接口等组成。传感器将采集到的温度信号通过电信号发送出来。

4. 电力井盖感知

1）电力井盖感知方案

电力井盖存在与供水物联网中水井盖一样的管理问题。

安装智能井盖传感器，一旦井盖发生异常震动、倾斜，报警信息会传输到供电分析平台，避免意外损坏或移位的井盖给路人和车辆带来安全隐患。每个智能井盖还拥有自己的“身份证”，依托物联网技术，管理人员可以建立基于电子标签的身份标识，对井盖进行统一归档和管理，在电子地图上可实时查看井盖状态，实现了“一盖一编号，一井一档案”。电力井盖将位置信息传输给平台，并在三维地图上展示出地理信息。给电力井盖加装远程锁孔模块后，只能通过专用工具或平台远程开启，杜绝了无关人员私开井盖的可能性。

2）电力井盖感知设备：智能井盖传感器

智能井盖传感器固定在电力井盖背面，可通过NB-IoT、4G、LoRa等无线方式通信，内置电池可稳定使用3年以上。智能井盖传感器是适用于城市对井盖状态监测的设备，具有开盖报警的功能，从而实现对井盖的实时监控及有效管理。报警信息会实时通过无线网络回传至服务器。

5. 资产管理

二维码技术是实现对物品的数字化管理的一种方式。将电力设备的资产编号、投运时间、规格、型号、检修记录等信息录入二维码并打印带有二维码的标签，粘贴在对应的电力设备上。管理者在现场巡检或抢修时，使用手机即可读取二维码，获得此电力设备的全周期数据信息，从该数据就可以马上判断设备的健康状态。二维码由供电分析平台生成，管理人员可随时在平台上对电力设备的信息进行更新、查询和导出，现场读取时可自动获取最新的设备信息。

3.5.4.4 传输层

供电物联网涵盖的设备类型多、设备分布范围广，必然需要结合不同场景使用多种有线、无线技术方案共同实现数据的传输。同时电力数据具有瞬时性特点，在工作实践中主要关注其最值、规律和趋势，对异常数据及早发现可及早处置，避免隐患扩大。因此，数据传输要保证高频次、稳定性和及时性。

传输网络必须安全可靠、技术先进、投资合理，保证各类信息传输畅通无阻、准确无误。根据业务需求，结合高校供电设备的位置分布，采用已有校园网为主（资金充裕的高校也可自建光纤通路）、4G 无线为辅的传输网络。

目前，高校内基本都实现了校园网的全覆盖，可敷设光纤到配电房，实现配电房内的电力设备通过稳定的校园网传输数据。高校中还有很多的箱变遍布在校园各处，一方面，大部分箱变离建筑较远，敷设光纤的成本高；另一方面，箱变空间狭小、箱内温度高，会使交换机等通信设备极易故障，导致维护量大、数据传输不稳定等情况。因此，箱变内的数据传输可以采用 4G 无线通信方案，通信营运商成熟完善的 4G 网络，几乎实现了信号覆盖无死角，信号不受天气的影响，稳定可靠，减少了敷设光纤的成本。

大部分感知设备自身不具备网口或 4G 通信接口，无法直接传输数据到数据中台，需要利用智能网关将其通信接口转换成网口或者 4G 后，再实现与数据中台的传输。

一台智能网关下行具有多个不同类型的接口，如 RS485 串口、LoRa 接口、4G 接口等，每个接口能同时接入多个设备；上行通过网口或无线 4G 等方式传输数据。

3.5.5　主要功能

3.5.5.1　电力数据采集

电力数据的采集主要包括以下 5 种。

（1）各电压等级的电压、电流、电量、有功功率、无功功率、功率因数，电压缺相、电压不平衡、谐波测量和越限、谐波畸变率、电压上冲下陷、电压波动及闪变、频率异常波动等。

（2）直流母线电压、各种继电保护动作信号、断路器位置信号、手车工作位置信号、高压系统跳闸回路断线信号、变压器温升信号、高压系统 PT 断线告警信号、高压系统直流系统异常信号、仪表通信故障信号。

（3）设备规格参数、线缆规格参数、终端用户信息等。

（4）系统通信通道故障、系统网络故障、通信线路故障。

（5）配电室和箱变内温湿度、变压器温度、各高低压开关温度、高低压柜内环境温湿度、电缆沟温湿度、电缆温度。

电力参数趋势曲线示例、配电房温湿度趋势曲线示例、母排线温度趋势曲线示例分别如图 3-76 至图 3-78 所示。

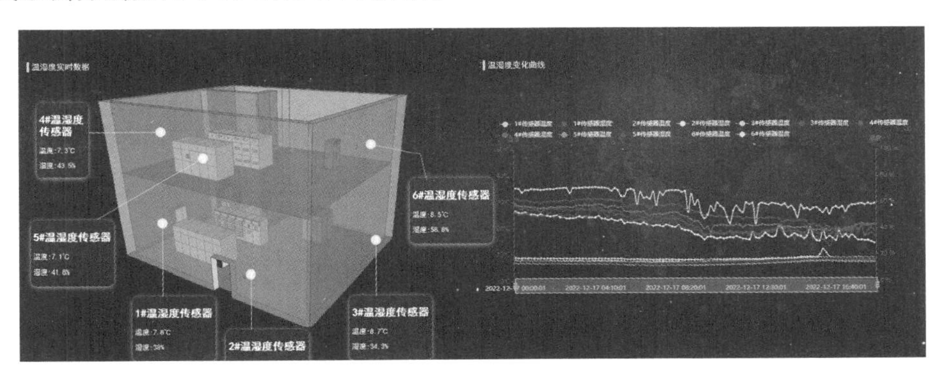

图 3-76　电力参数趋势曲线示例

3.5.5.2　电力数据应用

（1）告警方式应支持多种提醒方式：画面弹窗显示、多媒体语音告警、短信提示、微信推送等。

（2）按报警等级、发生地点、具体报警位置、报警时间、故障类别、报警数值、报警阈值、值班确认人、确认时间、消息状态（已读、未读、已处理等）、操作结果（标记为已读、删除）等进行数据分类。

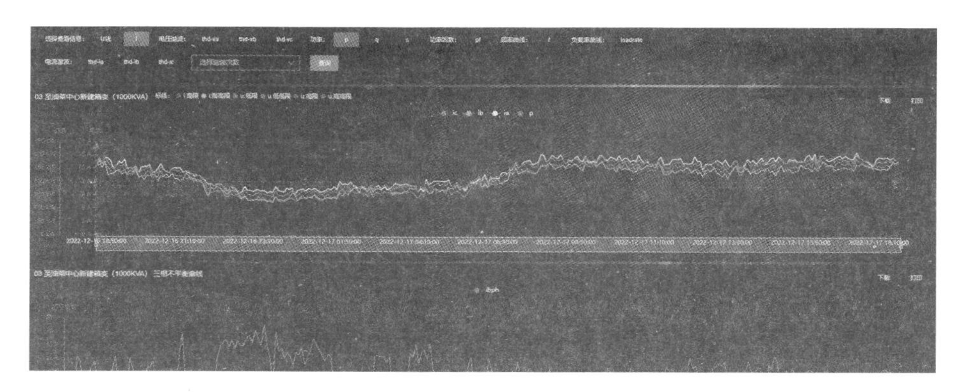

图 3-77　配电房温湿度趋势曲线示例

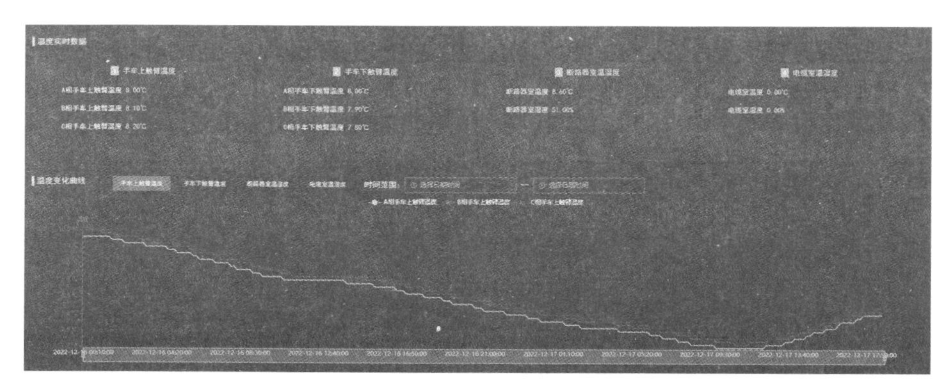

图 3-78　母排线温度趋势曲线示例

（3）报警应按严重程度区分等级，例如故障告警类型应具有但不限于：过压告警、欠压告警、过流告警、分合闸告警、通信异常告警、功率因数过小告警、谐波电压过高或过低告警、环境告警、温湿度告警、越限告警、变位告警、事件告警等。

（4）数据信息从终端采集后，需要在极短时间（2 s）内做出是否异常的判断，如果发现异常需要报警，并立即通知前端页面弹窗或发送手机短信、微信、自动电话呼叫等。告警要实时存储于数据库中，所有报警数据应能保存 3 年以上，且可按需查询。

（5）系统需要通过实时采集漏电、温度、电参量等信息进行智能分析，及时预警，减少故障发生次数。

（6）可在系统内对各回路报警参数进行阈值的添加、编辑、删除操作，并能按报警分类、阈值层级（如一段、二段级别）进行设定。

（7）对于高低压系统监控范围内的所有回路，本系统应能调出事故发生前 1 小时内相关高低压回路的各种电量，以供值班或维修人员分析故障发生的原因，快速定位问题，总结问题出现的次数并归档。对于故障查看功能，应有按日历形式进行统计分类汇总的功能。

（8）能设定时间段，自动控制设备运行与停止状态，并可根据各种设备的参数反馈，智能调整特定的设备参数，以达到智能情景控制目的。

（9）可按业务分类用各种形式的图表展示采集和整理的能耗数据，各分项能耗增量应根据各计量装置的原始数据增量进行数学计算，同时计算得出分项能耗数据。能耗分类图表展现形式应包括但不限于饼图、柱状图、曲线图。以上图表应均可通过界面调出每日、每月、每年的运行数据进行查看。数据对比分析如图 3-79 所示。

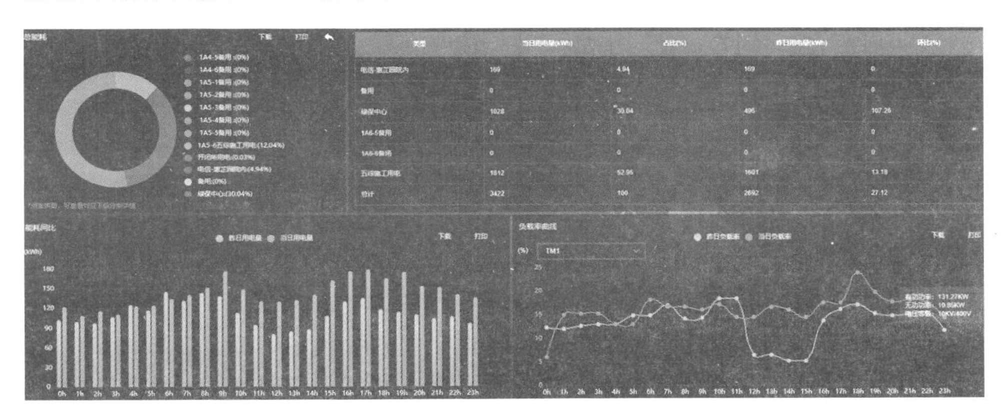

图 3-79　数据对比分析

（10）报表应提供电量计量和管理报表功能，并能以表格形式导出、打印；报表应能显示实时电量数据、历史电量数据，统计各回路、各时段（每小时、日、每月、每年）的电度值，并可显示电量最大值、最小值、平均值等重要参数，如图 3-80 所示。

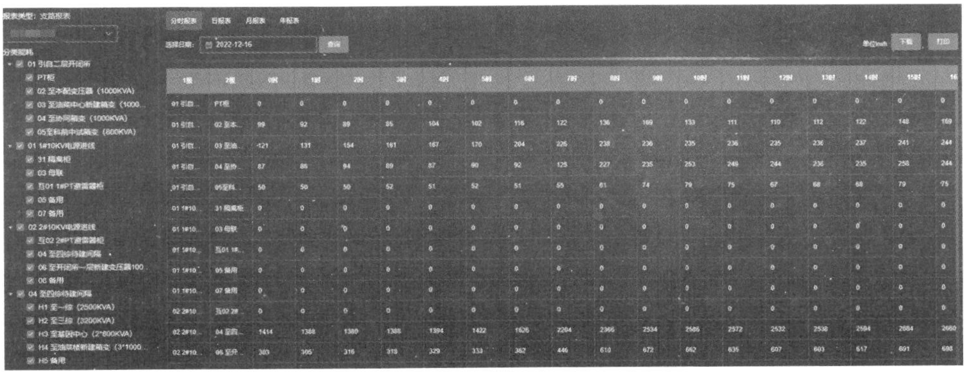

图 3-80　报表查询

(11) 能分析查找空载设备，减少浪费；通过对比不同区间的能耗情况，以及与平均能耗的对比，找到高能耗点，查找原因，提高效率。

(12) 记录各回路的用电情况，如监测电压、电流，出现最大用电量的时间段等功能；具有谐波分析功能，可在本系统页面对谐波电流进行实时、历史数据的展示，以曲线、表格形式展现 2～17 次谐波参量。

3.5.5.3 电力运维管理

运维标准及评价机制：为配电房、设备设置运维标准，按设备分类展示评分标准列表信息、字段信息，如折旧分、故障类别扣分、运维频率扣分等，支持按设备类型及关键字查询评分标准信息。

1. 设备管理

设备管理包括设备基础信息管理、安全隐患管理、设备事故报告单管理、设备前期管理、设备动态管理，建立设备关联信息、新增及导入导出信息、电子标签等。以资产归属单位、资产分类为层级递归结构展示设备基本信息，并根据节点层次依次展示设备分类汇总信息及明细信息，按层级结构依次展示设备运维、维修统计信息；支持按隐患分类及设备分类汇总统计安全隐患及整改数据、汇总信息及明细信息；支持隐患分类、设备分类及关键字查询设备信息；支持按事故分类、设备类型、单位及人员等查询设备事故报告单详情；按单位及设备分类汇总统计设备信息及明细信息，支持按单位、设备分类及关键字查询设备信息；按单位、设备分类统计设备运行及报废汇总信息及明细，支持按单位、设备分类及关键字查询详情信息，支持导出及打印；分析设备运行健康状态、风险分析数据及详细运行参数信息，支持按时间及参数查询运行历史信息。

2. 运维标准管理

建立运维标准库和数据信息库，支持按节点及关键字查询设备信息；支持按设备类型新增及批量导入运维标准数据，新增字段包含设备名称、功能、工作原理、正常运行表现、维护检查点及评价标准、隐患点处理建议、保养周期、常见故障等信息。

建立评分标准管理体系，按设备分类展示评分标准列表信息、字段信息，如折旧分、故障类别扣分、运维频率扣分等，支持按设备类型及关键字查询评分标准信息；按设备类型配置新增评分标准规则，如折旧规则等级设置、分数设置。

3. 设备运维

能保存、查阅、记录设备基本信息及历次检修记录，并生成二维码，可人工添加设备每次的事故或检修的记录。设备信息查阅支持文本及图片、Word、PDF等文件。设备信息模板可管理员自定义。本项目需由施工单位整理统计全校所有配电房回路信息，导入系统后将生成的二维码贴到每台设备上。设备信息包括品牌、出厂日期、规格型号、出线电缆型号、回路名称、资产编号等参数。以配电房为单位查看设备数据，可按条件查询、展示及导出设备信息；按周期配置点检设备及人员，形成点检计划，支持查看历史点检记录；具有备件列表、添加、入库、出库、申领、维修记录等功能；支持设备日常保养、设备异常运行状态、设备保养预警、环境监控、主动安全视频等预警提醒。

巡查巡检，能手动或定时发起巡检任务，设置巡检周期和范围，记录巡检结果。巡检可设置模板，系统自动保存、整理每次的巡检记录，作为设备的档案；需与“设备档案子系统”同步信息。

4. 运维数据中心

建立个人数据中心，从我的业务、我的隐患（针对设备）展示设备汇总信息、运维人员、运维进度、运维结果等各类业务数据汇总，预留电能、安防相关入口，设置查询统计功能，从时间维度对不同品牌、功能设备进行故障率、生命周期的数据排名分析。

5. 系统集成

系统集成环境温湿度、电能质量监测仪、烟雾感应、门禁系统、监控对接等功能，关联设备及人员信息，联动监控设备抓拍，可自定义设置阈值提醒；集成门禁通行数据、人员配置数据、门禁控制对接、异常闯入预警提醒；集成监控视频，支持实时视频播放及视频抓拍，对接视频监控预警信息。

3.5.5.4　系统基本要求

（1）系统要提供Web端及移动端（H5），两端功能完全同步。按权限配置功能菜单，移动端提供完备的各项功能数据查询、控制功能，各子系统按规则生成报警数据并按权限推送功能。需承诺终身并按校方要求，提供原始生产数据、分析结果、预警信息、推送数据等项目的对接接口。

（2）所用系统软件需满足信息安全二级等级保护要求。

（3）系统完全运行于校园网内专用网段，无任何设备、节点与外网相连，服务器置于学校网络中心机房内。

3.5.6 项目亮点

数据相互流转，降低投资成本。高校多使用电能表作为用电量的计量设备，有的高校管理者为了统计配电房各个回路用电量，在配电柜背后给每个回路加装电能表。目前配电房的成套配电柜出厂时在抽屉柜上自带具有RS485通信功能的多功能仪表，多功能仪表除了计量电流、负荷等电力参数，也可计量总用电量，计量精度满足规范要求。

供电物联网直接采集多功能仪表上的各项数据，并将回路的总用电量流转到计量物联网，避免了硬件设施的重复建设，节约了资金。

3.5.7 反思与拓展

3.5.7.1 反思

各系统之间数据流转有挖掘空间。高校的能源部门保障着全校的电力安全，除了配电房、箱变和电力电缆，还承担着家属区、教学区线路安全。有的高校规定教学楼楼内用电为二级单位自管，家属区电能表的表后线路为居民自管。然而高校能源部门作为校园能源的“大家长”，对校园内存在的用电安全隐患不可能不管不问。随着高校家属区电表的升级换代（普通电表替换为智能电表），教学楼逐步开展定额管理，办公室、实验室加装智能电表，供电物联网平台可以从家属区的抄表平台和教学区的定额管理平台获取智能电表内监测的负荷数据，对负荷过高的房间提前预警，及时对线路进行扩容，避免线路过载而发生火灾。

3.5.7.2 扩展

设备发展日新月异，产品该如何选型？随着物联网技术、电力电子技术的快速发展，电子设备智能化水平不断提高，集成了越来越多的电力仪表的功能。例如，最新的智能断路器、智能空气开关，除了有短路和过载保护功能，还能提供电气数据，包括电压、电流、功率、功率因素、温度、漏电流、细分电量等，并能远程通信，等于内置了一套多功能仪表或者电能表。设备的智能化是趋势，有些高校已经陆续安装了一些此类设备进行试用。设备的智能化也为能源管理者今后的选型思路带来挑战：第一，更多的功能意味着更高的价格，在预算有限的情况下，在其他功能设备上必然有所取舍，如在新建工程中选用了智能断路器后是否还能配备电能表；第二，功能高度集成后，某个功能有问题需要整体更换，如断路器的电力采集模块损坏，采集数据有误，需要停电更换整个断路器，相比只更换电能表增加了维修资金。

3.6　校园照明物联网

随着世界各国经济和科技的迅速发展，越来越多的智能设备被应用到了人们的生活中，适应了社会的需要，设备的智能化也越来越大。在高校中，路灯的智能化程度直接关系到学校的设备配备。既要确保教职工与学生出行的正常照明，又要使照明系统具有美观、环保、节约能源等优点。因而，学校对道路照明、景观设施照明、教育照明等方面的需求越来越大，期望能够使照明管理体系更加现代化、更加智能化。

目前学校道路路灯的管理模式是以分散式的形式进行，在现场控制箱中设定切换的时间，然后利用就地设定的方式对其进行切换。这样的做法既不能适时地调节灯光的开启/关闭，又不能及时地反映出灯光设备的运转状况，而且故障发生率高，维护工作量大。由于学校的发展，校区内路灯的辐射范围和辐射面积都在逐渐扩大，现有的监控手段难以准确地反映出校区内的灯光设备状况，导致维护工作非常消极，只能等到巡查人员赶到后，再进行检修。如果气候突变或突发重大事件等，由于缺少灵活的操作方法，往往会需要大批人手，通过人工开关等方法操控，不能完全适应紧急情况。另外，在没有灵活的智能调控方式的情况下，投入巨资建造的各种路灯、景观灯及各种设备无法真正地发挥其作用，不仅无法满足人们的夜间出行需求，而且还造成了资源的极大浪费。

各个大学越来越注重校园环境的建设，并且投入了大量的资金，使得整个校园的灯光管理体系更加完善，更加符合现代化和信息化的要求。将物联网技术及其他的一些技术运用到本系统中，研制出了一个智能化的路灯照明监控系统。

3.6.1　项目概述

3.6.1.1　行业现状

1. 光源能耗高

校园的总体灯光设计是：学校的主干道，用 8 m 或更多的高杆灯，并配有常规的庭院灯光。2016年，大部分的高杆灯都是钠灯，其单个灯光的照明效率在130 lm/W左右，由于它具有良好的照明效果和良好的穿透力，每一盏路灯的能耗在250 W左右，随着使用的年限而改变。高压纳灯和LED灯各项性能的对比见表3-2。

表3-2 高压纳灯和LED灯性能对比

比较项目	高压纳灯	LED灯
功率	高	低（比高压钠灯节电40%左右）
发热量	发热量大	发热量小（约为高压钠灯的30%）
环保性	汞污染、紫外线辐射	不含汞灯要害物质，有利于环保
光效	光效低，光衰严重	光效高，光衰小
灯具寿命	1～3年	8～10年
光源寿命	20000小时	50000小时，光衰小于30%

2. 控制不合理

高校路灯系统中，绝大部分都采用集中管理模式，通过配电房路灯柜或者外设路灯控制箱进行集中的区域管理。采用上下半夜控制模式，即采用双回路进行路灯管理，上半夜全开、下半夜半关，以达到节能的目的。该控制组件是诸如德力希KG316之类的可额外增加感光部件的时序控制器。采用时序控制器与AC触点相配合，实现了对街景的控制。感光元件是精确的控制装置，并根据周围的照明情况，给出了特定的点亮时刻。

3. 状态难感知

当前，由于缺乏一套完整的监控体系，无法准确地预知学校的灯光运行状况，只能依靠人力进行巡视。有许多教职工与学生抱怨说，街灯不能按时打开，或者不能按时关闭。路灯的工作状况不能及时反馈给工作人员，而路灯出现问题也需要耗费很多的时间和精力。

3.6.1.2 行业痛点

1. 开关不灵活

开关灯时间更改困难，仍然大量采用“钟控”方式，路灯开关时间不合理，造成巨大的电能浪费，同时影响治安和交通安全。回路级（非单灯）的采集和监控，不能精准和智能化管理。路灯管理区域大多数依托配电房进行划分，每个路灯回路都是随着控制同时运行，依赖全半夜控制进行节能管理，虽然的确节约了部分能耗，但是全夜回路能耗依然较高，缺乏灵活、有效的节能控制手段。

2. 依赖人工巡检

由于电灯线路的覆盖性较大，其能否正常使用，主要依赖于工作人员在夜间巡查和群众投诉，往往无法及时地检测出问题，维修难度大，已经无法适应学校的发展和管理的需求。利用光时控的街灯控制器，只能依靠人工来处理各种紧急事件，如开灯时间不对、开灯状态异常、线路异常等。开灯后要进行大规模的监控，线路人工巡检效率低、费用高，严重隐患不能依靠人工检测；依靠人力进行巡视，极易疏忽死角、实施全凭意识，服务态度消极、服务品质低、抱怨发生率较高等都是运营中的重要问题。

3. 设计不合理

由于技术的原因，以往在路灯的控制上比较粗糙，往往是以路段为控制单位，在满足照度和节能上难以取舍。管理部门需要路灯设施的可靠计算数据，迫切需要计量准确、真实反映耗电情况。

上述问题，集中反映了目前城市照明管理的现状。由此可见，加快路灯控制系统的改造，融合计算机控制技术、电力线载波、无线通信和数字信号处理技术，提高路灯控制的智能化，建立一个高效、节能、可靠的路灯控制系统是迫切需要研究的一个课题。

3.6.1.3　项目意义

项目意义在于改善传统路灯系统的不足之处，增强路灯监控系统的功能，其意义主要体现在以下几个方面。

1. 灵活的多策略精准控制

对智能化的路灯控制系统提出的要求主要包括能随时调整路灯的开/关灯时间，具有多样化的控制方式，并且能够进行应急调度，能及时发现故障并通知维修人员立即进行修复等。传统路灯系统往往很难保证路灯亮灯率，特别是当照明控制箱或者线路出现问题时，可能造成大面积的灭灯，给行人带来不便。由于缺少实时的检测手段，无法及时发现故障并采取维修措施，降低了夜间照明的质量，也影响夜间校园的美观。若采用智能化的路灯控制系统，上述问题将会迎刃而解，亮灯率得到保障，夜间校园灯光闪烁，意境唯美，提高了校园的整体形象。

一方面，能够实现控制方式的多样化，能对校园内的路灯采用全夜灯控制方式、半夜灯控制方式，以及能随时控制每盏路灯的开/关；另一方面，由于系统具有自动故障检测及报警功能，同时结合上位机显示界面或手机等设备，调度人员可以在故障发生后的数秒内及时了解具体故障路灯的位置及相关状态，为及时进行修复提供了有力的保障。当遇到突发事件，如气象灾害、校庆、节日等时，智能化的控制系统能够灵活应对各种突发事件，相比于原有的路灯系统，其增加了校园设施的现代化程度，在美化校园的同时也具有比较好的应急事件处理能力。

2. 降低维修成本

使用智能化路灯系统可以减少巡逻的人数，同时也可以减少巡逻人员在巡逻时造成的车辆损失，同时还可以在上报路灯故障时上报路灯编号、故障状态等信息，在巡查人员巡检路灯前，就可以知道路灯的故障状态，并及时进行维护。相比于传统的路灯系统，智能路灯系统能够大大缩短维修周期，提高维修效率，降低维护费用。

3. 节省电能

智能化的路灯系统能够提高开/关灯的可靠性和可检查性，保证亮灯率，能有效避免白天亮灯或晚上熄灯的情况出现，同时可以结合光控、半夜灯控制、全夜灯控制、声控等方式，在不同的时间段内根据外界环境决定路灯的开关。例如，能在阴雨天自动延长照明时间；或者在天气晴朗的时候适当缩短照明时间；在夜间行人相对比较少的时候可以采用半夜灯的亮灯模式，该模式完全能满足夜间行人对照明的需要，同时避免了路灯的无谓开启，有效地节省了电能。

智能化的路灯系统减少了亮灯的时间，延长了灯具的使用寿命，在保证照明质量的同时能有效地降低运行成本，进一步提高了经济效益。

4. 实现照明系统的智能化管理

智能化的路灯系统可以将采集到的一些简单的数据上传到监控中心，供维修人员查看或进行相应的存储、统计，以便能随时进行查询、调用，为实现现代化的管理提供了基本的数据依据。

3.6.2 建设目标

充分考虑当前和未来科技发展的形势，遵循技术先进、配套合理、性能稳定、质量可靠、操作灵活方便、自动化程度高和经济实用的原则，坚持高标准、高质量、高可靠性，力争把该系统建设成为具有国内先进水平的智能路灯控制系统。

树立高要求，实现超越传统的“四遥”功能。

遥控功能：应用远程控制技术，完成改变运行设备状态的命令，如开、关控制等。

遥测功能：应用远程测量技术，实时传输被测变量的测量值。

遥信功能：应用通信技术，完成对设备状态信息的监视，如告警状态或开关位置等。

遥调功能：远程调节，接收并执行遥调命令，调节节点输出比率（LED灯头适用）。

系统设计严格按国家相关标准进行，采用现有的国内外先进技术、成果和设备，加快工程进度。在信息处理方面着重考虑自动化、智能化，并充分考虑系统扩展、升级余地。

3.6.2.1　可靠的智能路灯控制

智能路灯控制系统的设计遵循如下设计规则。

1. 高可靠性

因为很多设备平时于户外工作，设计时应充分考虑运行可靠性的要求，对所用配件的选择要求极高。在防静电、防干扰、防水、防尘、漏电保护和适应高温、低温等方面做了严格的技术处理，保证系统适应复杂的恶劣环境，最大限度地减少维护工作量，保证系统长期稳定的运行。

2. 实时性

系统以无线通信网络为传输信道，各监控终端时刻保持在线，确保监控中心命令能够迅速及时下达执行，监控终端的数据、状态及各种异常报警信息能够立即传送至监控中心，为管理人员迅速反应提供技术保障。

3. 易维修性

系统的设备模块化、结构化、人性化设计，便于设备维修。路灯段控制器具有GPRS、电力载波、RS485、RS232等多个通信接口，其中GPRS用于和上位机通信，另外的接口用于本地接入、数据的传输和系统内部设备间的联系。

4. 易用性

系统操作界面友好、简单易学，全中文显示，具有多窗口、多任务的中文处理功能。控制器提供人机控制模块，中文显示，便于现场信号的调试、控制。

3.6.2.2 合理的光源控制系统

针对校园环境设计合理的分区控制单元，对单灯进行组网设计，实现单灯可控，能随环境光照度灵活变化的区域性开关灯计划。对原有回路进行改造，加装集中控制器，集中器要求包含电流、电压、能耗、环境光照感应等采集功能，需满足本地任务存储能力。光源选择依据《城市道路照明设计标准》（CJJ 45—2015），可选择 LED 50 W 面板式发光元件，配合安装单灯控制器与可调电源，要求功率可自由调整。

3.6.2.3 精准的照度管理

对校区内的所有路灯采用单灯精确控制，夜间发光元件可根据时间及人流量变化进行精准控制，对区域照度进行精细管理，校园路灯目前根据观察，凌晨 0 点后进入节能模式，功率控制为 25 W，在照度仅降低 35%的情况下依然满足正常照明需求。

3.6.2.4 可靠的预警程序

预警设置模块主要是为了对路灯的一些不正常的状态给予提醒，如故障的发生、维修超时等，报警时要明确地显示路灯的位置信息和故障类别，并能够提供维修的接口供用户选择。为了实现这样的功能，就需要对每个路灯的状态信息进行定期的检查，并提供接口让用户可以了解特定的路灯的信息。

3.6.2.5 稳定的组网模式

针对目前校园网状况进行预测，根据校园实际情况，进行了科学、合理的网线布局，并根据校园环境、建筑分布、绿化覆盖情况进行了合理的选取。组网应采用多种网络结构形式，促进有线网络和无线网络之间的良性互动。

3.6.3 建设内容

3.6.3.1 光源更换

路灯光源使用卡扣式面板架，在不更换灯杆的情况下进行灯头更换。灯板采用外壳分布散热的方式，这样既能保证散热均匀，也不会让蚊虫堆积导致散热效果差。单灯控制选择 LCU13A 型单灯控制器，集成通信与功率控制，通过系统可完成单灯开关、照度控制、状态监测等操作。

3.6.3.2　单灯组网

自20世纪90年代以来，世界各国对公路交通照明的能源利用越来越关注，各国纷纷对其进行了研究，以达到节约能源、方便管理的目的。路灯的开关故障由配电柜进行集中的监控，同时也要用手工检查来消除，实时性差。而采用这种方法来达到“二次节能”是比较烦琐和不科学的。

日本在20世纪70年代曾经进行过一次城市道路的照明试验，但由于照明方法的使用，灯板的光亮会使路面的光亮变得不均匀，从而引起了社会安全问题，使得夜晚的交通意外增多，同时也会降低路灯的工作效率，这项试验因遭到反对而被迫放弃。根据试验结果可知，采用隔盏点亮进行路灯的节电是不合理的。

最近几年，在照明者的研究中，人们已经开始研究如何在不干扰交通条件的前提下，对道路交通状况进行调整，从而实现对道路交通的自动调整。在此基础上，运用计算机技术、通信技术、物联网技术等，进行智慧路灯监控系统的开发，以达到对路灯进行科学的“二次节能”。

街灯的操控模式也在发展，智能街灯的控制模式大致可以分成3类。

(1) 集中管理。

采用配电柜等作为中央控制系统，对一条线路内的街灯进行统一的监控。

(2) 分散式管理。

分布式控制由二级控制器组成，主、副两级通信，分别对一个街灯进行独立的管理。

(3) 分布管理。

通过采用通信技术，可以将指令发送给路灯的末端装置，该装置具备感应能力，能够根据时间和光照进行自动调节。

当前，可利用电力载波、ZigBee、蓝牙、LoRa等技术来实施路灯监控的近程通信。

(1) ZigBee。

ZigBee是一种以蜂群之间的连接为基础，开发并用于因特网通信的一种新技术。与常规的网络通信技术相比，ZigBee具有更加高效、便捷的特点。ZigBee是一种低成本、低功耗的无线网络技术，它的组网、安全和应用程序的技术都是以80215.4无线电标准为基础的。这种技术特别适合于固定和便携式移动终端的数据传输，同时ZigBee还具备GPS的能力。

在采用ZigBee技术的情况下，每个街灯都需要配备ZigBee的网络接收机，通过“手拉手”方式进行数据传输，并通过单个灯光控制器实现单灯的操作。校园里的每一盏灯之间的距离大概在30～40 m，在交流的时候，若一盏灯故障或者信号受到限制，则很难绕过这个区域，从而造成后面的路灯无法正常工作。

（2）蓝牙网络。

蓝牙技术是一种近距离的传输技术，可以实现在不同的设备之间进行快捷、灵活、安全、成本低、功耗低的数据和声音通信。将其他的网络连接起来，将会使其具有更多的用途。它是一种先进的开放通信方式，可以让所有的数字装置都进行无线通信，是一种可以代替红外通信的无线通信技术。但通常情况下，蓝牙的通信范围为 10 m，只适用于庭院灯照明网络。

（3）LoRa 网络。

LoRa 是由 Smtech 公司研发的一种低功率 LAN 无线技术，以“LoRa”为代号，即远程无线技术，最主要的特性是在相同的功率消耗情况下，可以达到更长的传输范围，是低功率和长射程的结合，在相同的功率消耗情况下，可以将无线通信的最大射程提高 3～5 倍。

LoRa 网络技术要求每个路灯都配备 LoRa 接收机，在试验前期（冬天），它的测试结果非常好，覆盖范围也比其他网络要好很多，只要在校区里安装一个集中器，就可以保证整个校园的照明，但是这种网络的穿透性很弱，容易受到天气、绿化和建筑物的影响。为了保证网络的畅通，需要对各个设备的各个参数逐一设定，并且需要在以后不断地添加集中器数量，以保证网络的畅通，其维护成本较高。

（4）电力载波。

电力载波是一种以电力线路为媒介进行信息传送的通信方法，它的优势在于，利用电源线作媒介，不需要布信号线，便于工程建设，在智能家居、工业控制、电能管理等方面有着广阔的发展前景。按带宽功率载波分为宽带功率载波和窄带功率载波：宽带功率载波的带宽范围从 2～30 MHz，通信率通常为 1 Mbit/s 或更高；窄带功率载波的频带通频为 3～500 kHz，通常传输率为 1 Mbit/s。窄带功率载波机主要使用 PSK 技术、LFFChirp 技术等。功率载波段通信技术包含了早期应用的频带传送技术和近年来出现的扩展频带通信技术，频带传送技术是将包含有数据的数字信号通过载波调频技术转移至更高的载频，其调制模式为相位键控（PSK）、幅值键控（ASK）、频移键控（FSK）等。

电载波的优点是在原有路灯回路中更换集中器、路灯内安装单灯控制器，即可完成通信与单灯控制，无须另外设置通信装置，只用现有路灯线路即可完成通信。在检测中，若发现了故障，随后的接线情况良好，单灯故障不会对整个照明网络造成任何的干扰，并且不会受到周围环境的影响。

电力载波技术与 ZigBee 技术的对比见表 3-3。

表 3-3 电力载波技术与 ZigBee 技术的对比

项目	电力载波技术	ZigBee 技术
安装成本	低，安装单灯控制器即可	高，需安装无线控制器及天线
传输方式	电力线	无线传输
抗干扰性	受电力线噪音影响，较稳定	受同频天线电波干扰，不稳定
信息容量	带宽大	带宽有限
传送距离	短	较短
同功率传输质量	传输质量较好，受脉冲干扰	空旷环境中传输质量好

3.6.3.3 控制组网

控制网络是指集中器到服务器的网络使用。大多数厂家以运营商网络（物联网卡）或 TCP/IP 模式为主，偶尔有自建的 LoRaWAN 网络结构。

物联卡是由运营商（中国移动、中国联通、中国电信）提供的 4G、3G、2G 卡，采用专用号段和独立网元，满足智能硬件和物联网行业对设备联网的管理需求，以及集团公司连锁企业的移动信息化应用需求。物联网卡可广泛应用于移动传媒、监控和监测、医疗健康、车联网、可穿戴设备、智能表计、无线 POS 机等诸多领域。特别是有线网络以及无线 WiFi 网络不能够覆盖的区域，就需要物联网卡来发挥作用。4G 网速是快捷的，但是同样价格也会比其他的贵，主要是针对需要快捷传输数据的企业用户。物联网卡有 3 种使用方式：插入式、贴片式、嵌入式，可以搭配通信模组配套使用。物理网卡受到资费流量限制，对地下室等信号覆盖较弱的地区存在明显通信劣势，而且后期需无限制续费以满足通信需要。

TCP/IP 模式：依旧采用有线局域网模式，通过光纤或双绞线进行设备连接，这种方式稳定性强，但受到终端设备或接入设备影响较大，如光纤或上层交换设备故障，极易影响设备正常使用。

如图 3-81 所示，LoRa 是物理（PHY）层，即用于创建远程通信链路的无线调制。LoRaWAN 是一种开放式网络协议，可提供由 LoRa 联盟标准化和维护的安全双向通信、移动性和本地化的服务。

图 3-82 是端到端的典型 LoRaWAN 网络实现。

支持 LoRaWAN 的终端设备是使用 LoRa 调制通过 RF 连接到 LoRaWAN 网络的传感器或设备。

在大多数应用中，终端设备是一种自主的、通常由电池供电的传感器，如水阀、电表等。

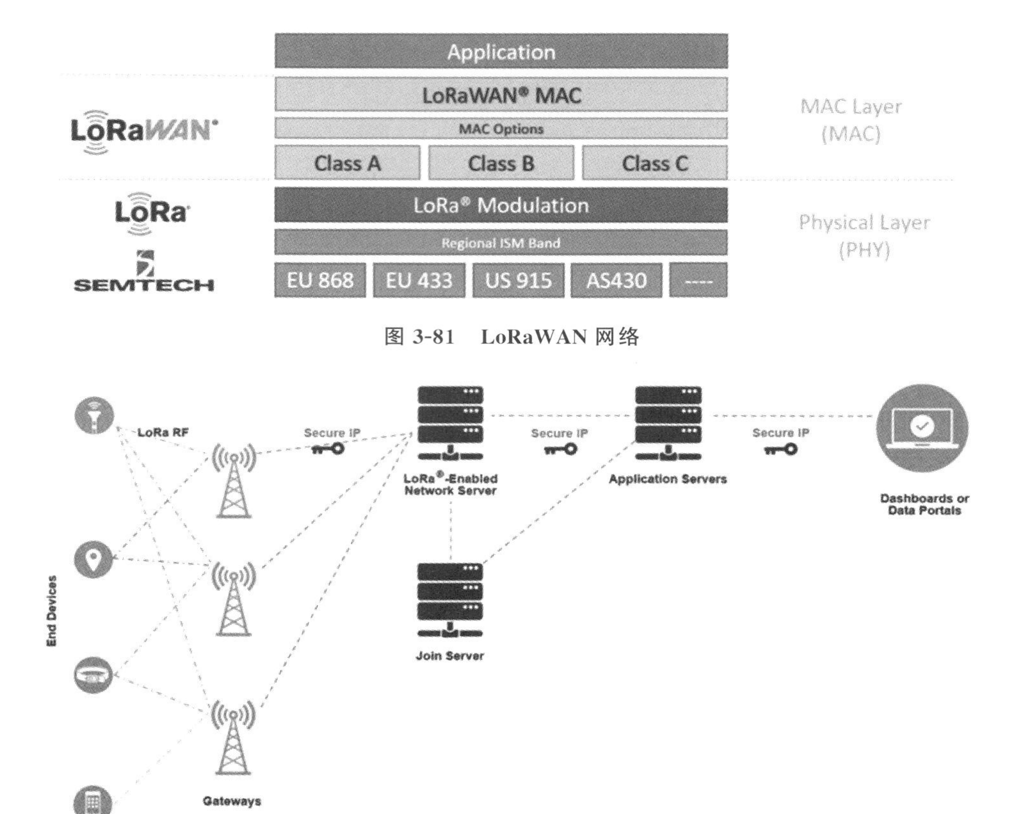

图 3-81　LoRaWAN 网络

图 3-82　端到端的典型 LoRaWAN 网络实现

LoRaWAN 网关从终端设备接收 LoRa 调制射频数据，并将这些数据消息转发到 LoRaWAN 网络服务器终端。设备和网关之间没有一一对应关系，相反，同一终端设备可以由该区域的多个网关提供服务，终端设备上行链路数据包将被所有能收到的网关接收，这样的安排降低了丢包率。LoRaWAN 网关可以通过 WiFi、网线等方式连接到网络服务器。LoRaWAN 网关完全在物理层上运行，本质上只是负责转发 LoRa RF 消息。接收到 LoRa 信号后，会进行物理层上的校准，如果无误，则会附带一些数据（如时间戳、RSSI、SNR 等）一起通过上行链路发给网络服务器。对于下行链路，即收到网络服务器的传输请求，则直接转发。由于多个网关可以从单个终端设备接收相同的 LoRa RF 消息，由网络服务器执行重复数据并删除所有副本。根据相同消息的 RSSI 级别，网络服务器通常在传输下行链路消息时选择接收具有最佳 RSSI 的网关，因为该网关是最接近相关终端设备的网关。

3.6.4　项目设计

3.6.4.1　总体架构

1. 网络架构

服务器架设在校内，集中器采用电力载波与终端设备通信，在有校园网专用接入点的地方，集中器通过校园网传输数据到服务器；远端区域未覆盖接入点采用电信 4G 物联网接入，如图 3-83 所示。

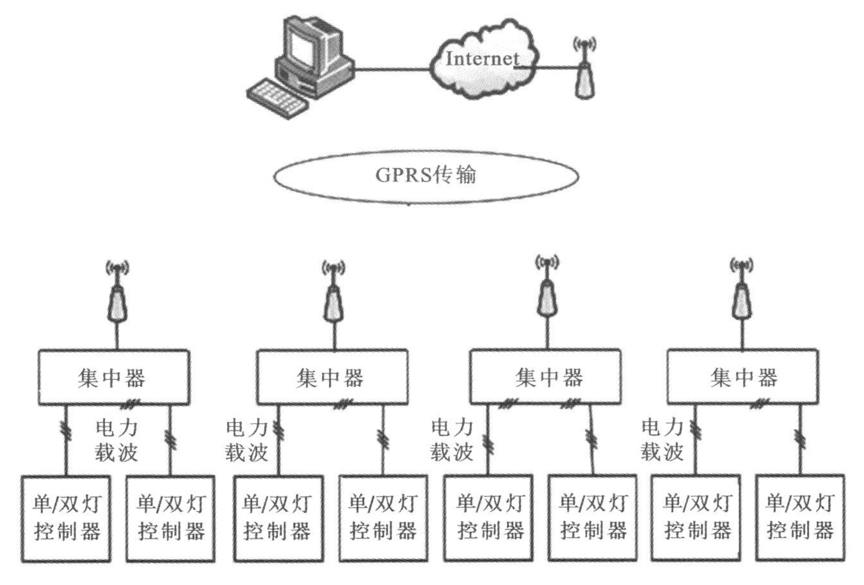

图 3-83　校园照明物联网网络架构

2. 路灯综合管理系统

控制软件系统采用基于 B/S 构建，架设在本地服务器，能实现路灯数据（含环境数据）的采集、保存及分析，具有预警、巡查巡检、档案管理等基本功能，还需具有远程控制、与学校现有平台实现数据共通及跳转链接、支持移动端访问等功能，如图 3-84 所示。

首页以 2.5D 地图展示路灯分布、状态、环境情况、集中器信息。

采集各项数据及环境情况保存记录，生成历史曲线随时可查。

具备数据统计分析功能：能查询各回路日、月、年极值，按设定好的格式自动生成运行报告，分时段、分区间统计数据。

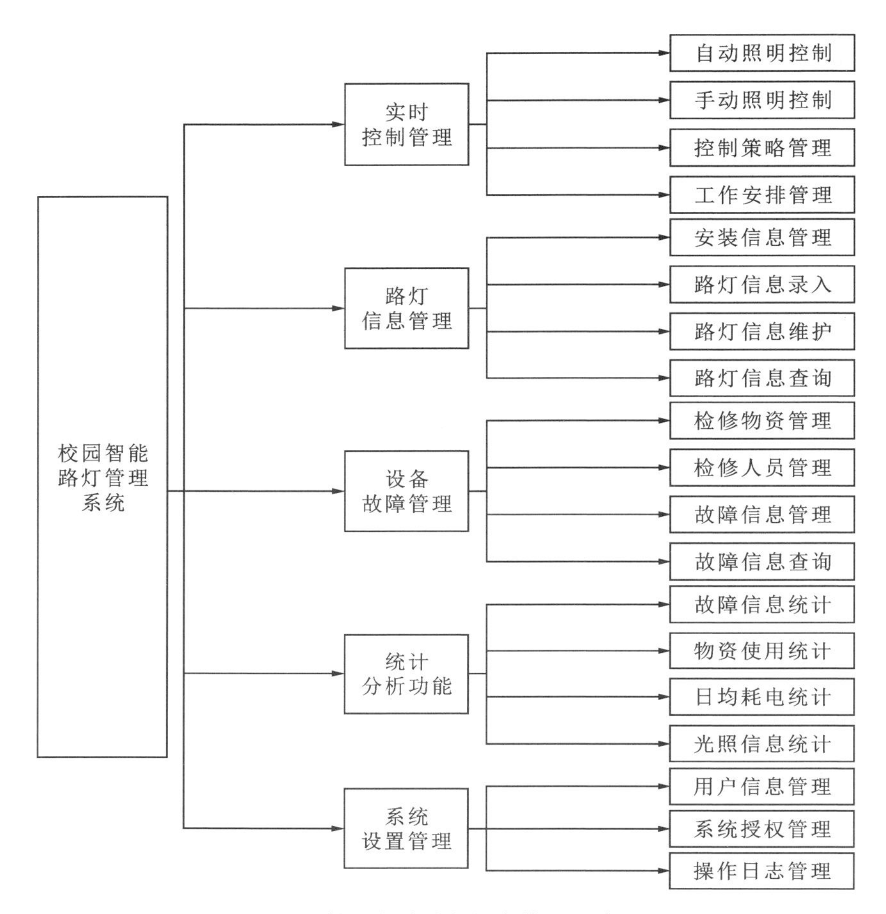

图 3-84　校园智能路灯综合管理系统架构

智能预警：可对能耗参数设置阈值、推送预警，并能提供解决方案，预警推送给管理员，推送方式有微信、短信等。

3.6.4.2　组网设计

在前期踏勘的过程中，我们充分地对组网方式进行了分析，通过与校园网络中心共建的方式，完成了全部二级配电房的光纤网络覆盖，为校园路灯物联网提供了技术支持。我们在实际运用中对集中器组网进行了动态分配，结合运营商 4G 物联网卡和校园网 TCP/IP 协议两种合作组网，相互支撑控制系统的组网需求，来满足多样环境下的组网需求。

因学校建筑群集中、绿化覆盖大的特点，单灯控制器采用了电力载波的模式，在不改变原有回路级控制的环境下实现了单灯控制，组网过程相对于其他方式更加简洁、灵活，不需要额外增加入网设备，对环境适应性较好。

3.6.4.3　控制层设计

控制系统要求能够实现对路灯的远程控制，通过调节灯具的亮度来提高节能效率；要求不增加布线实现路灯之间的通信和数据采集，克服信号干扰，提高单/双灯控制器、集中器、云服务器之间通信的成功率；要求解决网络集中器与云服务器网络通信过程中数据的安全问题。

系统设计要求的要点如下。

第一，远程控制。上位机接入互联网即可对路灯进行控制，不在现场也可以对路灯进行开灯、关灯、亮度等控制。

第二，采集数据。系统可采集单灯控制器和集中器电表的运行数据。

第三，上/下电时间监测。上/下电时间即路灯的开关时间，系统可监测路灯上/下电时间并及时上报给云服务器，供用户统计分析，并可监测到线路意外情况的发生。

第四，故障检测。路灯状态改变后，若路灯不能变为期望的状态，系统能够在一定的时间内报告给用户，实现系统故障检测，减少了路灯的维护成本，使故障可及时被排除。

第五，定时开关。要求根据不同的场景来调节灯的状态及亮度。用户可使用客户端下发策略给集中器或单灯控制器，单灯控制器设置策略后进入自控模式，集中器可以存储策略并自主对单灯控制器进行组控。

第六，通信信息安全性。系统通过实现 AES 加密技术保证数据在网络传输中的安全性。另外，要求数据能够保存在集中器中，集中器可外接电表，并且能够对外部电表数据进行读取。

1. 集中器设计

集中器是控制系统的核心，充当内部协议和外部协议的转换器，集中器功能设计如下。

1）单灯控制器组网

控制系统中，集中器和单灯控制器通过 FM3203 电力载波模块组成不规则的树型网络，集中器为根节点，单灯控制器为子节点，它们之间通过电力载波技术进行通信。

2）远程通信

集中器与云服务器之间需要远程通信，以达到远程控制路灯和采集数据的目的。

3）计量及定时抄表功能

集中器具备对用电数据的计量功能，并且能够整点抄读电表计量的数据，此数据为电表小时结算，数据包括正向有功总电能、瞬时功率、电压、电流、功率因数等字段。

4）在线升级

集中器支持在线升级功能，可以通过云服务器对集中器主控程序进行远程升级，这样使得系统功能更易扩展，节省了物力和人力。

5）实现定时开关灯、调节亮度

云服务器可以向集中器下发策略，策略包括时间、灯的亮度、时长及组号，单/双灯控制器被分到不同的组中，通过组号来达到分批控制路灯的目的，集中器通过策略的时间字段定时执行策略里的操作，从而实现定时开关灯、调节亮度的目标。

6）数据管理

集中器可以对路灯数据进行存储和管理，包括单/双灯控制器地址、策略、路灯运行参数、上/下电时间、电表数据等。

7）GPRS 重启功能

GPRS 网络质量和所处的环境、时段有密切的关系，这样会造成 GPRS 掉线，当连接断开时需要重启 GPRS 模块，再次拨号上网。

8）协议转换

将自主设计的网络通信中使用的应用层协议转化为国家电网 GDW1376.2 协议或 DL/T645 协议。另外，系统还具有校时、远程重启、参数设置等功能。

2. 单灯控制设计

单灯控制器为系统的被控终端，下接 LED 灯具电源。同一线路上每个控制器具有唯一的地址，地址的第二字节标识了控制器的类型，可根据地址判断控制器的类型，设计目标如下。

1）控制开灯、关灯

电路的通断采用继电器控制，使用硬切断进行关灯。

2）调节亮度

单灯控制器可根据时段使用 PWM 技术实现无等级调节 LED 灯具的亮度。

3）数据采集

控制器集成计量芯片实现了对灯具电压、电流等参数的采集。

4）默认状态设置

上电后默认状态为可配置的，用户根据需求配置上电状态。例如，上电后状态可配置为开灯，亮度为 100%。

5）策略自控

单灯控制器校时后进入策略模式，策略由集中器下发，最多可以配置 12 个策略。

3. 智能控制设计

路灯的智能化控制为路灯的进一步节能提供可能，同时也可以对路灯的异常情况进行及时报备处理，从而提高路灯的亮灯率，降低路灯的运行维护成本，进一步提高工作效率，保障行人行车安全。目前，国内外近年来在路灯节能控制方法方面的研究主要包括如下 5 个方面。

1）定时开关的控制方法

定时开关的控制方法即通过定时开关在特定的时间点对路灯进行点亮或关闭操作。此方法虽较手动方法节省了人力，但由于一年四季的昼夜时长变化较大，需要定期设置开关灯时间，在一些极端天气如雾霾、沙尘暴等情况下，仍然需要安排人力去手动控制开关，操作相对复杂。

2）基于经纬度的路灯照明控制方法

基于经纬度的路灯照明控制方法即根据路灯的经纬度判断日出日落时间，从而实现路灯的控制。该方法较传统的开关方法虽然避免了人为控制，但是并没有在路灯节能上面有大的改进。同时，该方法与定时开关方法一样，如果遇到恶劣天气不能做到提前或延迟开关灯。

3）分时段开关的控制方法

分时段开关的控制方法即所选择的路灯在特定时间完全关闭或调暗。虽然能大幅降低路灯能耗，但是却忽略了路灯照明的初衷，在特定时间降低街道照明可能会严重影响道路使用者的导航能力或避开障碍的能力，因此会存在交通安全隐患。

4）车来开灯车走关灯的控制方法

根据车流传感器及红外传感器等检测道路交通情况，当检测到道路上有人或车的时候，通过推测人流或车流的速度，选择相应方向上路灯开关的个数和亮度。

5）根据道路环境分级调光的控制方法

根据道路人流量和车流量的变化情况，以及其他环境因素等对道路亮灯等级进行不同程度的划分。

我们在原始设计中加入了环境光照控件（光敏元件），通过经纬度控制光敏元件进行环境状态检测，经纬度为触发条件，环境光照作为控制变量，实现了变量化的开关灯机制。

3.6.4.4 预警与转发设计

路灯线路的损坏（如短路引起线路烧毁）或被盗将造成大面积的路灯无法供电。现有的许多路灯线路状况监控系统不能实时有效地检测路灯的照明情况，导致维护不及时，给生活造成不便。已有的系统存在线路状况误报的缺陷，必须以人工巡查为辅助，对线路进行检查与管理。该方法不仅效率低，而且耗费人力，在此基础上建立基于电力线载波通信的路灯线路检测系统。由于该技术进行信号传输时把电力线作为通信信道，所以实际应用时就不需另外铺设专门的通信线路，节省了大量的布线费用。

针对现有路灯管理系统的缺点，基于电力线载波通信的成熟技术，设计了一套能有效检测路灯线路故障的系统。该系统利用相关的计算机与通信技术，实现路灯线路的远程控制与实时检测。当系统检测到某段线路发生故障时，通过检测路灯是否点亮，来确定具体的故障位置，然后将信息反馈给路灯管理中心，从而做出及时、准确的处理。该系统的优点在于：能及时发现路灯电缆被盗、线路老化、线路短路而引起烧毁等异常情况；能在线路发生故障时及时发出报警信息，便于及时解决问题，方便出行；克服了原有系统存在误报的缺陷；有效解决了人工巡查效率低、工作量大等弊端，从而减少管理及维护成本。

3.6.5 主要功能

3.6.5.1 经纬度光照控制系统

首次引入经纬度日出日落控制模式，不再需要长定时以控制环境采集终端来判断环境光照，每日自动对日出日落时间进行检测，日出日落时开启环境采集终端进行光照感应，到达开灯亮度时自动打开，不再需要根据季节人工调控时间设置。光照控制系统界面，如图 3-85 所示。

3.6.5.2 可调光源设计与节能展示

结合校园人员环境进行任务计划，每晚 0 点降低输出功率至 25 W，既满足照度需求，又通过降低功率起到一定的节能效果。光源控制系统操作，如图 3-86 至图 3-88 所示。

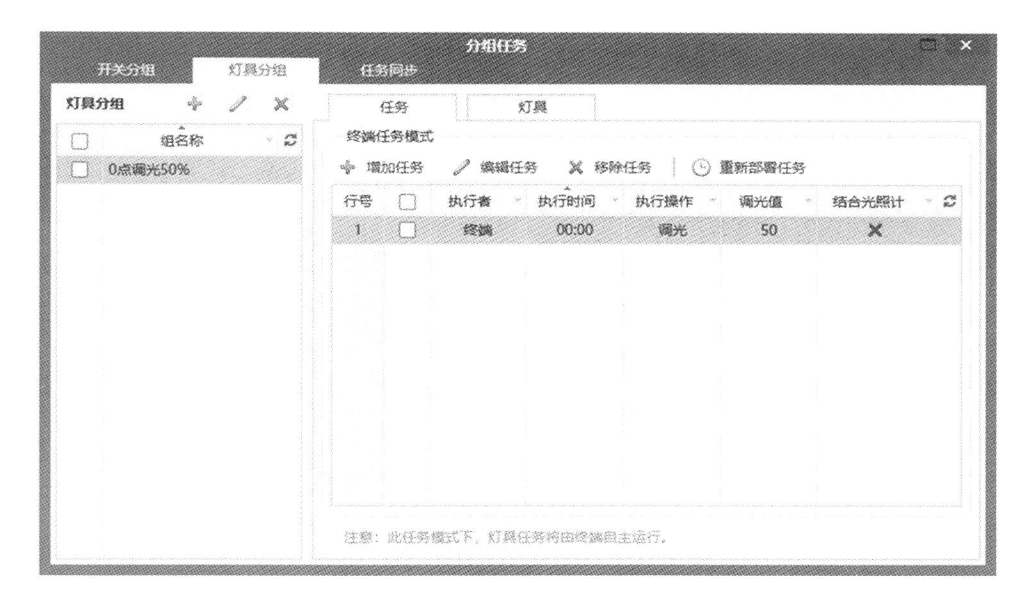

图 3-85　光照控制系统界面

分组任务

开关分组　灯具分组　任务同步

开关分组

组名称

光时空

经纬度

任务　开关

按日出日落时间执行（此数据针对整个项目，修改后其它使用本模式的分组任务也将被修改）

月
6
7
8
9
10
11
12

日	关闭(日出)	打开(日落)
12	06:45	17:28
13	06:46	17:27
14	06:47	17:27
15	06:48	17:26
16	06:49	17:26
17	06:50	17:25
18	06:50	17:25

批量校准

打开: - 0 + 分钟

关闭: - 0 + 分钟

结合光照计

保存　重置

重新部署任务

节假日任务　增加　编辑　删除

行号		开始日期	结束日期	打开	关闭	结合光照计

图 3-86　控制系统界面

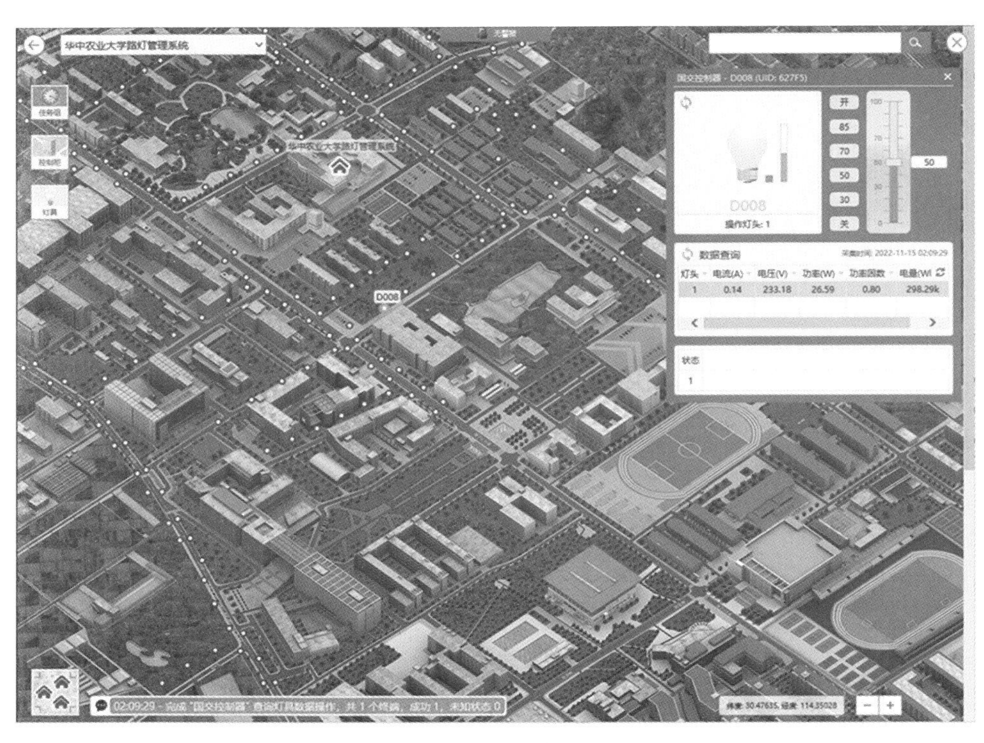

图 3-87　控制系统效果图

控制柜

数据查询

行号	□	同步	控制柜	UID	状态	KM11	时间	KM12	时间	KM13	时间	KM14	时间	电表	回
1	□		博园控制器	00000001028C		开	17:33:33	开	17:33:32	开	17:33:32	开	17:33:34	ME1	ME11
2	□		工厂区控制器	0000000101DC		开	17:33:33	开	17:33:33	开	17:33:33	开	17:33:32	ME1	ME11
3	□		管用楼控制器	000000010198		开	17:33:32	开	17:33:32	开	17:33:32	开	17:33:32	ME1	ME11
4	□		国交控制器	00000001013E		开	17:33:33	开	17:33:34	开	17:33:35	开	17:33:36	ME1	ME11
5	□		荟八控制器	00000001013D		开	17:33:39	开	17:33:39	开	17:33:39	开	17:33:37	ME1	ME11
6	□		开发区控制器	000000010298		开	17:33:33	开	17:33:33	开	17:33:35	开	17:33:34	ME1	ME11
7	□		科技园控制器	0F10214002E5		开	17:33:35	开	17:33:34	开	17:33:33	开	17:33:33	ME1	ME11
8	□		西苑北控制器	000000010205		开	17:33:32	开	17:33:33	开	17:33:33	开	17:33:34	ME1	ME11
9	□		总配控制器	00000001030B		开	17:26:32	开	17:26:32	开	17:26:34	开	17:26:34	ME1	ME11

图 3-88　控制系统任务计划

3.6.5.3　基于 4G 与校园网的共生控制网络

集中器组网选用校园网（专用 VLAN）与运营商 4G 物联网合作模式，以相互满足在不同网络环境下保证路灯自主运行。此合作模式既避免了因资费或流量不足而无法正常开关灯，又补足了校园网长期处于波动导致延迟的问题。

3.6.5.4　基于校园 2.5D 地图的衍生路灯定位系统

2.5D 校园地图由校园网络中心承建，本项目利用 2.5D 校园地图精准定位了每一盏路灯的地理定位，并为每一盏路灯进行了名称、归属集中器、开关状态、亮度、能耗基本信息等全方位标识展示，目的在于方便维修的同时，在发生故障时能精准定位路灯归属与地理信息，如图 3-89 所示。

图 3-89　路灯定位系统

3.6.5.5　基于微信公众号的预警推送与处置系统

在软件设计上，目前大多数校园系统都存在软件的闭锁性，各种子系统都由不同项目、不同供应商自行提供，存在严重的信息壁垒。针对该情况建立了数据中心，通过数据中心与微信公众号进行信息发布，如图 3-90 所示。对路灯系统进行了升级，采用HTTS请求（Put）的方式主动推送相关预警信息至数据中心中台，对信息进行打包后通过微信公众号的方式将信息发送至相应管理员微信中，管理员可马上了解预警类型、预警级别、预警内容，再根据子系统的预警模块进行数据分析，判断预警的处理方式。

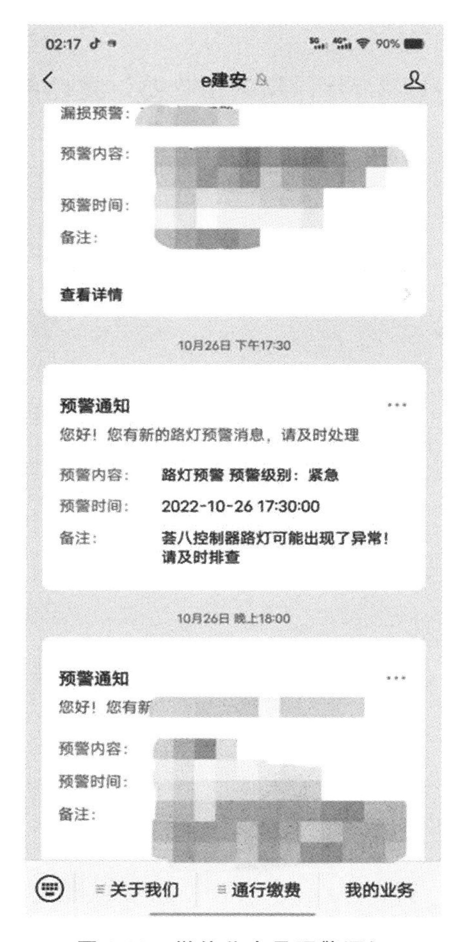

图3-90　微信公众号预警通知

3.6.6　项目亮点

3.6.6.1　实际节能率高达75%

根据某高校路灯物联网项目建设：LED路灯（50W）更换626盏，LED玉米灯（15W）更换750盏，LED玉米灯（12W）更换50盏。各种类型灯的相关数据见表3-4。

表 3-4 各种类型灯的相关数据

名称	平均功率/kW	数量/套	天数/天	平均每日亮灯时间/h	年运行时间/h	耗电量/万千瓦时
250W 高压钠灯	0.25	626	365	11	4015	62.83
50W LED路灯	0.05	626	365	11	4015	12.57
15W LED路灯	0.015	750	365	11	4015	4.52
12W LED路灯	0.012	50	365	11	4015	0.24

路灯改造节电量计算公式为

$$\eta = \frac{(E_0 - E_1)}{E_0} \times 100\% \tag{3-1}$$

节电率计算公式为

$$\Delta E = E_0 - E_1 \tag{3-2}$$

式中：ΔE——项目节电量（kW·h）；

η——项目节电率（%）；

E_0——改造前项目耗能量（kW·h）；

E_1——改造后项目耗能量（kW·h）。

根据路灯改造前后的数据和计算公式，可得出本项目的节电量和节电率，见表3-5。

表 3-5 项目节能效果计算

名称	改造前		改造后		
灯具	250W 高压钠灯	25W 庭院灯	50W LED路灯	15W LED路灯	12W LED路灯
耗电量/万千瓦时	62.83	8.03	12.57	4.52	0.24
合计/万千瓦时	70.86		17.32		
节电量/万千瓦时	53.54				
节能量/吨标准煤	168.65				
节能率	75.6%				

3.6.6.2 数据化的管理模式

路灯系统在数据中心中提供了路灯管理类数据支撑，相较于原始的人工巡检模式，数据中心自动记录了路灯的使用情况及随着季节变化的能耗变化，同时有针对性地补足了路灯系统在原始设计中存在的短板，丰富了预警数据的类型与特殊节假日的路灯设置，如图 3-91、图 3-92 所示。

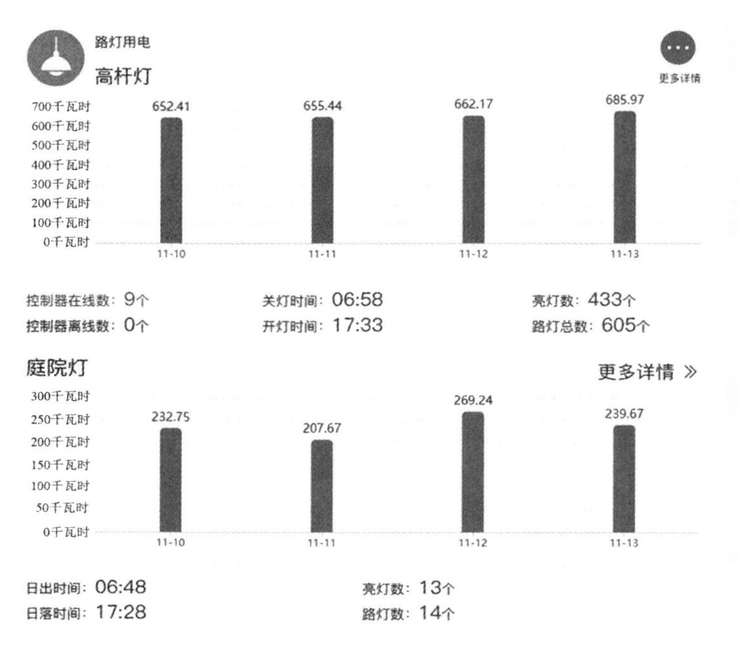

图 3-91　路灯用电管理

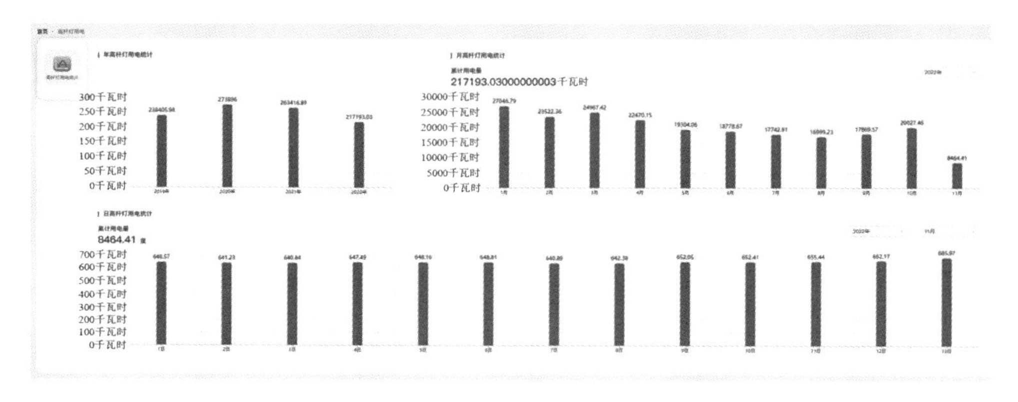

图 3-92　路灯用电统计

3.6.6.3　综合预警机制的建立

多元化的预警是为了更好地管理。在预警中心设计中，我们遵循了控制与单灯相结合的设计原则，不仅针对设计控制网络中可能存在的预警类型，还重点加入了电灯控制器能提供的采集信息加工，虽有不足，但在数据中心建立时额外附加了控制器状态的预警信息，完善了路灯系统自身的问题，如图 3-93 所示。

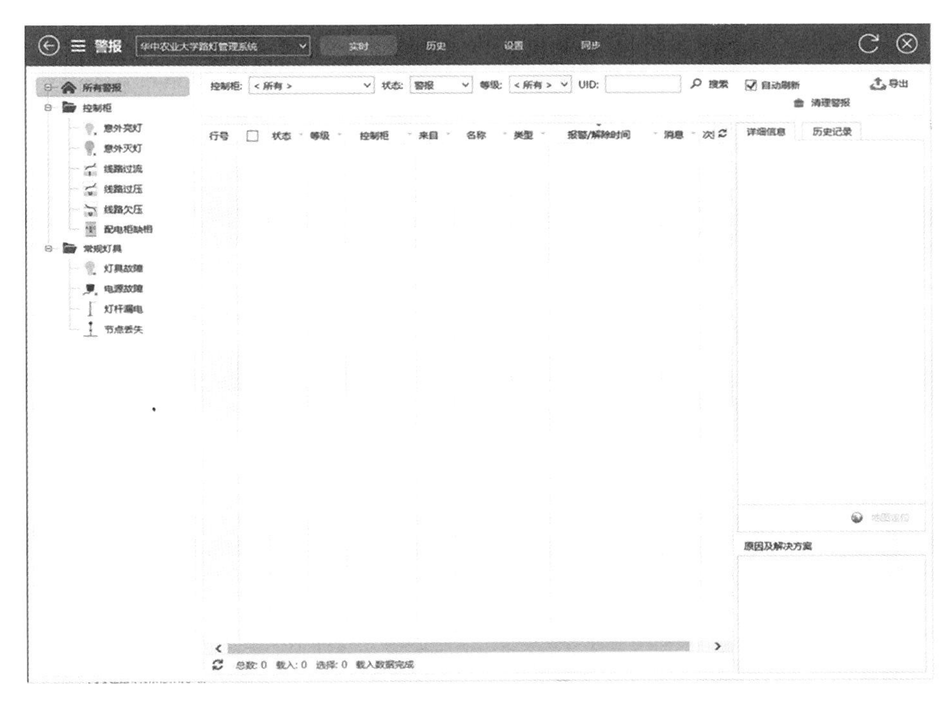

图 3-93　综合预警机制

重点利用单灯物联设备对校园内路灯该开未开、该关未关、开关灯异常等多种路灯异常状态进行重点监测，结合微信进行实时信息发布，促进在管理过程中快人一步，有针对性地对长期难以解决的路灯状态问题进行处理。如图 3-94 所示为一些系统故障预警信息。

3.6.7　反思与拓展

在路灯物联网搭建的过程中，我们遇到了很多问题，关于组网方式的选择，以及软件预警的设计、维护的方式等都经历过激烈的讨论与实践。下面我们将总结关于路灯物联网建立中存在的突出问题，进行反思与拓展。

警报 华中农业大学路灯管理系统 实时 历史 设置 同步

控制柜：< 所有 > 类型：< 所有 > 状态：< 所有 > 等级：< 所有 > 日期从： 到： UID：

搜索 导出 清理警报

行号	状态	等级	控制柜	来自	名称	类型	报警/解除时间	消息	数据	集中器	终端
1		高	荟八控制器	电表	Built-in METER	意外灭灯	2022-10-26 17:21:54	提醒：路灯可能出现了该开未开现象，请排查。		1013D	
2		高	荟八控制器	电表	Built-in METER	意外灭灯	2022-10-26 17:21:34	提醒：路灯可能出现了该开未开现象，请排查。	B: 0.00(A)	1013D	
3		高	荟八控制器	电表	Built-in METER	意外灭灯	2022-10-14 18:04:55	提醒：路灯可能出现了该开未开现象，请排查。		1013D	
4		高	荟八控制器	电表	Built-in METER	意外灭灯	2022-10-14 18:04:35	提醒：路灯可能出现了该开未开现象，请排查。	B: 0.00(A)	1013D	
5		高	工厂区控制器	电表	Built-in METER	意外灭灯	2022-10-11 18:51:34	提醒：路灯可能出现了该开未开现象，请排查。		101DC	
6		高	国交控制器	电表	Built-in METER	意外灭灯	2022-10-11 18:51:17	提醒：路灯可能出现了该开未开现象，请排查。		1013E	
7		高	国交控制器	电表	Built-in METER	意外灭灯	2022-10-11 18:07:17	提醒：路灯可能出现了该开未开现象，请排查。	B: 0.00(A)	1013E	
8		高	工厂区控制器	电表	Built-in METER	意外灭灯	2022-10-11 18:07:12	提醒：路灯可能出现了该开未开现象，请排查。	B: 0.00(A)	101DC	
9		高	西苑北控制器	电表	Built-in METER	意外灭灯	2022-10-11 16:39:46	提醒：路灯可能出现了该开未开现象，请排查。		10205	
10		高	总配控制器	电表	Built-in METER	意外灭灯	2022-10-11 16:39:27	提醒：路灯可能出现了该开未开现象，请排查。		1030B	
11		高	总配控制器	电表	Built-in METER	意外灭灯	2022-10-11 16:35:47	提醒：路灯可能出现了该开未开现象，请排查。	B: 0.00(A)	1030B	
12		高	西苑北控制器	电表	Built-in METER	意外灭灯	2022-10-11 16:35:44	提醒：路灯可能出现了该开未开现象，请排查。	B: 0.00(A)	10205	
13		高	西苑北控制器	电表	Built-in METER	意外灭灯	2022-10-01 11:09:18	提醒：路灯可能出现了该开未开现象，请排查。		10205	
14		高	西苑北控制器	电表	Built-in METER	意外灭灯	2022-10-01 11:08:56	提醒：路灯可能出现了该开未开现象，请排查。	B: 0.00(A)	10205	
15		中	国交控制器	电表	Built-in METER	线路过流	2022-08-22 04:43:54	提醒：线路存在过流，请排查。		1013E	
16		中	国交控制器	电表	Built-in METER	线路过流	2022-08-22 04:43:10	提醒：线路存在过流，请排查。	A: 78.14(A)	1013E	
17		中	国交控制器	电表	Built-in METER	线路过流	2022-08-22 00:14:46	提醒：线路存在过流，请排查。		1013E	
18		中	国交控制器	电表	Built-in METER	线路过流	2022-08-22 00:14:24	提醒：线路存在过流，请排查。	A: 233.15(A)	1013E	
19		高	开发区控制器	电表	Built-in METER	意外灭灯	2022-05-25 05:22:01	提醒：路灯可能出现了该开未开现象，请排查。		10298	
20		高	开发区控制器	电表	Built-in METER	意外灭灯	2022-05-25 05:16:16	提醒：路灯可能出现了该开未开现象，请排查。	B: 0.00(A)	10298	
21		中	国交控制器	电表	Built-in METER	线路过流	2022-05-18 09:35:06	提醒：线路存在过流，请排查。		1013E	
22		中	国交控制器	电表	Built-in METER	线路过流	2022-05-18 09:34:44	提醒：线路存在过流，请排查。	B: 80.61(A)	1013E	
23		中	国交控制器	电表	Built-in METER	线路过流	2022-05-18 09:34:00	提醒：线路存在过流，请排查。		1013E	
24		中	国交控制器	电表	Built-in METER	线路过流	2022-05-18 09:33:38	提醒：线路存在过流，请排查。	B: 70.14(A)	1013E	
25		高	总配控制器	电表	Built-in METER	意外灭灯	2022-05-06 22:43:12	提醒：路灯可能出现了该开未开现象，请排查。		1030B	

总数：2660 载入：75 选择：1 载入数据完成

图 3-94 系统故障预警信息

3.6.7.1 反思

1. 组网选择中存在的误区

组网设计是需要根据实地情况与环境共同抉择的。路灯物联网组建初期，在讨论关于单灯组网方式时，我们陷入了一个不可避免的技术问题。组网过程与维护量不成正比，大多数市场中较为常用的路灯组网因路灯间距问题导致其并不实用，但远距离组网又存在更换、维护难度较大的问题。考虑原始方案中不对灯杆进行更换，所以组网设备与电源将同时置于光源面部之中，灯杆高度普遍为 8 m，质保过后将自行进行更换与维护，这不仅增加了维护成本而且也增加了组网设备的维护难度。考虑这些因素后，我们调研了部分厂家的电力组网设备，通过原有的路灯线路采用电力载波的方式进行组网。这样既节约了无线收发设备的安装成本，又不影响单灯控制系统的使用。

控制网络组网设计中提到双网络模式，这种网络模式是结合了多种必要因素的产物。在设计时，网络技术中心为我们提供了大量的设备协助，通过校园光纤改造计划对校园内所有二级配电房敷设了专用的光纤网络，提供了重要的技术支撑，协同集中器厂家对集中器的通信模块进行二次开发得以实现现有网络结构。

2. 预警设置中的常见问题

基础预警建设过程中，我们常常遇到误报量大、错报多的问题，在报警阈值设计过程中，需要有针对性地根据实地关键指标进行预勘测。例如，某配电房路灯集中器所管理路灯总数为70盏，但实际额外附带管理某大楼庭院灯，庭院灯接入某单灯控制器协同管理，这会导致该盏路灯长期报警为短路的情况。为了保证系统中的报警模块正常运行，首先要集中勘探每盏路灯实际接入情况，明确线路中支线的分布，其次额外设计各支线节点中单灯集中器的参数。

关于该开未开、该关未关的预警设计，需熟知原有路灯回路分布情况，该开未开与该关未关报警的实现，依赖路灯集中器的电流参数采集，当开关灯指令发送后，监测电流是否正常，根据开关灯指令的不同将电流数据反馈至报警系统，报警系统根据设计阈值判断是否开关灯正常，如果不熟悉原有回路情况，可能会出现阈值过高导致长期误报开灯故障，或因该回路未达到阈值导致长期报告该开未开的情况。

3. 维护中的问题

在对路灯标记、单灯控制器更换、网络切换等常见需要人工维护的内容中不难发现，标记变化或单灯控制器更换后，单灯控制器丢失，原有计划任务无法执行是我们最难解决的问题。大部分的软件设计过程中对任务控制模块的设计往往是一次性的，只能以集中器为单位进行远端同步，再由集中器下发任务至对应单灯控制器，在这个过程中需要对单灯控制器进行认证，即用户身份证明（UID），校区内无法避免如交通事故、恶劣天气、施工需要等多种原因导致的需要变更路灯标记或进行单灯控制器更换的情况，更换后节点同步成为重点问题。我们研究出的解决方案有两种：一是本体同步，对新更换的单灯控制器进行本体同步，即直接在接入前就将原有程序写入；二是异地同步，即由计划任务进行下发，在软件中设置每24小时开灯后自动同步原有计划任务，同时读取所有路灯UID及标记，将非原有认证自动显示至报警系统由人工核对。

3.6.7.2　拓展

1. 校园照明物联网与计量物联网的融通

校园内提供道路照明的高杆路灯大多都已完成全部覆盖，更换、新增的基本都是提供小范围照明的庭院灯，庭院灯具有区域性、分散性特征，因其电流小、控制模块简单的特点，大多数依旧采用原始的时间控制器直连控制的方式，依旧需要管理人员根据季节变化逐一调整。为了应对该情况，在数据中心建立后，结合计量物联网中的远传电表设备，逐一更换了原有庭院灯系统中的时间控制器，将其换成可远程操作开关的远传电表，在数据中心内利用 HTTP 接口进行计划任务设计，读取路灯的开灯信息，与经纬度、日出日落时间对比后进行自动的任务下发，通过对远传电表的开关控制实现庭院灯的开关操作。这种方式合理地运用了计量物联网的特性，使其在计量基础功能中衍生了庭院灯集中化管理方案。

2. 基于 CC2430（ZigBee）的室内照明组网

随着科技的发展，集成了智能照明、计算机网络通信、安防报警和楼宇自动化等多种子系统的智能建筑以其安全、舒适、节能等诸多优点，越来越受到人们的青睐。作为智能建筑的重要组成部分，智能照明系统对提高建筑内照明质量，改善室内环境起着至关重要的作用。传统的智能照明系统多采用总线控制的方式，结合控制器、执行器和总线协议实现对照明设备的控制。这种有线的方式不仅布线繁杂、施工费用高，而且可扩展性差、不易维护。现以高校一栋教学楼为对象，利用 CC2430 芯片作为主控制器，将无线 ZigBee 技术应用于智能照明控制系统中，采用无线网关与无线控制节点组合的方式设计一种无线智能照明控制系统。该系统无须布线，价格便宜而且更加绿色环保、安全智能。

智能照明控制系统中有 3 种形式的无线节点：采集节点、路由节点和网关节点，如图 3-95 所示。3 种不同类型的节点处于同一个 ZigBee 无线局域网中，实现数据无线通信。整个系统以教室为单位，每间教室根据其面积大小放置适当数量的采集节点，负责检测人体红外和室内光照信息，检测完后将数据无线发送给网关节点。在距离较远的时候，采集节点会将数据发给最近的路由节点，通过路由节点转发给网关节点。网关节点相当于整个系统的主控设备，它一边存储并分析整个网络中的数据，同时根据室内具体的光照信息和有无人体红外来决定开灯和关灯；一边将系统的运行状态及各节点的检测数据通过串口发送给监测中心。

系统中所有节点的主控制芯片均采用 CC2430 无线芯片。CC2430 是 TI 公司推出的一款低功耗系统级芯片，内部集成了增强型 8051MCU 和无线 ZigBee 协议栈，具有较强的处理能力和无线组网能力。CC2430 提供 21 个可编程 1/0 引脚，18 个中断源，1 个 16 位和 2 个 8 位定时器，同时包含两个支持多种串行通信协议的 USART，可以方便地与上位机通信。节点间进行无线数据通信时，CC2430 的发射电流和接收电流损耗分别为 27 mA 和 25 mA，休眠时电流消耗低达 0.6 uA，只需两节五号电池便可连续工作两三个月。

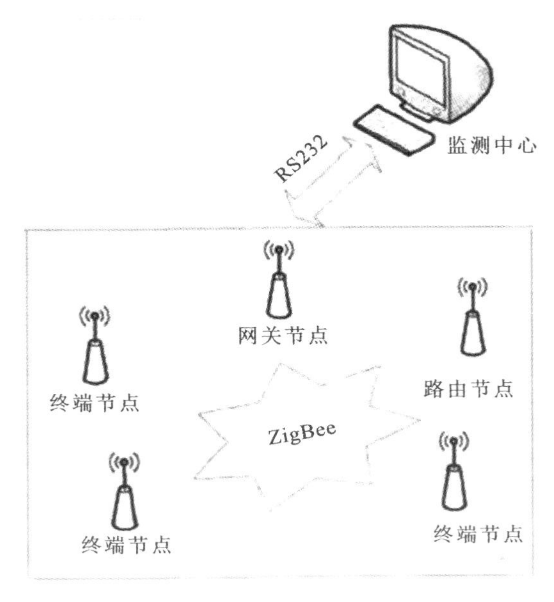

图 3-95　智能照明控制系统

采集节点在硬件组成上大体包括以下几个部分：串口电路、复位电路、CC2430 主控部分、光照传感器、红外传感器、LED 驱动电路和电源模块。其中，红外传感器采用 MLX90615，该红外传感器为数字式的，内部含有 A/D 转换电路、滤波器和信号处理器，能将采集到的人体红外辐射转化为电信号，进一步转换为数字量存储到 MLX90615 内部的 RAM 中，随时提供给 CC2430 内部的主控模块 8051MCU。LED 驱动芯片采用 LM3407 恒电流驱动芯片，能同时驱动七八盏日光灯。另外检测室内光照信号的光照传感器采用 DLS305。路由节点的硬件结构和采集节点的硬件结构相同，只是软件编程上路由节点多了路由选择和最优路径规划的功能。

网关节点主要由 6 个部分构成：串口电路、复位电路、CC2430 主控模块、LCD 显示模块、按键操作和电源模块。网关节点主要建立 ZigBee 无线网络，存储其他节点发送过来的数据，并且与监控中心进行信息交互。另外，网关节点提供 LCD 显示和按键操作模块，可以方便用户及时查看和设置照明系统的工作状态。

网关节点通电后进行一系列初始化，同时扫描信道，建立一个新的 ZigBee 网络，等待其他节点的加入。随后，网关节点的 CC2430 打开串口和定时器中断，一旦接收到其他 ZigBee 节点发送过来的检测数据后，首先检验该数据帧的 PANID 和目标地址，判断为有效数据帧后，对数据进行存储并给予子节点响应。网关节点每隔一小时汇总所有的节点数据，发送至监控中心，供用户远程查看。

以 CC2430 为主控制芯片结合 ZigBee 无线传输协议设计了一种无线智能照明控制系统。该系统能根据教室的人员数量和灯光信息对教室的灯光进行智能控制，能有效解决高校教学楼普遍存在的照明浪费的情况，真正实现自动开灯关灯、人走灯熄的功能。该系统结构简单、价格便宜、智能程度高且工作稳定。最重要的是，系统灵活程度高，后期能根据需要方便地添加和更换节点，可扩展性极强，适用于教学楼、机关单位、图书馆和写字楼等诸多场所。

3. 校园照明物联网的应用：智慧灯杆

伴随着物联网技术的飞速发展，近几年技术日趋成熟，“智慧灯杆”的应用日益增多，可以进一步提高管理效率，同时，对场景的使用环境也进行了优化，如智慧城市、智慧交通、智慧社区、智慧校园等应用场景。

伴随着各行各业对信息化应用的变革，教育行业也不例外。智能化园区建设是近几年来的一个热点，数字化园区建设是我国教育信息化的主题之一，也是学校信息化发展的高级形式。

目前，校园全网覆盖是当前校园信息化的一个重要节点，各种数字化、信息化的教育资源都需要依靠 5G 的传播。以智慧校园系统为载体的多媒体信息站，依托物联网、空间地理信息、可视化等技术，主要包括智能管理、智慧校园信息发布、智能校园广播系统、智能安防系统、智慧校园环境监控系统、智慧校园信息安全保障系统等系统模块。智慧灯杆系统整合各类优质资源，以实现教育场景的信息化，提高校园的运营效率。

1）智能数字化

智慧灯杆系统可以有效地整合校园现有资源，对教室、教学楼、宿舍楼等区域进行检测，支持各种突发事件（如打架斗殴），全面检测火灾、外来人员进入；智慧灯杆系统还装有天气监测系统，可以通过智慧灯杆探测到校园内的关键指标，回传到后台进行检测分析，切实提高校园管理的效率。

2）智慧可视化

智慧灯杆系统为校园信息化提供支持，同时智慧灯杆屏支持信息发布、信息传播、视频发布等功能，协助学校进行各种重要信息传播。智慧灯杆作为信息化的载体，通过智慧灯杆屏，可以实现视频广告展示、视频采集、天气情况、空气质量监测信息发布、党政工作发布、校园道路导引等功能，通过智慧灯杆屏的赋能，使整个智慧校园物联网系统更智慧、更直观。

3）校园多功能智慧路灯杆

智慧校园多功能智慧路灯杆一杆多用，集智能照明、5G 基站、AI 视频监控、环境监测、音频广播、LED信息发布、一键报警、充电桩等功能于一体，成为智慧校园信息采集终端和便民服务终端。

4）校园智慧灯杆方案特点

（1）安全防护：通过平台，师生遇到紧急或突发情况可通过视频监控与报警系统的联动与监控中心进行实时对讲，最大限度保障师生的安全。

（2）网络服务：学习WiFi全覆盖，随时随地为校内师生提供信息化服务。

（3）信息传播：通过信息发布系统发布学校周围的环境指数、国家政策、学校政策等其他信息。

（4）汽车充电：通过充电桩系统可为电动汽车提供便捷的充电方式，并促进校园电动汽车的推广。

（5）系统开放：平台扩展性强，可与学校其他应用系统进行无缝对接和数据的互联互通。

（6）数据价值：对校园信息进行数据采集分析，为提升校园服务提供更多可能性，深度挖掘数据价值。

5）校园智慧灯杆功能原理

校园智慧灯杆是综合承载多种设备和传感器，并具备智慧能力的公共基础设施，是以多功能路灯杆为核心物理媒体，利用PLC、NB-IoT、LoRa、ZigBee等各种通信技术，开发智慧照明、智慧充电、WiFi覆盖、安防监控、智慧传感、信息发布、求助报警、5G微基站等功能，以及无线拓展的应用功能，并实现这些功能的交互利用、数据共享。

6）校园智慧灯杆系统功能

通过在校园智慧灯杆上搭建灯控器、视频监控设备、信息发布屏、环境监测传感器等设备实现智能照明、视频监控、信息发布、环境监测等功能。同时支持与智慧校园物联网平台对接，进而减少重复建设给智慧校园赋能，实现集约化建设。校园智慧灯杆的功能配置应综合考虑实际应用场景及功能需求。

7）智慧灯杆下校园智慧路灯功能优势

（1）智慧灯杆网关应用接口丰富，支持WAN、LAN、RS483、RS232、模拟量、开关量、数字量，满足环境监测传感器、视频监控、灯控开关等感知层数据采集的需求。

（2）支持定制协议，支持主流组态软件对接平台，在线实时监测控制，数据可视化，管理更高效。

(3) 智慧灯杆网关系统(如图3-96所示)支持视频图像采集、人脸识别、视频深度分析、视频数据远程实时监测，保证校园安全。以灯杆资源作为载体，采用支持H.265高效压缩算法的300万像素红外网络高清球机，支持10项行为分析、4项异常侦测，包括视频检测、视频跟踪、人脸识别等业务领先的视频智能技术，同时与应急报警设备联动，对特定区域进行监控，补充校园监控系统的空白，实现全程安全视频监控，与传统方式对比可节省约70%的建设成本。搭建精准定位、实现全网联动，做到一键应急报警，提高处理突发事件的工作效率。

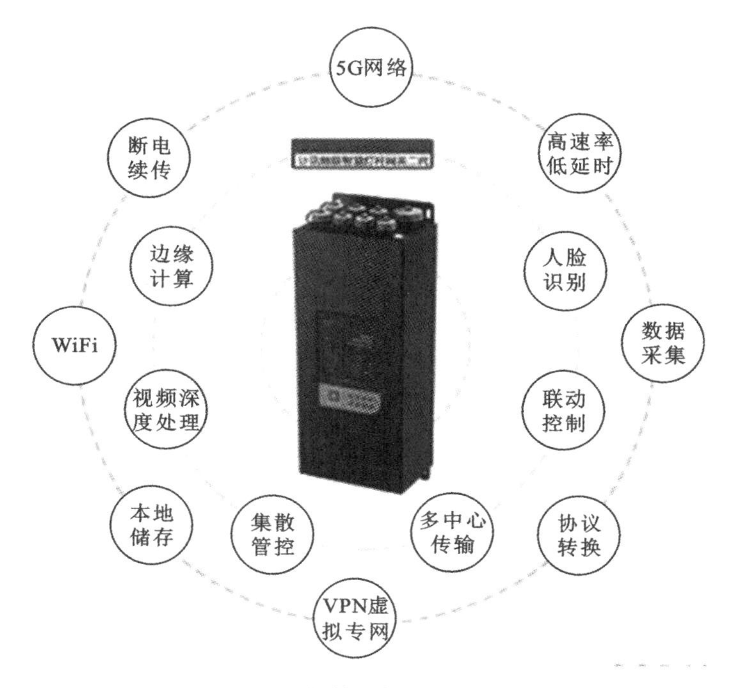

图3-96　智慧灯杆网关系统

(4) 智慧灯杆网关支持数据本地缓存、断点续传、三重看门狗、心跳链路监测机制，确保数据传输的稳定性。

(5) 设备远程配置维护，节省人力、物力资源成本。

(6) 支持多VPN协议(OpenVPN、IPSEC、PPTP、L2TP等)，支持专网接入，数据传输安全可靠。

(7) 多媒体信息发布系统，采用内嵌LAN、WiFi、3G智能管理核心模块的LED灯杆全彩显示屏，广告图文信息随时更换。显示信息包括公共信息、紧急情况警告、环境指数等，实现信息立体发布。定向推送、广播等音视频外设远程内容维护播放控制，校园学习生活公告及时发布。

(8) 5G、WiFi共享，师生据身份认证在校园内随时随地共享高速网络，以灯杆资源作为载体，采用最新一代协议的室外型双频无线AP，双频同时提供业务，提供更高的接入容量，具有完善的业务支持能力，高可靠性、高安全性，网络部署简单，自动上线和配置，实现WiFi覆盖。

(9) 集成化的环境传感器，可实时监测PM2.5、温度、湿度、风速、风向、雨量、噪声等环境传感信息。对采集到的数据进行分析处理后通过城市发布平台实时发布（LED显示屏发布及WiFi热点提示），方便市民出行；同时为气象局提供基础气象数据，为管理部门提供环保数据分析功能。

3.7　水电物联网数据中台

随着经济社会的快速发展，我国水电资源及能源严重匮乏的现实背景成为制约我国经济可持续发展的瓶颈之一，在此背景下，国家提出了建设资源节约型的社会。高校在用水用电方面一直浪费严重，这与国家建设资源节约型的社会是背道而驰的，考虑到高校水电费用基本上依靠国家财政补贴，如何有效地对高校水电消费进行管理，进而大幅度节约水电资源已经成为高校管理者的一项重要工作。本节通过对目前高校水电管理中存在的问题进行分析，结合工作经验提出响应的解决策略，为建设资源节约型高校做出有益探索。

3.7.1　项目概述

3.7.1.1　行业现状

1. 互联网思维在高校水电管理中的应用日趋广泛

在高校水电管理过去的十余年中，互联网仅作为常规建设与基础运营，为其扮演辅助性的、补充性的角色。然而利用互联网思维在高校水电管理服务应用中旨在提出一个想法，即如何使用互联网开放共享的思维和理念，思考和定位高校水电管理互联网应该如何做，需要触及高校水电管理的内核，深入高校更多的核心业务领域，产生大量“化学反应式”的融合与创新，推动各项应用重组与流程再造。在高校水电管理中，将由IT（信息技术）迈向DT（数据技术），需要以数据为基础，调查研究，实事求是得到应用价值。

高校水电管理工作是高校工作的重要组成部分，如何融合互联网思维，推动高校信息化管理工作的改革和发展，成为高校管理工作深化改革重要研究课题。数字化校园项目的建设，为互联网思维参与高校管理工作方面，特别是对学生管理方面带来了新的实践契机。将互联网思维中的“开放、平等、用户至上、共享、合作”等精神运用到高校信息化工作中，能切实增强信息化工作的实效性。

2.“互联网＋水电”的局面初步形成

目前，以物联网、云计算、人工智能为代表的新一代IT技术已成为经济社会发展转型的关键手段。通过新技术与水电业务的深度融合，建立覆盖水电资源等领域的透彻感知网络，可实现对水电设施的智能感知，为决策调度指挥提供科学依据。

“互联网＋水电”与“水电＋互联网”具有本质上的不同，后者是把互联网作为一种推进的方式和手段，是各高校过去十余年常规建设与运营的模式，而“互联网＋水电”主要是提升水电工程全生命周期的多维监测能力，包含协同联网、预测预警、远程可控、人机可视、在线评估、安全可靠等综合管控能力，最终打造高校水电数字化转型、高校水电工程智能化升级、高校水电科技化融合创新服务的高校水电建设体系。

3. 高校水电战线员工信息化素养逐步提升

由于信息化建设本身就是以多种先进的科学技术为基础的，在推动高校水电工程朝着信息化的方向建设发展的过程中，也需要拥有更加专业的人才，才能够在最大程度上发挥先进技术作用的同时，提高水利水电工程的信息化建设效果。然而，由于水利水电工程在建设过程中普遍存在着缺少专业的信息化建设人才的问题，各高校信息化建设的效果和水平参差不齐。

人才对高校水利信息化技术建设具有直接的影响，为了使水利信息化技术能够被有效应用，需要加大人才培养力度。对比当下，水电相关部门定期开展相应的培训活动，提升专业人员的综合素养及专业技能水平，同时对培训效果进行严格考核，并将考核成绩纳入晋升指标中，加强各个部门对培训工作的重视程度，推动工作人员自身知识结构的完善。除此之外，提供良好的福利待遇，提高招聘门槛，吸纳和引进更多优秀的专业人才，从根本上优化整体人才队伍的质量，发挥优秀人才的榜样作用，对其他人员进行激励，带动其工作积极性和热情，构建更加专业化的人才队伍，实现水利信息化技术在安全管理中的有效应用。

4. 物联网技术逐步成为高校水电管理服务提升的关键因素

物联网是继计算机、互联网与移动通信网之后的信息产业新方向，是新一代信息技术的重要组成部分。物联网的核心和基础仍然是互联网，是在互联网基础上延伸和扩展的网络，物联网用户端延伸和扩展到了任何物品与物品之间，进行信息交换和通信。物联网就是“物物相连的互联网”。物联网的体系架构具有3个层次：底层是用来感知数据的感知层；中间层是数据传输的网络层；最上层则是应用层。感知层关键技术包括传感器技术等；网络层关键技术包括Internet、移动通信技术及无线传感器网络；应用层关键技术包括云计算、数据挖掘、中间件及嵌入式技术等。基于物联网的高校水电节能平台的构建主要用到物联网中的传感器技术、WiFi技术、大数据分析及嵌入式技术等，故在高校水电管理服务应用中体现尤为突出。

3.7.1.2　行业痛点

水电是高校的主要能耗资源，智能化控制水电能源，是校园节能的一大痛点。传统的水电系统，更多是人力控制，需要大量的人力、物力、时间甚至是财力，还会出现数据遗漏、统计不真实、不准确的情况，给校园节能带来了一定的阻力。由于水电表的数量及楼栋较多，对数据复盘也是一定的考验。

1. 数据孤岛

数据存在于独立的数据库中，数据量巨大，并没有建立相互关联，各自运行于自己的独立模块中。

充分利用数据中心的数据，已有数据不生产，生产的数据流入数据中心。在大多数高校水电系统中，人员、建筑等基础数据来源于学校数据中心的数据，维护其对应关系，维持数据中心的一个实例，避免产生新的数据孤岛。

在系统中生产出来的数据保存到水电数据中台指定的数据库，并为其他应用系统提供开放式API接口，实现主动与被动两种形式的推送与查询功能，其他系统完全可以通过订阅的形式获取建筑用电量、用水量等数据。

2. 业务孤岛

在水电数据中台中，通过建立一套标准化的业务聚合接口，充分与高校各部门已建成的信息化系统无缝对接，例如，水电资源管理平台中产生的预警事件可以通过与智能报警系统进行整合对接，同时将用水电事件处理应用做成OA小组件，整合到水电资源数据管理系统中，用户通过推送到微信公众号中的模板消息，点开查看详情时可以一键及时办理。

3. 生产数据多，有效数据少

水电数据中台是提升数据管理与应用水平的关键举措，能进一步梳理业务流程及其数据标准，可帮助高校强化标准、提高数据质量、控制成本。针对生产数据“管”“用”过程中存在的突出问题，以建立数据标准化为前提，着力健全数据关联流程，构建数据应用模型，通过规范基础数据配置、数据质量核查、数据共享服务三大业务数据管理流程，实现数据项模板化、配置可视化、核准智能化、服务共享化，以及数据审核流程化、报表生成自动化、异常提醒智能化，进而实现数据管理与应用的全面提升。

4. 业务数据多，数据融通少

水电系统各自独立，且每个系统都有各自的业务板块及庞大的数据量。但是抽调读写数据时，都只能在各自的数据池里读取和写入，无法访问彼此的数据源。API 接口调用阻塞，或是无接口衔接，使得数据融通性低，无法提高数据的复用性，从而无法达到科学性的分析和决策性的参考。

3.7.1.3 项目意义

为实现学校各建筑水电资源数据网上监控与分析，提高水电资源分配、控制与管理水平，达到节水节电型高校申报条件，健全校园节水节电长效运行机制，特建立水电数据中台。

1. 降低水电管理工作的难度

采用信息化管理系统之后，通过系统和大数据对分散在校园各处和分校各点的水电设备进行有效的统筹性监控管理。充分集成水电物联网基础子系统，信息资源是联动的而且可以随时更新，每个有关人员都可以随时掌握即时的资讯，这使得在过去只能依赖大量的人力与时间才能完成的工作，现在只要少量的人工和时间就可以完成，降低了水电管理的难度，也减少了管理的人力成本。

2. 降低设备维护成本，及时定位故障位置，充分挖掘物联网数据价值

学校的水电设备通常都是分散的，很难做到及时对水电设备进行定期的维护和检查。设备出现问题很难在第一时间被发现并处理，导致水电设备故障由小问题变成大问题。采用信息化水电管理之后，所有的终端设备信息都汇聚到系统中，可以做到实时对所有的设备进行检查，一旦发现设备情况异常，能快速地定位到故障的发生地点，迅速维修和更换。这大大提高了故障排除的速度，降低了维护成本。

3. 数据充分服务于决策，可以为水电管理方案提供科学的决策

高校水电管理的信息化是一项长期而艰巨的任务，目前很多高职院校对水电管理数据的重视程度不够，无法很好地对其进行整理和分析。水电数据中台可以对分散、难于统计的水电管理数据进行集合和统计，并通过数据分析和数据挖掘找出水电管理工作中存在的问题，为提出水电管理的科学化方案提供可靠的依据。

3.7.2　建设目标

项目建设目标：通过互联网软件与大数据技术手段，结合远传水电表提供水资源数据实时采集、智能统计分析、智能调配、管网漏损精准定位、水电资源数据共享的水资源管理平台，为各高校构建绿色低碳校园、节水型高校提供强力决策支持。

总体建设目标主要包含以下 6 项。

（1）对全校水电资源数据和业务全面进行整合。

（2）集成和采集各个远传水电表厂商的末端计量设备数据。

（3）实现用水电数据的自动采集、自动整理，水电费自动结算、自动查询、自助缴费，以及统计分析、泵房管理等功能。

（4）实施动态水电平衡监测，对异常用水用电数据及时报警。

（5）满足节水节电型高校建设要求，实现水电资源精细化管理。

（6）客观反映学校用水用电数据，帮助学校科学分析、合理规划，实现长效节水节电。

全方位提升学校水电系统管理水平，提高水电资源利用效率，降低学校用水用电管理成本、提升管理效率，实现智慧化、精细化、长效化节水节电运营。

3.7.2.1　集成子系统管理业务

集成子系统管理业务能够很好地对监控系统进行完善，在具体使用过程中能够做到无人值守，在设计过程中能够实现下列功能。

1. 能够很好地实现远程监控

各个单位的能源使用情况能够通过监控系统实现远程的数据获取，远程监控点能够发出各种报警的信号和声音，在此过程中能够有效地进行控制和干预。

2. 能够科学合理地开展科学管控

用户在对获取的数据进行检索时，能够通过报警的时间及位置等各项信息有效的获取，实现能源的监测和控制。

3.7.2.2 集成子系统服务业务

为了给师生提供更加贴心完备的服务，除了核心的水电能源管理业务，模块中还会接入服务模块，如事务督办、巡检巡查、维修管理、车辆管理、举报管理、邀约管理、警情管理、施工管理、系统管理、能源收费、定额管理等，也是为了将信息化遍布高校师生日常生活的方方面面，提供更加方便、高效、快捷的学习生活。

3.7.2.3 整合子系统生产数据

高校水电系统各子系统生产数据可从水电数据中台应用架构中获取，如图3-97所示。

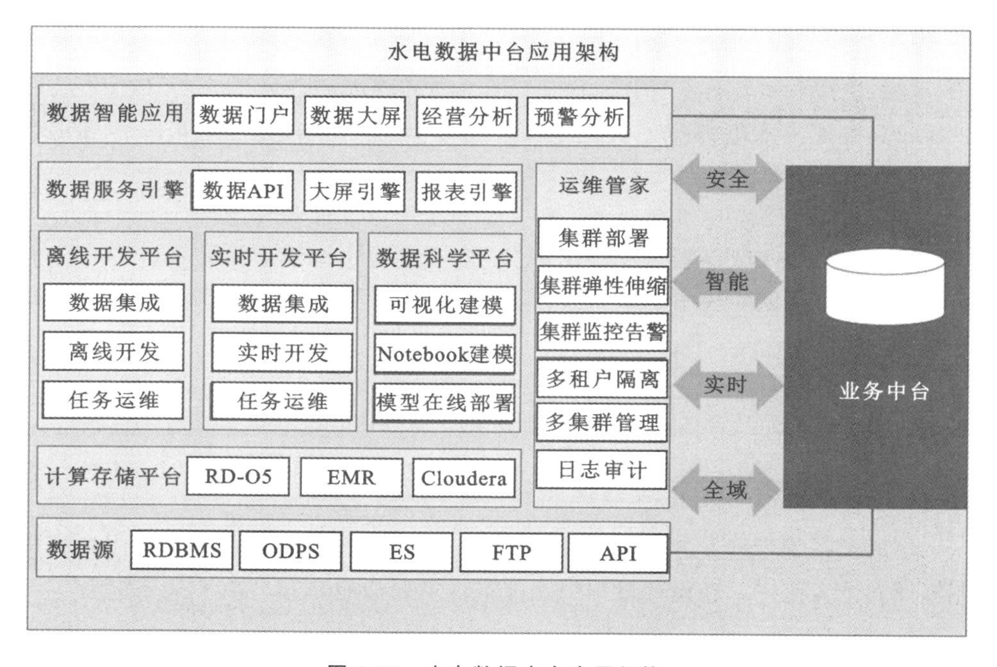

图 3-97 水电数据中台应用架构

1. 数据流转

数据流转整体方案主要包含中台系统数据、校园缴费平台、现有泵房系统集成等，对接方式有人工对接、接口对接、数据库表对接等。

1）中台系统数据

按照高校提出的要求，系统需遵循网络信息中心要求规范，与高校各学院、各部门中台系统对接。遵循基础数据避免重复建设的指导原则，系统中需要用到的基础信息从学校信息中心按照指定技术规范获取，不单独产生冗余数据，在保障数据安全的同时，降低数据维护一致性导致的成本。

与学校对接的基础数据包括但不限于人员基础数据、学院信息、建筑信息、房间基本信息等。

2）校园缴费平台

为实现与校园缴费平台对接，需要先与相关部门进行对接，协商技术对接方案，常用技术方案分为人工介入和自动化接口对接两种。

3）现有泵房系统集成

为实现与校园泵房系统对接，需要先与原系统及硬件技术人员进行对接，协商技术对接方案，常用技术方案分为硬件对接和自动化接口对接两种。

通过其他硬件协议，进行软件直连对接硬件协议，从而直接获取设备状态及远程控制。对接设备包含但不限于液位传感器、压力传感器、浮球开关、电流采集模块等。

与原泵房系统相关的IT开发人员约定开发一套用于数据交换及设备管控的接口服务，采用HTTPS通信协议，报文采用JSON格式。

功能接口大致包括3种：泵房相关运行历史数据、泵房运行状态数据、泵房远程控制。对接方式有以下3种。

（1）人工对接。资产与财务相关系统将系统用到的水费结算、经费划扣数据，通过Excel文件作为信息交换中介，需要人工登录到系统中上传和导出Excel文件，再拿到资产和财务相关系统那边导入。

（2）接口对接。与高校水电系统的IT开发人员约定开发一套用于数据交换的接口服务，采用HTTPS通信协议，报文采用JSON格式。例如，对接缴费平台功能接口大致包括两种：水电费余额查询、水电费结算及结算通知。

（3）数据库表对接。高校水电系统相关系统为系统单独建立新账户，限定数据表读写权限，按照对接需求确定相关表结构，按照约定数据格式写入或读取数据，达到数据交换的目的。

2. 数据分析

数据处理层、系统配置层为系统最基础的功能部分，支持水电资源数据的共享交换、移动应用服务、大数据分析与挖掘。

数据层包括两类数据处理：第一类是表计远程采抄数据的定时获取，并通过数据处理模块按照水资源数据管理数学指标模型进行二次加工，保存到数据仓库中；第二类是基础信息的获取与维护，分别有设备信息、人员信息、组织结构、建筑数据、房间数据、财务数据等。

在系统中，人员信息、组织结构、建筑数据、房间数据等基础数据来源于学校数据中心的数据，在本系统中仅仅维护其对应关系，维持数据中心一个实例，避免产生新的数据孤岛。

在系统中生产出来的数据保存到数据中心指定的数据库，并为其他应用系统提供开放式 API 接口，实现主动与被动两种形式的推送与查询功能，其他系统完全可以通过订阅的形式获取建筑用水电等数据。

3. 数据展示

在系统中，可采用卡片式数据可视化组件实现能源数据和定额管理大数据的展现，提供更加直观、生动、可交互、可个性化定制的数据可视化图表。

1） 千万数据的前端展现

通过增量渲染技术，配合各种细致的优化，能够展现千万级的数据量，并且在这个数据量级依然能够进行流畅的缩放、平移等交互。

2） 移动端优化

针对移动端交互做了细致的优化，如移动端小屏上适于用手指在坐标系中进行缩放、平移，PC 端也可以用鼠标在图中进行缩放（用鼠标滚轮）、平移等。

3） 多渲染方案，跨平台使用

系统支持以 Canvas、SVG（4.0+）、VML 的形式渲染图表。不同的渲染方式提供了更多选择，使得可视化展现形式在各种场景下都有更好的表现。

4. 业务预警及时精准

1） 系统运行监控技术方案

搭建系统运行实时监控系统，对主机 CPU、磁盘、负载、网络、网站指定栏目文件、指定 Web 服务端口进行监控，一旦出现异常后触发预警，在当前项目中采用运维监控中间件软件 Nagios。

2） 运维监控中间件

运维监控中间件能有效监控 Windows、Linux 和 Unix 的主机状态，交换机、路由器等网络设备，以及打印机等。在系统或服务状态异常时发出邮件或短信报警第一时间通知网站运维人员，在状态恢复后发出正常的邮件或短信通知。

业务监控运行状态和网络信息的监视系统，能监视所指定的本地或远程主机及服务，同时提供异常通知功能等。

其可运行在 Linux、Unix 平台之上，同时提供一个可选的基于浏览器的 Web 界面以方便系统管理人员查看网络状态、各种系统问题、日志等，如图 3-98 所示。

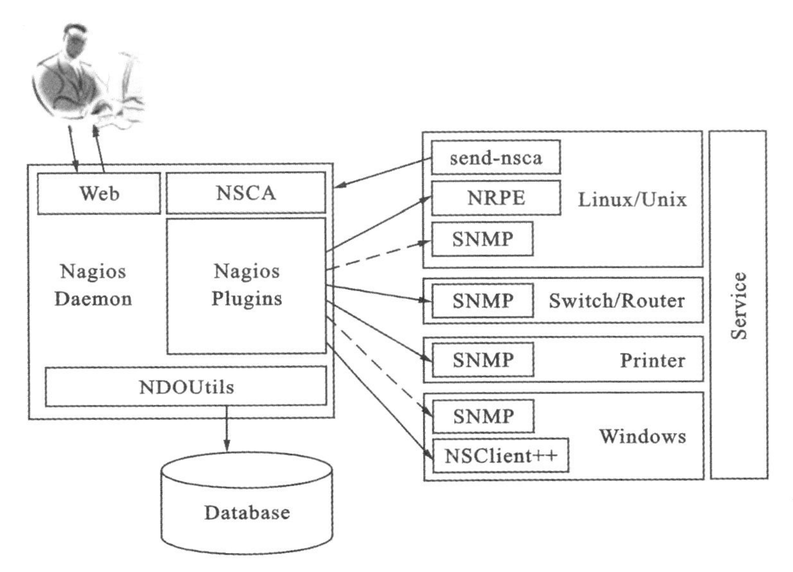

图 3-98　监控系统

可以监控的功能有以下几种。

(1) 监控网络服务（SMTP、POP3、HTTP、NNTP、PING 等）。

(2) 监控主机资源（处理器负荷、磁盘利用率等）。

(3) 简单的插件设计使得用户可以方便地扩展自己服务的检测方法。

(4) 并行服务检查机制。

(5) 具备定义网络分层结构的能力，用“parent”主机定义来表达网络主机间的关系，这种关系可被用来发现和明晰主机宕机或不可达状态。

(6) 当服务或主机问题产生与解决时，将告警发送给联系人（通过 E-mail、短信、用户定义等方式）。

(7) 可以定义一些处理程序，使之能够在服务或者主机发生故障时起到预防作用。

(8) 自动的日志滚动功能。

(9) 可以支持并实现对主机的冗余监控。

(10) 可选的 Web 界面用于查看当前的网络状态、通知、故障历史、日志文件等。

(11) 可以通过手机查看系统监控信息。

(12) 可指定自定义的事件处理控制器。

3）内容防篡改监控机制

利用二次开发的插件机制，采用 Linux 操作系统 Shell 脚本语言作为开发工具，实现对指定文件目录的定时扫描，并生成 Hash 对照表，一旦发现被非法篡改后，触发预警机制，通过配置的短信、邮件、微信等不同途径发出预警。内容监控原理如图 3-99 所示。

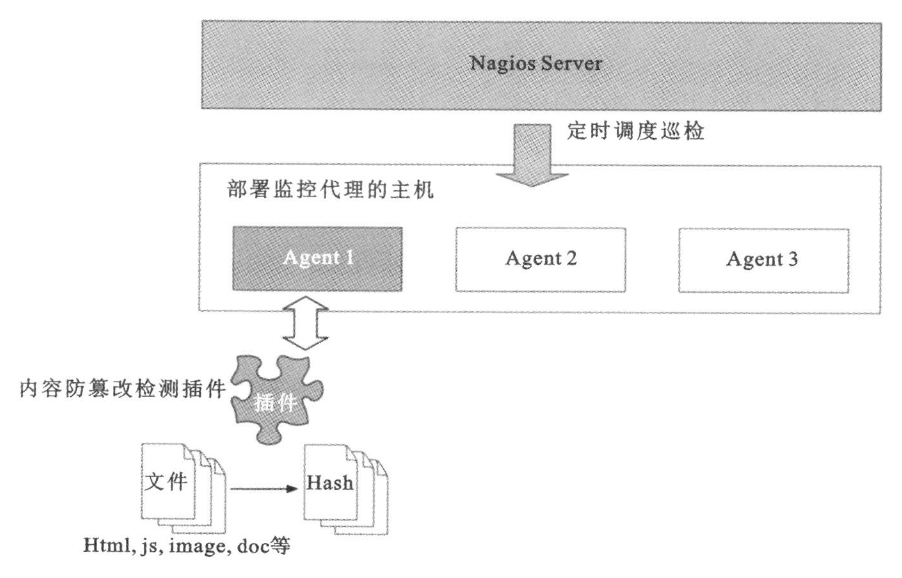

图 3-99　内容监控原理

4）与预警中心对接

在平台中，触发的事件是通过调用特定 Shell 脚本来实现的，提供了二次开发的机制。

预警中心提供系统内部可信访问的消息推送 WebService 接口，在插件脚本中通过 Http Client 消息请求的方式，将监控事件推送上来。

5. 平台数据与业务通道便捷拓展

系统可提供数据发布、目录维护、系统配置等界面，增强系统易用性；改善数据传输性能，支持不同级别数据量的应用系统的数据传输；集成数据共享申请、申请审核、数据共享目录编制等业务功能；实现全区、区与市之间的数据共享；增加共享数据分析统计功能，监控共享数据的访问量、数据状态、共享数据业务办理状况等。其建设原则如下。

1）开放性

数据源和目标数据可以是文本文件、Excel 文档、Word 文档、XML 文档。

通过JDBC、ODBC支持所有JDBC和ODBC数据库，并为部分主流数据库提供了专用的数据库接口。目前应该满足Sybase、Informix、Oracle、DB2、SQL Server等异构数据库双向数据传输的需求，根据实际情况还可以进行扩展。

整体开发遵循J2EE平台标准和XML交换标准，有良好的平台兼容性，可以应用于Windows、Linux和Unix系统。

2）安全性

数据中心的安全非常重要，因此必须要做好系统的安全设计，防范各种安全风险，确保数据中心能够安全、可靠地运行。同时，数据中心必须采用成熟的技术和体系结构，采用高质量的产品，并且要具有一定的容灾功能。

3）实用性

完善、友好的定制开发环境支持不同技术层次使用者的使用要求，安装简易，使用简单，有完善的系统参数配置工具和管理控制台。

4）可伸缩性

系统可以合理地定制数据共享交换方式，根据不同类型业务特色和技术要求特点，量身定制相应的数据交换解决方案。

5）可扩展性

能够方便地加入交换节点、增加交换共享服务，能够根据需要，通过增加硬件配置的方式对交换平台进行扩容。

6）相对独立性

根据数据共享平台的目标定位，数据共享平台的建设和运作必须保持业务系统的相对独立性。为此采用松散耦合方式，通过在业务部门统一配置部门端数据共享交换管理系统（代理）实现数据资源整合。

7）统一建设

数据共享平台必须统一规范建设。通过制订统一的数据共享与交换标准，建设统一的数据共享交换平台，即中心端数据共享交换管理系统和部门端数据共享交换管理系统（代理），可以避免重复投资，降低接口的复杂性，有效实现数据中心与业务部门的数据共享与数据交换，消除信息孤岛，实现数据资源的互联互通。

8）共建共享

一方面，建设数据共享平台的目的是实现业务部门之间的数据共享和交换；另一方面，数据中心的数据来源于各个业务部门，因此数据共享平台的建设必须依靠各业务部门的积极参与和配合。

3.7.3 建设内容

3.7.3.1 管理业务门户

按照校方系统架构采用 B/S 模式的整体要求，需要提供 PC 端网页版本、微信公众号的 H5 版本，系统架构均采用 HTML 前端技术进行设计与开发。在 PC 端通过常用浏览器打开“水电管理中台”网址，用户通过单点登录后即可访问系统。

3.7.3.2 服务业务门户

1. 用户打通

接入学校最近版本的统一身份认证平台，打通系统间的数据壁垒，实现用户数据的统一管理。

2. 消息待办对接

将平台的消息、预警信息与门户对接，融合门户相关接口，实现数据共享、信息统一管理。

3. 服务对接

水表信息（抄表）、电表信息（抄表）、施工报备、车辆申报、车辆违章、访客预约、水电缴费、用能查询、故障报修等服务业务与校园门户网站和微校园进行对接。

3.7.3.3 水电物联网数据中台

物联网平台主要涵盖监测设备、计量设备的远程管控与数据读取，其技术实现思路一致，以抄表为例，实时或定时抄读表计产生的运行数据，按表计的接口类型分类，通过运营商 NB-IoT 服务器同步、抄收服务实时抄读、第三方抄表系统接口对接获取，经分析加工后，得出中间过程数据及结果数据，并按时间维度分别存储。

开发独立的表计终端远程数据集抄及控制服务前置系统，实现多种类型终端的远程管理和数据抄收。

根据各高校水电表计部署和网络规划实际情况，该部分子系统独立部署，通过网络负责一个片区的终端的数据采集与远程控制。该部分功能可以部署在云端服务器上，也可以部署到办公室常用电脑上，还可以部署到专用嵌入式计算机中。

从图 3-100 可以看出，远程抄收服务有 3 种技术途径，分别是集中器抄表及控制、表计终端直接抄表及控制、表计厂家三方服务接口抄表及控制。

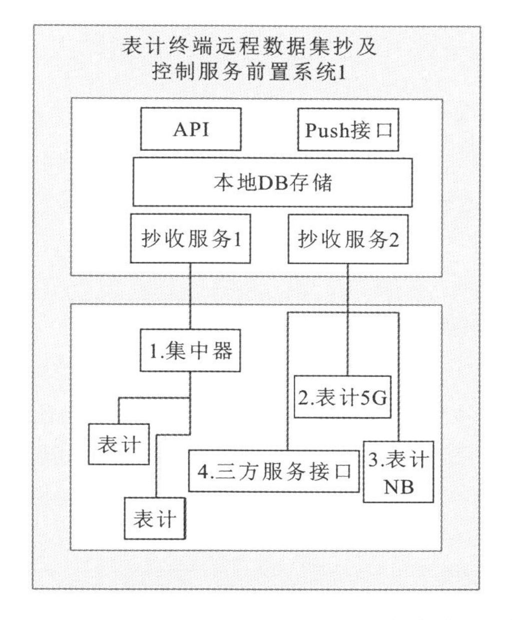

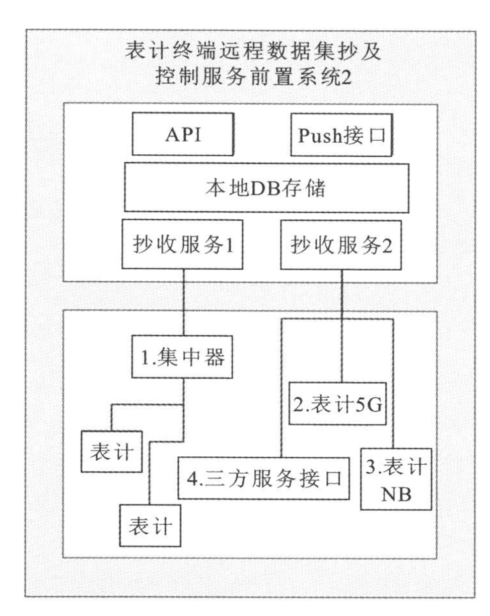

图 3-100　多个独立运行的抄表服务前置系统

3.7.3.4　物联网预警与推送中心

新建完备的消息报警系统，能够对接水电资源管理设备运行的实时状态信息，对接数据采集中数据完善性和准确性问题，对接各子系统流程提醒与督办，通过 PC 端线上通知、微信通知、短信通知等多方位去推送给相关的用户，并且提供用户各子系统模块的入口，教职工用户与管理用户随时随地都能处理，实现服务碎片化，提高线上信息处理效率，提升用户体验感。

如图 3-101 所示是微信预警消息的通知案例。

1. 异常识别与控制

系统自动识别各类设备异常状态并触发预警推送机制，支持短信、微信、微校园等多种推送途径，并支持一键处理预警。如图 3-102 所示为水质监测预警。

2. 消息推送管理

系统支持自定义配置消息模板，包含模板内容、接收人、推送方式、推送频次等。消息推送管理如图 3-103 所示。

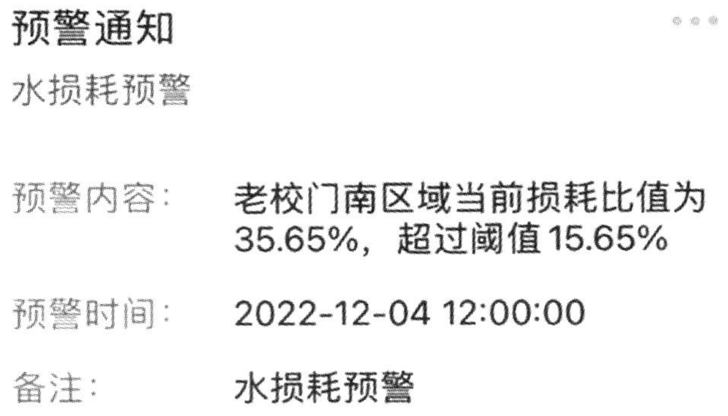

预警通知

水损耗预警

预警内容：老校门南区域当前损耗比值为35.65%，超过阈值15.65%

预警时间：2022-12-04 12:00:00

备注：水损耗预警

图 3-101 微信预警消息的通知案例

内容：异常类型：水质电导率异常,地点：水质监测2(中心泵房西蓄水池),预警值：3.8NTU[正常范围：0~2.5NTU]
时间：2022-10-26 18:00:00

内容：异常类型：PH值异常,地点：水质监测1(中心泵房东蓄水池),预警值：9.46[正常范围：6.5~8.5]
时间：2022-10-26 18:00:00

内容：异常类型：PH值异常,地点：水质监测3(西苑泵房蓄水池),预警值：8.74[正常范围：6.5~8.5]
时间：2022-10-26 18:00:00

内容：异常类型：PH值异常,地点：水质监测1(中心泵房东蓄水池),预警值：9.48[正常范围：6.5~8.5]
时间：2022-10-26 12:00:00

内容：异常类型：PH值异常,地点：水质监测3(西苑泵房蓄水池),预警值：8.72[正常范围：6.5~8.5]
时间：2022-10-26 12:00:00

内容：异常类型：水质电导率异常,地点：水质监测2(中心泵房西蓄水池),预警值：3.7NTU[正常范围：0~2.5NTU]
时间：2022-10-26 12:00:00

内容：异常类型：PH值异常,地点：水质监测1(中心泵房东蓄水池),预警值：9.46[正常范围：6.5~8.5]
时间：2022-10-26 06:00:00

内容：异常类型：PH值异常,地点：水质监测3(西苑泵房蓄水池),预警值：8.71[正常范围：6.5~8.5]
时间：2022-10-26 06:00:00

内容：异常类型：水质电导率异常,地点：水质监测2(中心泵房西蓄水池),预警值：3.8NTU[正常范围：0~2.5NTU]
时间：2022-10-26 06:00:00

内容：异常类型：PH值异常,地点：水质监测3(西苑泵房蓄水池),预警值：8.71[正常范围：6.5~8.5]

图 3-102 水质监测预警

图 3-103 消息推送管理

3.7.3.5　相关接口（数据、业务）

电表、水表作为物联网设备，受网络质量影响会产生掉线和高延迟的情况，所有对电表、水表操作的接口必须以异步方式进行，异步调用需由请求方实现接收通知的 API 接口，不需要通过操作电表、水表的请求可同步返回，重复请求或已经有结果的请求也会同步返回，具体信息如下。

1. 前后端分离的必要性

前端人员可以聚焦实现 PC、H5 等不同风格界面的设计与开发，用户体验感得到显著提升，有利于人员专业化发展，降低了项目对团队的特定依赖，也降低了项目的最终实施风险。

后端服务接口制订数据业务规范，同时满足不同形态用户界面端的调试需求，不用再开发多套接口，降低项目工作量。

前后端分离便于后端接口云化、微服务化部署发展。前后端分离结构如图 3-104 所示。

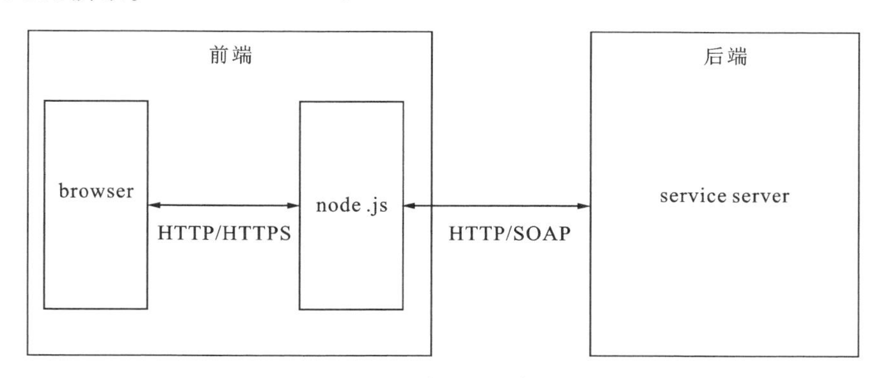

图 3-104　前后端分离结构

2. 第三方接口信息配置

如图 3-105 所示为“三方抄表服务配置”界面。

3. 预警 API

预警 API 层为应用层提供一个发送消息的 API 接口，消息体为 JSON 数据包，设定优先级、预警类型等基本参数，由应用端直接调用 API 发送消息。记录所有发送的消息历史记录，可通过管理后台界面或提供给用户端 API 接口进行查询。

三方抄表服务配置

三方服务名称

三方服务地址

通信协议　请选择通信协议

新增保存　取消

图 3-105　配置界面

3.7.4　项目设计

3.7.4.1　系统架构

系统采用B/S构架，分层设计。依托校园网与基础数据源，将系统配置、业务处理、统计分析、预警与推送、数据采集存储、数据处理等模块分为应用层、数据层及采集层，如图3-106所示。

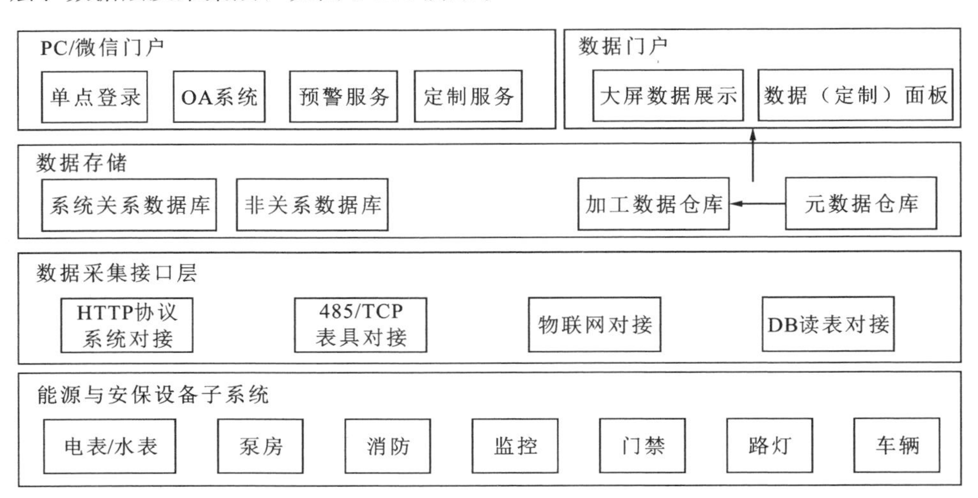

图 3-106　水电物联网数据中台系统架构

界面：采用饼形图、柱状图、折线图、雷达图等形状与数据结合的方式，直观呈现出当前数据信息，并可自定义界面布局、颜色等；整体界面设计要简洁、明快，富有质感。

可扩展性：系统具有可扩展性，提供源代码，可实现与其他模块和数据库的对接，建议采用 SQL 等主流数据库。

数据备份：分别制订系统应用数据、内容数据的备份策略，并进行统一备份。

安全策略：对系统进行定期的安全扫描、漏洞监测、入侵检测，符合安保相关要求，并承诺提供第三方检测报告。

实时监控：对网站 Web 端指定网页、指定栏目的内容进行实时监控，如发现内容被篡改可实现现场记录和数据恢复。

日志管理：实现对所有人员的操作情况的记录。

PC 端兼容主流系统、主流浏览器，智能移动应用可以兼容 iOS、Android 版本。

1. 个人中心

用户登录平台后，进入个人信息页面，填写个人基本信息，如用户名、角色、手机号、密码等，也可对这些信息进行修改。在个人中心页面，可以看到水电的详情信息，包括水电表读数、用电量、用水量、余额等信息。

2. 管理业务

集成子系统管理业务能够很好地对监控系统进行完善，在具体使用过程中能够做到无人值守，在设计过程中能够实现下列功能。

第一，能够很好地实现远程监控。各个单位的能源使用情况能够通过监控系统实现远程的数据获取，远程监控点能够发出各种报警的信号和声音，在此过程中能够有效地进行控制和干预。

第二，能够科学、合理地开展科学管控。用户在对收集的数据进行检索时能够通过报警的时间及位置等各项信息有效地获取。该系统在具体运行过程中能够很好地实现能源的监管和控制。

3. 服务业务

应用服务层由计量收费、用水监测、节水分析、压力监测、泵房监控、智能报警、水资源可视化、技术数据管理、物联网等几大模块构成，支持现有系统集成与后续项目接入。

4. 数据中心

对学校大数据平台现有的数据，结合校方实际业务需求，做进一步的数据分析，挖掘数据价值，对校内人员通行、车辆通行、违章分布统计、违章频发时间段、违章频发区域等关键业务场景，进行分项分类的数据统计与分析，建立多维度可视化统计分析报表，对学校各项业务工作的日常运行进行合理的预判和管理建议，提升管理人员工作效率，为管理人员决策提供数据依据。

3.7.4.2 业务流程

遵循高校融合信息门户事务中心对接规范进行开发，如图 3-107 所示，流程如下。

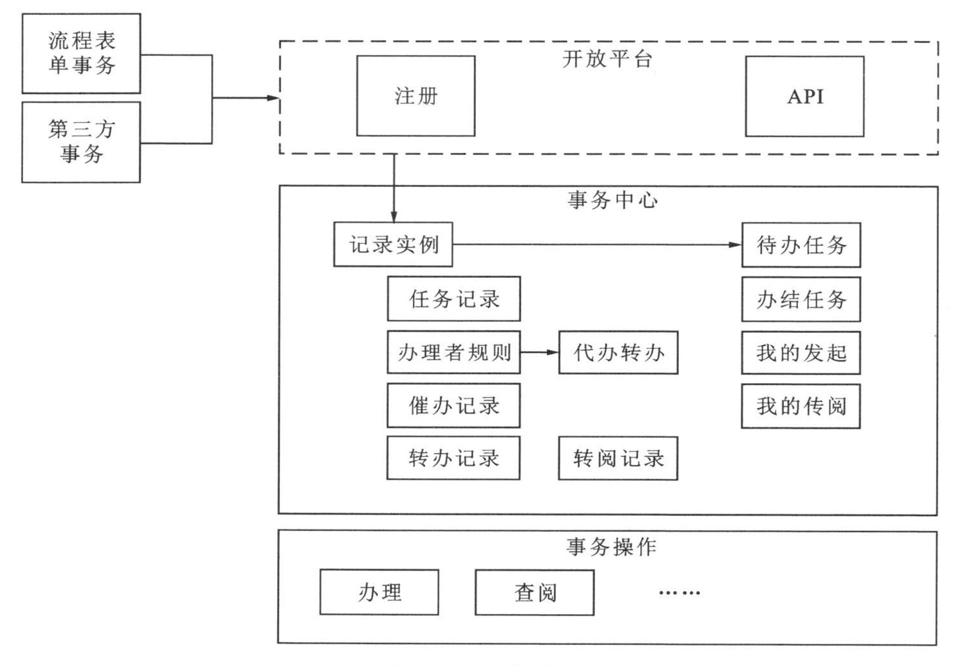

图 3-107 业务流程

1. 事务办理中心过程

(1) 发起者创建实例，第三方通过任务发起接口（接口 API 实例发起），产生实例记录主表、任务记录表、办理者规则表。

(2) 办理者可以通过办理者规则追寻到任务，包括待办任务、已办任务、我的发起、我的传阅等。

(3) 办理者通过办理、查阅接口进行内容访问，访问形式包括流程表单访问、第三方表单、第三方事务等（以流程表单事务为第一视角）。

(4) 办理者办理业务，第三方通过任务办理接口（接口 API 实例改变），改变原任务状态，并根据参数判定是否产生新的任务。

2. 实例创建——任务发起

任务发起流程如图 3-108 所示。

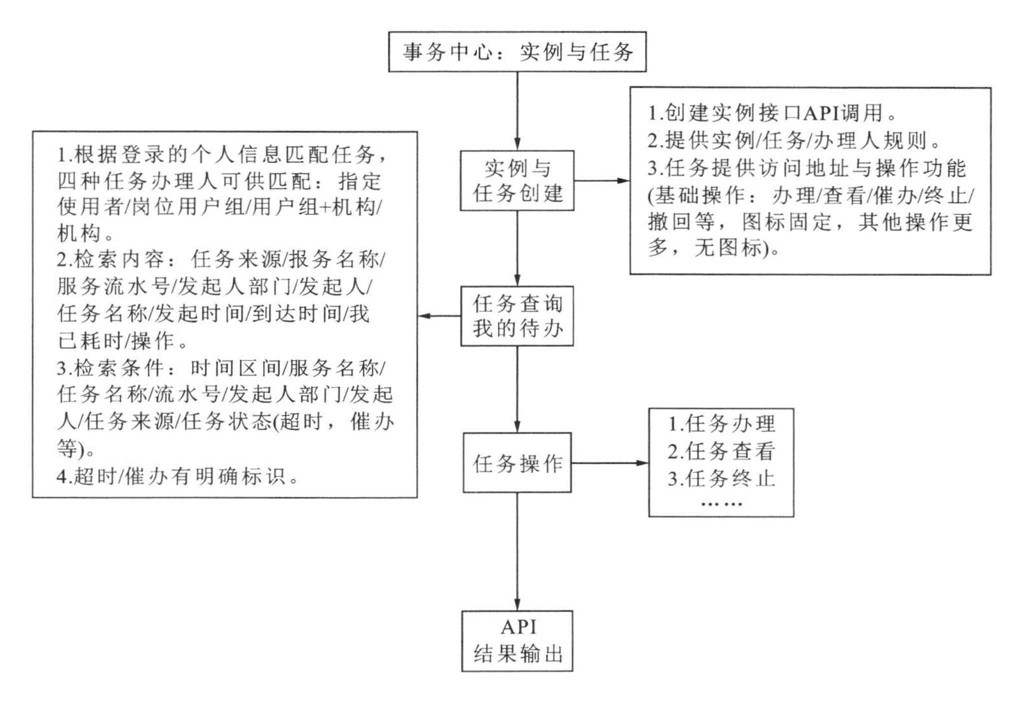

图 3-108　任务发起流程

3. 任务变更

任务变更流程如图 3-109 所示。

3.7.5　主要功能

3.7.5.1　个人中心

用户登录平台后，进入个人信息页面，填写个人基本信息，如用户名、角色、手机号、密码等，也可对这些信息进行修改，如图 3-110 所示。

修改密码界面如图 3-111 所示。

在个人中心页面，可以看到水电的详细信息，包括电表读数、用电量、用水量、余额等信息，如图 3-112 所示。

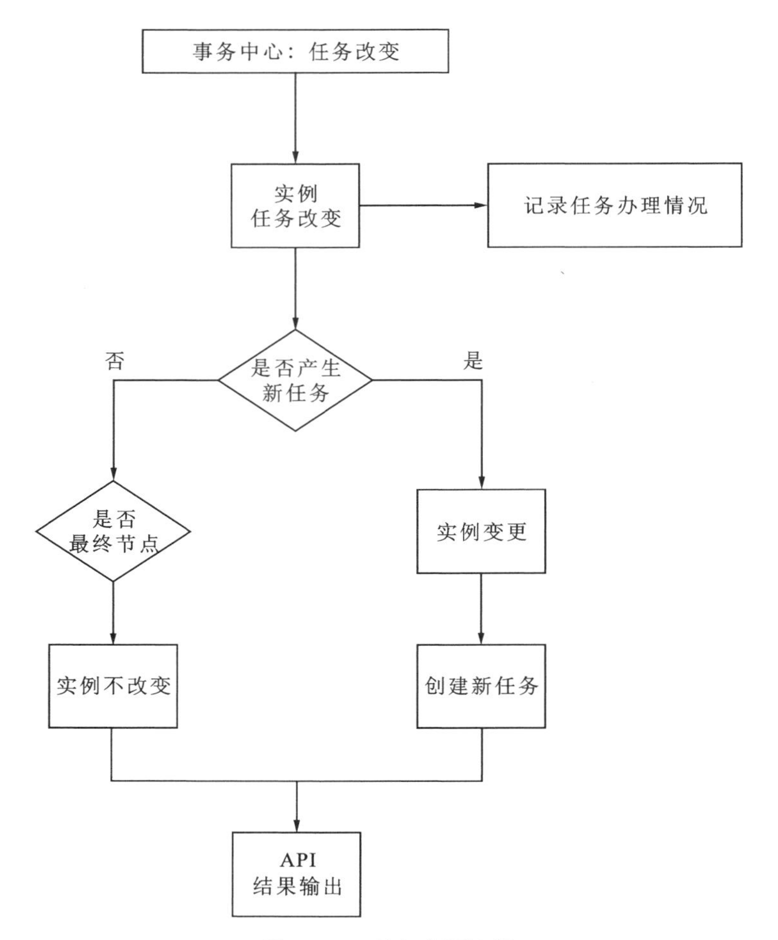

图 3-109　任务变更流程

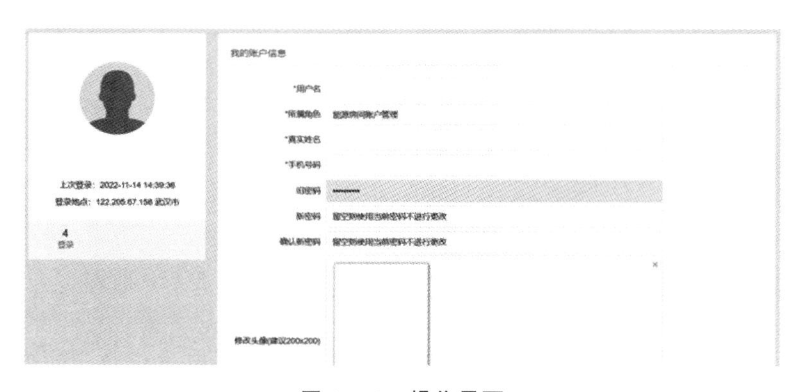

图 3-110　操作界面

图 3-111　修改密码操作界面

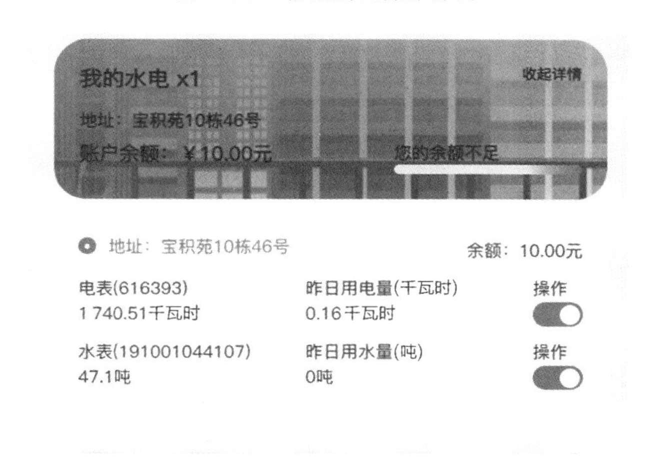

图 3-112　个人中心页面

3.7.5.2　子系统接入

如图 3-113 所示，子系统包括泵房系统、三维管网、路灯系统、供配安防、空调系统。

在服务业务模块，有车辆申报、违停举报、用能查询、故障报修、情况反馈、施工报备、水电缴费、通行码功能，如图 3-114 所示。

在管理业务模块，子系统有事务督办、巡检巡查、维修管理、车辆管理、举报管理、邀约管理、警情管理、施工管理、车辆违停、系统管理、能源收费、值班管理、定额管理功能，如图 3-115 所示。

图 3-113　子系统

图 3-114　服务业务模块

图 3-115　管理业务模块

3.7.5.3　数据展示

如图 3-116 所示，界面展示了日用电量、日用水量、平均用电量、平均用水量等详细信息，直观地展示了水电消耗数据。

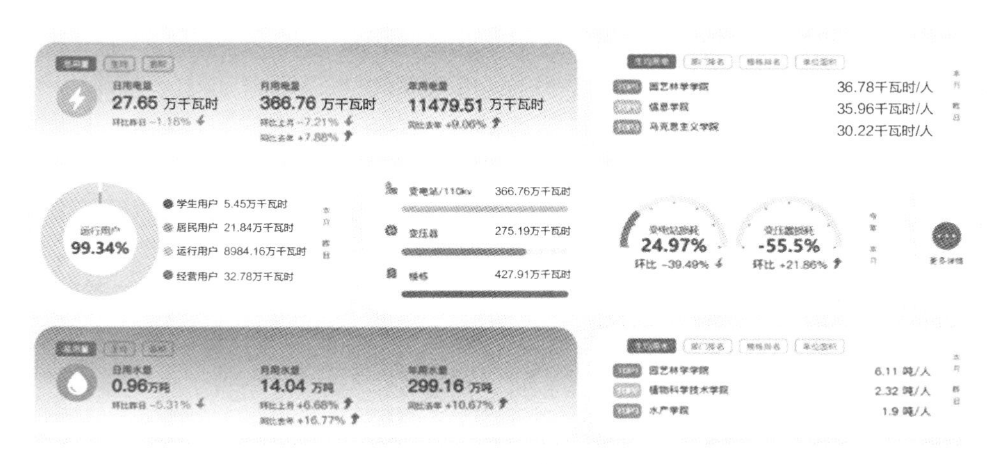

图 3-116　用能数据展示

水电缴费数据展示包括年缴费金额、月缴费金额、日缴费金额等基本信息，如图 3-117 所示。

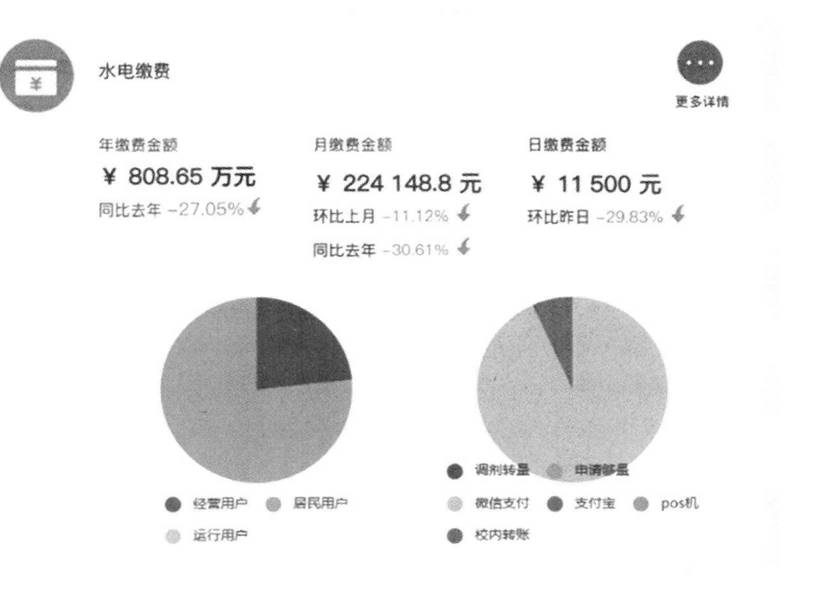

图 3-117　缴费汇总展示

3.7.5.4 数据分析

夜间供水的数据分析如图 3-118 所示，通过泵房的分类数据比较，可以直观地看出夜间供水量在某一时刻的变化。

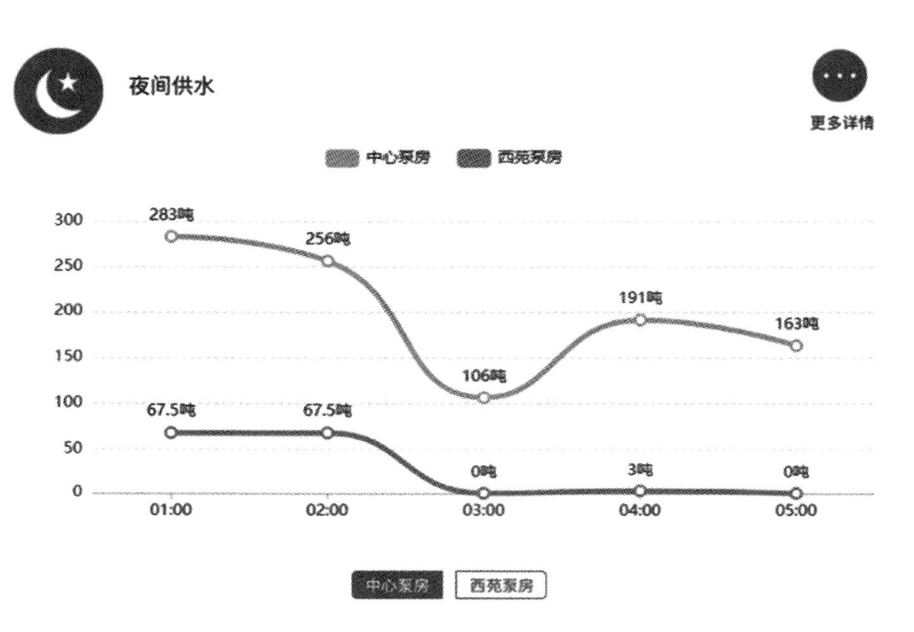

图 3-118 夜间供水的数据分析

不同日期夜间流量对比如图 3-119 所示。

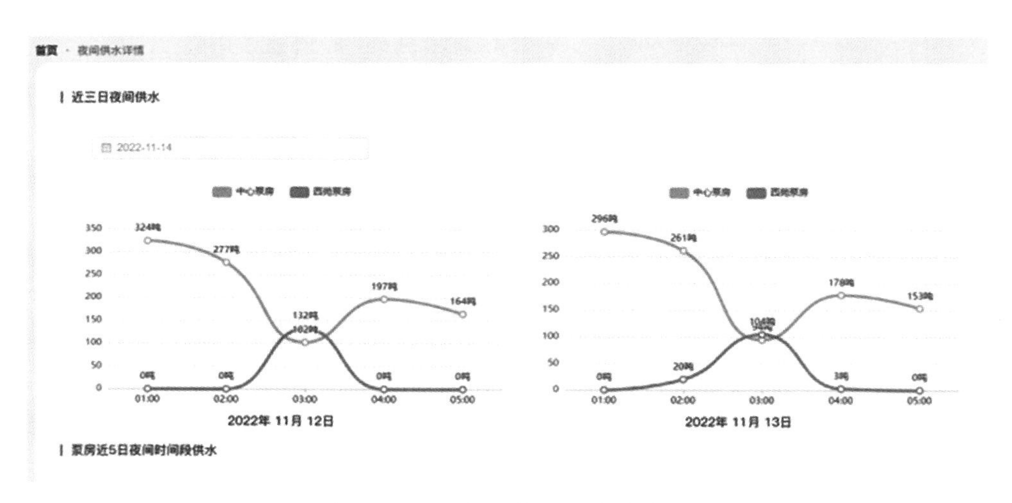

图 3-119 不同日期夜间流量对比

不同日期电表用能展示如图 3-120 所示。

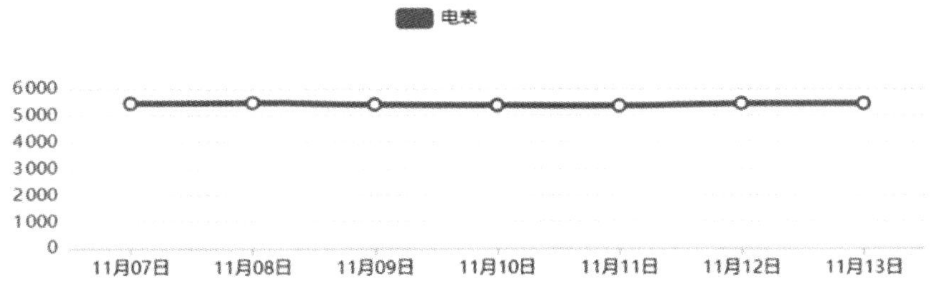

图 3-120　不同日期电表用能展示

3.7.5.5　预警推送

在供配安防方面，配电房会根据用户的用电量来进行预警提示，如图 3-121 所示。

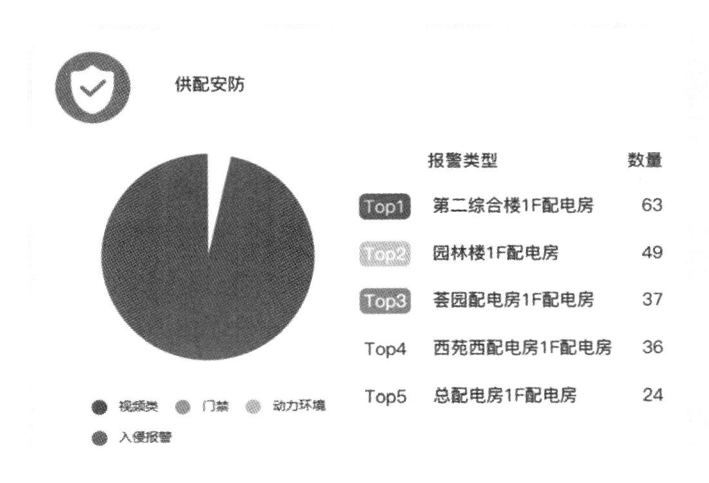

图 3-121　预警推送展示

3.7.6　项目亮点

3.7.6.1　集成管理业务，一网通管

“一网通办”改革提升行动，推动了人事管理业务高效衔接，实现了各职能部门人员信息数据共享，有效破解了信息孤岛问题，实现了办理流程优化，精简报送材料，缩短机关事业单位人事管理业务办理周期，逐步实现了机关事业单位办理人事管理业务“少跑腿”、数据“多跑路”。

3.7.6.2 集成服务业务，一门办事

数字建设到位。始终坚持“让数据多跑路、让群众零跑腿”的宗旨，围绕“全生命周期”供水营商环境体系建设，深入推进“互联网＋水电服务”建设，依托网站、微信公众号、服务平台等网络办理平台，开通网上办理水电服务、开户、报停、水质公示、停水公告、用电预警等便民渠道，加强政企数据共享，推行水电服务前置，分类实施水电管理，健全水电服务标准规范，全力推行“零见面”“零跑腿”等服务模式，提升用户用水、用电体验。

3.7.6.3 数据有挖掘，决策有支持

日常调度是电力系统一项非常重要的工作，主要是实时处理电力系统中的海量信息，并且对实时信息快速做出反应。由于电力系统服务的对象是整个社会，电力系统的调度中心首先要考虑系统能否安全可靠地运行，其次还要考虑国家的经济效益。综合以上因素，应制订较为合理的调度策略和符合市场要求的电价。要做出符合要求的调度策略，就不得不引入数据挖掘技术。

我们可以把电力调度处理过程分为：① 数据采集；② 信息处理；③ 统计计算；④ 远程遥控；⑤ 报警处理；⑥ 安全管理；⑦ 实时数据管理。

如果水电系统的某一过程被确定下来，就要将相应的操作方式传递给工作人员，让他们完成工作。挖掘算法可以帮助我们对实时信息进行集成处理，获得更加准确的数据，从而更迅速地下达有效的操作方式，而且还可以获取水电系统的整体运行情况。例如，水电系统中某些器件出现故障，能够快速地响应并定位故障，从而修复故障。

水电系统日常运行中的另外一项非常重要的工作是负荷预测，它涉及各个泵房、电站新一年的生产计划。能否准确预算出用电量，这会直接影响高校能否高效地满足师生需求及实现国家的经济效益。根据水电系统历史负荷数据及社会生产的变动情况，并集合数据挖掘算法和决策工具，可以设计出基于决策树的数据模型，然后在日常水电负荷预测中应用数据挖掘。统计分析结果表明，数据模型完全符合实际需求，它能够高效、准确地预测出日常的水电负荷。根据自适应决策树，对水电系统数据库中的用户信息，如用电记录、用水记录等信息进行分析预测，可以帮助高校制订合适的策略。

3.7.6.4 预警与推送，数据会说话

基于大数据挖掘技术，结合专业设备故障机理建立设备故障预警模型，实现设备状态的预测和早期预警，提供设备的健康评价和故障诊断服务，防止设备故障导致的恶性事件的发生。设备的健康评价和故障诊断服务包括对设备进

行设备健康状态评估、故障诊断、趋势预测和风险评估等。

首先，需要根据在线监测的历史数据，依据故障机理模型进行故障特征指标计算，对历史特征指标集采用大数据分析技术［如多元线性回归分析、支持向量机（support vector machine，SVM）］等进行训练，建立故障预测模型。

其次，将训练后的预测模型应用于实时的故障特征异常检测，即根据实时采集到的设备的原始数据，在边缘侧进行故障特征指标的实时计算，根据预测模型的计算结果和实际计算结果进行比对，用以检测故障特征指标是否发生变化。当预警系统检测到特征指标发生变化时则发出告警信息，并输出告警分析报告。以设备的运行状态和智能预警评价结果为基础，结合设备运行性能模型，提供优化运行建议，指导水电机组安全可靠、高效率地运行。

系统可以在水量、电量产生突变时，传出信息内容语音提示，与此同时可以将警报信息内容以 E-mail 或手机短信的方式通告有关工作人员。用户关注微信公众号后，系统全自动推送预警信息提示，如余额不足、欠费断电等信息内容。

3.7.7 反思与拓展

3.7.7.1 数据依赖与数据源的可靠性与稳定性相矛盾

物联网技术在用电信息方面的应用，主要集中在智能电能表的用电采集及用电数据分析。远程抄表是物联网技术在电力行业应用的基础体现之一，它具有便捷性、准确性和高效性等优点，能够实现对电能表数据的远程实时统计。用电采集信息系统操作简便，降低了人工成本；同时，由于信息系统的精确率，可以有效避免人工抄表出现的失误，提高抄表的准确性。基于所采集的用户侧信息，用电信息采集系统可以对用电信息进行深入分析、挖掘，获取有价值的信息，为用户提供多项服务。用户侧数据可以为电力营销、开展电力市场分析提供数据支撑。通过充分利用采集系统历史及信息化水平，开展电力市场分析预测，精准把握市场动向，为电力精准营销提供有力支撑。

物联网中的关键技术是传感器技术。我国相关产业技术落后，技术能力薄弱，自主研发能力不强，产业聚集度低。从专利数量来看，我国物联网传感器相关专利申请数量落后于国外企业，无法提供充分的基础技术支撑，电网安全也无法得到充分保障。

物联网技术标准不统一，后期提升和管理有难度。由于采购主体不一，未实现统一的标准管理和标准要求，不同的采购来源导致了电力行业的物联网更多的是分散的点状分布，无法实现统一的合力，阻碍了物联网技术优势的发挥，对电力的生产运行提升作用不明显。并且，由于物联网在电力行业的应用较多且较为复杂，不同的领域需求不一致，电力行业现有的通信、信息等标准不能完全满足物联网大规模应用的需要。

电力企业接受和应用物联网的时间有所延迟。虽然电力行业由于自身特点对物联网应用的需求很大，但是由于行业的封闭性，新技术的接受能力不高，加上新技术的应用意味着原有的设备等投入需要废弃或者中断改进，导致整体的应用和推动无法实现真正的高效和统一，在一定程度上阻碍了物联网在电力行业应用的进步。

各部门之间缺乏协同作用，阻碍了应用程序的推广。由于电力行业的垂直管理，跨部门和行业的协调、协作非常困难。数据不仅不一致，而且难以向服务提供商开放，直接导致应用程序实现停滞不前。

物联网技术在用水信息方面主要应用在以下几个方面。

（1）智能水电是物联网的主要应用领域之一，物联网技术在其中已得到不同程度的应用。

（2）物联网技术为智能水电提供了不可或缺的技术支撑，为智能水电发展带来多项应用价值。

（3）通过智能水电和物联网的深度融合，高校水电信息化可以得到较大发展和提升。

物联网在水电行业应用广泛，国家高校先后启动了水电管理平台的建设，有力推动了智能水电建设，也促进了物联网在智能水电中的应用，有力支撑了水电行业尤其是高校水电行业的发展。

3.7.7.2 中台建设对高校水电信息化基础要求较高

1. 存在的问题

1）信息化建设的基础设施不健全

我国认识到高校水电信息化建设重要性的时间较晚，在社会的发展过程中还未初步建立起水电工程的信息化网络。由于不同地区的经济发展状况及水电信息化的建设情况存在一定的差异，一些高校难以实现建设水电信息化基础设施的建设目标，这样就会在一定程度上影响全国高校的水电网络的建设。

2）缺少足够的资金建设投入

对于我国大部分地区的基层政府和有关部门而言，由于其本身在开展各种民生工作的过程中就缺少足够的资金投入，再加上水电的信息化建设需要耗费的资金成本也比较多，这样就会经常性地导致水电的信息化建设计划因缺少足够的资金建设投入而难以顺利实施。这也是容易影响我国高校水电信息化建设的主要因素之一。

3）缺少专业的信息化建设人才

由于信息化建设本身就是以多种先进的科学技术为基础的，在推动水电工程朝着信息化的方向建设发展的过程中，也需要拥有更加专业的人才，才能够最大限度地发挥先进技术作用，提高水电工程的信息化建设效果。然而水电工程在建设过程中普遍存在着缺少专业的信息化建设人才的问题，因此信息化建设的效果和水平并不高。

2. 解决的方法

1）提高对信息化建设的重视程度

信息化建设不仅是水电工程的发展趋势，同时也是现阶段我国各个行业和领域的主要发展趋势。信息化建设中涉及的计算机网络技术、遥感技术等，不仅能够实现对水电工程建设施工的高效率管理和控制，还能够解决以往水电工程在施工建设过程中存在的管理工作缺乏目标的问题。在提高对水电工程的信息化建设重视程度的过程中，不仅要提高部门的员工对于信息化建设的重视程度，还要更加注重水电工程施工单位的员工对于信息化建设的重视程度。具体来说，在提高信息化建设重视程度的过程中，首先要做的就是加强各级部门的领导对于信息化建设的重视。而从这一方面来说，部门在开展有关水电工程的建设工作中，不仅可以通过建立有效的组织协调机构让部门中的各项具体工作协调，还要做好下一阶段工作开展的具体规划和目标的建立。在这个过程中，部门的领导层要更加注重自上而下地提高部门内部员工的信息化建设意识，做好信息化建设的思想基础和准备工作。

2）建设高质量的专业信息化建设人才队伍

专业人才是信息化建设发展的基础和前提，在促进水电工程朝着更加专业的信息化方向发展的过程中，只有拥有能够与先进的技术手段相匹配的专业人才，才能更好地实现信息化的建设效果。针对现阶段我国大部分水电工程建设过程中存在的人才匮乏的问题，在建设高质量的专业信息化建设人才队伍的过程中，不仅需要结合我国水电工程的实际情况来选择合适的人才培训和引进方式，还要能够形成更加专业的人才培养机制，在促进我国高校水电专业信息化人才队伍不断壮大的同时，提高水电工程建设的质量和应用效果。具体来说，在建设高质量的专业信息化建设人才队伍时，一方面，要对现有的施工建设以及技术人员进行有关信息化技术和设备的操作培训，在培训的过程中帮助相关人员增长专业理论知识和提高实操能力；另一方面，则要对现有的人才培训和激励机制进行调整和创新，以便能够加大对更专业的技术人才的吸引力，通过积极引进更专业的技术人才来提高我国水电工程信息化建设的质量和技术水平。

3）加大对信息化建设的投入和支持

加大对水电工程信息化建设的投入与支持主要是从政府部门的角度来说的。尽管现阶段我国基层政府在开展各项工作的过程中经常会存在缺少资金和技术支持的情况，但作为保障我国各城市和农村建设发展的主要基础设施，水电工程的建设仍然是我国现阶段重点关注的民生惠民工程之一。在加大对水电工程的信息化建设投入与支持的过程中，首先，要对现有的水利信息化基础设施进行健全和完善。由于水电工程的信息化建设最主要的就是依据先进的网络信息技术来搭建水利系统及公共网络，基础设施中最为主要的就是各个地区水利建设网络的信息数据库的建立，以及水利信息化网络的连接。其次，政府和有关部门在促进水电工程信息化建设的过程中还要注重加大对水利信息化的资金投入。在现阶段政府普遍缺少建设资金的情况下，要想加大水利信息化的资金投入，可以通过制订和开设更广泛的投融资政策和渠道来吸引更多的企业投入水电工程的信息化建设。在保障信息化建设具有足够资金的同时，促进我国水电工程技术水平进一步提高。

4）建设现代化的信息管理平台

信息管理平台的建立也是能够有效提高我国水电工程建设质量和水平的主要措施之一。与水电工程在信息化建设过程中应用的技术不同，信息管理平台虽然也是依靠网络信息技术建设和应用的，但平台大多是以信息的共享和整合来提高水电工程信息化的建设水平。从这一方面来说，在建设现代化的信息管理平台过程中，为了能够充分发挥信息管理平台的作用，最主要的就是水电工程在施工建设前期的准备阶段做好各种地质条件的调查和分析工作，并借助信息化的技术手段对涉及的各种数据信息进行科学的整合与共享，在保证水电工程设计与决策科学性和准确性的同时，为提高我国水电工程的信息化建设水平打好基础。而在建设信息化设备和系统的过程中，信息管理平台也能够在促进信息资源共享的过程中起到降低运行管理难度的目的，进而更好地保证信息化建设的水平和质量。

3.7.7.3 数据服务功能有待拓展

随着学校办学规模的逐渐扩大，在校生人数的不断增加，教学楼、实验楼和学生宿舍等与学生学习、生活密切相关的配套设施也迅速扩张，水电费的开支也大幅增加。而且，由于学生生活、学习区域的特殊性，其水电费与学生自身利益似乎并无直接联系，教学楼、实验室等公共场所水电费均由学校支付，水电浪费现象较为严重。如何控制这一现象？建设高校水电数据中台是比较好的途径，对于学校发展有着非常积极的意义。

高校水电数据中台拟建成后可以迅速、准确查到涉及的各种信息，建设学校节能科研部门或科研课题可将其研究成果赋予高校的水电管理人员使用。一方面，有利于保存学校水电使用的各种基本信息；另一方面，有利于提高学校水电管理工作的质量和效率。

但是，强大的水电数据中台也不仅局限于高校水电数据服务，在多个领域，如报修管理、节能科研、节能路灯、车辆道闸等数据服务领域均有待拓展。

3.7.7.4　跨高校融行业的数据中台建设

我国的高校数量众多，随着这几年高校的扩招，学生人数逐渐增加，高校建筑的建设规模也逐渐扩大，高等教育的成本投入也越来越高，其中对水电等能耗的支出费用约占教育成本的1/4。在湖北约有70所本科院校，大学生人数更是超100万，对水电的消耗也是巨大的。目前我国已有超过200所高校开始进行节约型校园的建设，各高校结合自身的能耗使用情况改善资源管理方式，推行并实施了多种节能措施和方案，其中有超过50所高校建立了水电数据中台用于监控能耗变化，能够通过信息化技术对各种能耗数据进行实时计量和统计，根据各项能耗统计信息对校园的能耗资源使用情况进行分析，并通过实行多种节能措施在减少资源浪费现象发生的同时也实现了节能减排的建设，推动了校园的可持续发展。

由于我国高校信息化与数字化的发展较晚，校园水电数据中台的建设起步较迟，而且不同地区的校园水电数据中台的建设程度存在一定的差距。当前部分高校已经开发出一套功能完善的数据中台系统，并运用该平台实现了能耗的监测与资源的管理，减少了能耗资源的浪费，实现了节能减排的目标。但也有一些高校的基础设施建设还不够完善，目前还未实现数据中台的搭建，正在逐渐加快水电数据中台的建设步伐。高校水电数据中台的建设需要学校充分发挥自身的学术科研优势，结合校园自身的能耗资源情况，运用目前先进的智能化设备与互联网技术搭建数据中台，实现对各种能耗资源的实时监控并制订科学有效的节能措施，从而减少能耗资源的浪费并改善资源管理模式，逐步实现节约型校园的数字化建设。

第4章　物联网与水电大数据

导读： 学校水电管理如何高效、有力、科学保障事业发展，蓬勃发展引领时代的信息技术如何有机融合高校水电保障服务，高校水电保障服务如何实现决策科学化、服务人性化、研判精准化、业务智能化，是新形势下高校水电管理从业者面对的课题。科学利用高校水电保障服务过程中生产的各类业务数据，充分发挥大数据效能，结合实际建立各类数据分析模型，通过数据让抽象的工作具体化，让传统的设备会“说话”，是破解当前高校水电管理困局、提升保障服务水平的有效路径。

4.1　大数据技术

4.1.1　大数据概述

大数据（Big Data）一词越来越多地被提及，人们用它来描述和定义信息爆炸时代产生的海量数据，并命名与之相关的技术发展与创新。最早提出“大数据”时代到来的是全球知名咨询公司麦肯锡，麦肯锡称：“数据，已经渗透到当今每一个行业和业务职能领域，成为重要的生产因素。人们对于海量数据的挖掘和运用，预示着新一波生产率增长和消费者盈余浪潮的到来。”正如《纽约时报》所称，“大数据”时代已经降临，在商业、经济及其他领域中，决策将日益基于数据和分析而做出，而并非基于经验和直觉。

4.1.2　大数据的内涵

大数据技术是以数据为本质的新一代革命性的信息技术，从某种程度上说，大数据是数据分析的前沿技术。大数据的定义多而杂，不同企业、行业等都从自身角度来定义大数据，综合分析国内外知名企业、学术研究机构对大数据的定义和大数据本身的特点、应用情况，大数据是基于总体数据分析的海量大规模多样化数据，以及能够利用这些数据提供实时决策支持的深度数据挖掘和信息价值转换技术体系。简言之，从各种类型的数据中，快速获得有价值信息的能力，就是大数据技术。

个人、企业、政府在生产生活中的每个行动、每个环节、每一步都会产生各种数据，这些数据本身是没有意义的，只有通过一定的技术手段，收集、整理、分析、归纳各种数据，才能挖掘出隐藏在数据背后的价值。利用数据，我们可以预测未来各种情况出现的可能性，从而为企业运营、管理、重大事项决策提供科学的参考依据。

4.1.3　大数据的特征

4.1.3.1　数据量大（Volume）

传感器、物联网、工业互联网、车联网、手机、平板电脑等，无一不是数据来源或者承载的方式。当今的数字时代，人们日常生活（微信、QQ、上网搜索与购物等）都在产生着数量庞大的数据。大数据不再以 GB 或 TB 为单位来衡量，而是以 PB（1 000 个 T）、EB（100 万个 T）或 ZB（10 亿个 T）为计量单位，从 TB 跃升到 PB、EB 乃至 ZB 级别。顾名思义，大就是大数据的首要特征。

4.1.3.2　数据种类多（Variety）

大数据不仅体现在量的急剧增长，数据类型亦是多样，可分为结构化、半结构化和非结构化数据。结构化数据存储在多年来一直主导着 IT 应用的关系型数据库中；半结构化数据包括电子邮件、文字处理文件及大量的网络新闻等，以内容为基础，这也是谷歌和百度存在的理由；而非结构化数据随着社交网络、移动计算和传感器等新技术应用不断产生，广泛存在于社交网络、物联网、电子商务之中。

有报告称，全世界结构化数据和非结构化数据的增长率分别是 32%、63%，网络日志、音视频、图片、地理位置信息等非结构化数据量占比达到 80%左右，并在逐步提升。然而，产生人类智慧的大数据往往就是这些非结构化数据。

4.1.3.3　数据价值密度低（Value）

大数据的重点不在于其数据量的增长，而是在信息爆炸时代对数据价值的再挖掘，如何挖掘出大数据的有效信息才是至关重要的。价值密度的高低与数据总量的大小成反比。虽然价值密度低是日益凸显的一个大数据特性，但是对大数据进行研究、分析挖掘仍然是具有深刻意义的，大数据的价值依然是不可估量的。毕竟，价值是推动一切技术（包括大数据技术）研究和发展的内生决定性动力。

4.1.3.4 数据产生和处理速度快（Velocity）

美国互联网数据中心指出，企业数据正在以55%的速度逐年增长，互联网数据每年将增长50%，每两年便将翻一番。要求数据处理速度快也是大数据区别于传统数据挖掘技术的本质特征。有学者提出了与之相关的“一秒定律”，意思就是在这一秒有用的数据，下一秒可能就失效。数据价值除了与数据规模相关，还与数据处理速度成正比关系，也就是，数据处理速度越快、越及时，其发挥的效能就越大、价值越大。

4.1.4 大数据的关键技术

4.1.4.1 大数据采集和预处理技术

大数据技术的意义确实不在于掌握规模庞大的数据信息，而在于对这些数据进行智能处理，从中分析和挖掘出有价值的信息，但前提是得拥有大量的数据。

采集是大数据价值挖掘最重要的一环，一般通过传感器、通信网络、智能识别系统及软硬件资源接入系统，实现对各种类型海量数据的智能化识别、定位、跟踪、接入、传输、信号转换等。为了快速分析处理，大数据预处理技术要对多种类型的数据进行抽取、清洗、转换等操作，将这些复杂的数据转化为有效的、单一的或者便于处理的数据类型。

就算是大数据服务企业也很难就“哪些数据未来将成为资产”这个问题给出确切的答案。但可以肯定的是，谁掌握了足够的数据，谁就有可能掌握未来，现在的数据采集就是将来的流动资产积累。

4.1.4.2 大数据存储与管理技术

数据有多种分类方法，有结构化、半结构化、非结构化；也有元数据、主数据、业务数据；还可以分为GIS、视频、文本、语音、业务交易类各种数据。传统的关系型数据库已经无法满足数据多样性的存储要求。除了关系型数据库外，还有两种存储类型：一种是以HDFS为代表的可以直接应用于非结构化文件存储的分布式存储系统；另一种是NoSQL数据库，可以存储半结构化和非结构化数据。大数据存储与管理就是要用这些存储技术把采集到的数据存储起来，并进行管理和调用。

在一般的大数据存储层，关系型数据库、NoSQL 数据库和分布式存储系统 3 种存储方式都可能存在，业务应用根据实际的情况选择不同的存储模式。为了提高业务的存储和读取便捷性，存储层可能封装成为一套统一访问的数据服（Data as a Service，DaaS）。DaaS 可以实现业务应用和存储基础设施的彻底解耦，用户并不需要关心底层存储细节，只关心数据的存取。

4.1.4.3　大数据分析和挖掘技术

大数据分析和挖掘就是从大量的、不完全的、有噪声的、模糊的、随机的实际应用数据中提取隐含在其中的、有用的信息和知识的过程。大数据分析和挖掘涉及的技术方法很多：根据挖掘任务可分为分类或预测模型发现、关联规则发现、依赖关系或依赖模型发现、异常和趋势发现等；根据挖掘方法可分为机器学习、统计方法、神经网络等。其中，机器学习又可细分为归纳学习、遗传算法等；统计方法可细分为回归分析、聚类分析、探索性分析等；神经网络可细分为前馈网络、反馈网络等。

面对不同的分析或预测需求，所需要的分析挖掘算法和模型是完全不同的。上面提到的各种技术方法只是一个处理问题的思路，面对真正的应用场景时，都得按需求来调整这些算法和模型。

4.1.4.4　大数据展现和应用技术

大数据的使用对象远远不止是程序员和专业工程师，如何将大数据技术的分析成果展现给普通用户或者公司决策者，这就要看数据展现的可视化技术了，它是目前解释大数据最有效的手段之一。在数据可视化中，数据结果以简单形象的可视化、图形化、智能化的形式呈现给用户供其分析使用。常见的大数据可视化技术有标签云、历史流、空间信息流等。

我国的大数据应用广泛存在于商业智能、政府决策和公共服务等重点领域，疫情防控、反电信诈骗、智能交通、环境监测等日常生活场景都有大数据的功劳。

大数据时代对我们驾驭数据的能力提出了新挑战，也为获得更全面、睿智的洞察力提供了空间和潜力。大数据领域已经涌现出了大量新技术，它们成为大数据采集、存储、处理和展现的有力武器。随着大数据等新兴技术的发展和应用，我国“十四五”规划提出的碳达峰碳中和、数字化转型、数字经济等一系列战略目标将获得更大的技术支撑。

4.2 高校水电大数据

4.2.1 高校水电大数据

高校水电大数据具有一定的特殊性，由于水电数据组成单元多、结构类型复杂，水电大数据不同于广泛定义的大数据，在大数据的运用基础上，结合高校水电应用特点，更为直接地通过数据层面的宏观调控，引入数据挖强、数据分析、数据传输、数据储存、数据同步等各种先进技术，提升高校水电管理、供配保障、服务体验等技术层次。

4.2.1.1 高校水电大数据定义

高校水电大数据是以大数据技术为核心，通过对高效运行中产生的水电数据进行存储、开放、治理、深度分析，做出智能、准确的诊断和分析，从多个角度对能源资源实现监管和配置，从而提高高校水电利用效率和水电管理水平的水电管理技术。大数据技术能够实现高校能耗数据分析、远程集控、能耗审计、用能预警、能耗公示、数据上报等功能，可以帮助决策者有的放矢地制订水电管理策略，使高校水电管理工作事半功倍。

4.2.1.2 高校水电大数据特点

1. 数据量大

水电大数据的显著特征就是数量众多，这既包括高校水电用户数量大、形式多样，也包括水电在生产、传输和管理过程中涉及的层面多，而水电数据涉及生产、传输、管理和使用全过程。

2. 数据类型多

在庞大的高校水电数据量中，涉及的数据类型往往是形式多样的，这与其他行业的大数据存在着显著不同，水电大数据不仅包括数字、符号等结构化数据，还包括图像、视频等非结构化数据，并且还会产生半结构化数据。

3. 数据速率高

对于水电行业的运行过程而言，数据分析处理的速度是一个关键因素，必须大力普及速度快、智能化程度高的技术，才能提高高校水电大数据使用的准确性与及时性，保证充分发挥水电大数据应有的价值。

4. 数据价值高

高校水电大数据将校园水电使用过程中的各个环节进行全方位的综合，包括生产、运输、管理及使用，这不仅保证了师生居民教学和生活的安全用水用电，带动了高校水电行业的发展，同时，也为高校事业快速发展增添了活力。

4.2.2　高校水电大数据现状分析

4.2.2.1　高校水电大数据的发展阶段

高校水电数据发展经过传统的机械式人工方式获取数据到远程智能设备获取数据，从数据的单一化发展到多元化。水电大数据发展经历 3 个阶段。在传统的水电管理下寻求数字化转型，进入一段时期的发展水电信息化探索和发展阶段，经过长期信息化建设，形成一定规模数据体系。但由于信息化建设平台系统多，数据量多、杂、乱，需要对大量的数据进行整理，进入大数据层面的挖掘和精准分析阶段，通过数据与业务的融合，让数据体现价值，让数据开口“说话”，让数据支持决策管理。

第一阶段是水电数据数字化。早前，高校水电管理业务较为单一，以传统的保电、供电为重点，水电计量需要安排人员抄表计费；同时由于机械式水电表经常损坏或者计量不准，需要技术人员常去现场校验或更换。第一阶段的水电数据存在计量准确性低、采集不及时、统计数量误差大等问题，水电工作的重心基本放在水电供应保障上，以重点突出水电供配稳定性。

第二阶段是管理信息化。在互联网背景下，很多高校开启了信息化建设之路，通过近十年时间的建设，几乎所有高校都在建立水电信息化平台系统。信息化建设，改变了过去传统的完全以人工方法采集计量和统计能源耗量的局面，使许多高校体会到数字化给学校水电管理带来的高效和便捷。

第三阶段是数据价值挖掘。面对高校事业的发展壮大以及校园能耗的增加，同时水电的信息化建设也进入到瓶颈期，基础的数字化水电管理模式已不能满足师生日益攀升的水电服务需求。大数据技术为水电管理提供了途径，随着大数据时代的到来，在高校水电管理中，越来越重视大数据技术的应用，通过大数据分析和挖掘，将传统的信息化建设中数据层逐步整合转化为水电数据模型，达到水电的精确测算、分析和管理，将数据融入水电业务，数据支持管理决策，从而实现更人性化、科学化的管理与服务，最终提升高校综合实力。

4.2.2.2 高校水电大数据建设现状

1. 数据价值认识不到位

高校在长期的发展运营过程中积累了大量的水电数据，这些数据具有产生速率跨度大、数据源众多、数据种类繁多、交互方式复杂等特点。但很多高校尚未意识到这些数据背后的价值和意义，受制于存储容量，生产运行中大量实时数据和关系型数据被丢弃，无法有效地发挥其潜在价值，或者长期以来这些数据仅存储于分散的系统或进行了有限的集成和利用，数据资源标准体系未能进行系统的梳理，这些水电数据应当如何被采集、存储和应用，不同系统之间数据应当如何交互、数据质量应如何管控、数据开放和共享应如何实现等问题亟须解决。

2. 数据应用技术不到位

有些高校在认识到数据的重要性后，构造了基于水电数据的业务模型或平台，以为只要数据有了，所有的水电问题将“迎刃而解”。但由于信息化技术应用不到位等问题，虽然有相应的储存平台，但仍然面临很难把数据凑齐的问题，还是存在着有些数据无法采集，有些数据该采集却没采集，有些数据采集到了却不能用，原先采集的数据信息不能够满足后续的需求等问题，以至于让很多决策者不得不怀疑自己手中的数据是否可靠。

3. 数据挖掘与应用力度不足

高校水电数据来源分散、冗余，数据的产生、捕获、整合、存储、访问等缺乏完善的系统支撑和技术手段等，水电相关的档案数据、生产运行产生的数据，分散到各个系统中，许多高校未充分将采集和存储的数据进行分类，探究不同类数据之间的相关性等，不能深入挖掘埋藏于水电大数据深处的规律和趋势，进而无法在更高层面上为决策者提供支撑，最终无法实现数据价值的最大化，导致用能数据智慧化停留在宏观层面。

4. 数据孤岛化、碎片化

“巧妇难为无米之炊。”大数据的基础在于数据，数据的生命在于共享，拿不到底层的数据，数据分析也就无从谈起。如今，数据孤岛林立、融合困难，已经成为高校信息化建设的难题之一。由于信息化技术更新迭代较快，各学校不同时期建设的不同信息化系统，其技术规范和数据标准没有统一，不同部门的数据储存在不同地方，格式也不一样，使得新老系统在对接上存在“数据壁垒”，信息共享难度较大，也带来基础数据反复收集、信息冗余等弊端。此外，各系统应用功能单一，开发利用水平不高，导致系统实用效果难以满足高校建设需求。

4.2.3　高校水电大数据的发展趋势

4.2.3.1　从水电数字化向智慧化转型

如今云计算、物联网等信息技术的发展使得许多高校走上了水电智慧化的道路，但是多数高校的水电信息化只局限于对水电数据进行基本的收集与整理，还没有对其进行细化分析与自动处理的能力，而且各部门信息不畅通，存在数据孤岛的现象，这也是水电数字化发展到一定阶段的具体表现，而智慧化水电管理则可以解决这些问题。“智慧水电”是基于高度信息化能力支撑，建立一种人与物全面数字感知、实时监测预警、趋势分析评价、辅助支持决策、风险智能管控的新型管理模式。通过集成应用 BIM、GIS、大数据、物联网、云计算、人工智能等信息技术，对高校水电管理过程进行改造升级，从而提高水电管理效率和决策能力，实现数字化、精细化和智能化的校园水电管理。它不仅可以提升高校的信息技术基础建设水平，也可以提高水电节约效率，同样也会伴随着管理水平的提升，为水电的高效运行与未来发展提供新的动力。

4.2.3.2　大数据保障决策支持

大数据技术在高校水电管理应用中不应只是简单的数据分析，而是运用大数据技术与方法，挖掘、分析、决策，与能源需求相结合，为高校今后能源规划提供有力的数据支撑，在能源管理各环节达到精细管理，推动管理方式的变革，提升高校信息化水平，使高校能源管理进一步智能化，创造出更人性化、科学化的管理与服务，最终实现高校综合实力增强。

4.2.3.3　大数据提升服务体验

通过大数据提升用户的服务体验，不仅是利用简单的数据分析、统计方法来实现的，其中的核心在于通过大数据的模型建立，能够利用数据分析精准地抓住用户最关切的问题，依托数据层面精准运算，科学、可靠地满足用户层面的业务处理、信息反馈、数据分析统计等需求，让数据为用户服务，提升服务品质和体验感。

4.2.3.4　大数据优化应急处置

传统的高校水电管理应急性事件往往依赖人工巡查的方式，存在巡查周期长、应急时效性差等情况，巡查结果与巡查人员的经验、能力有直接关系，结果因人而异，一般多为事件发现再做应急反应和处置。利用大数据分析来处理应急性、特殊性事件是根据事件本身的特点，建立数据模型、数据挖掘及处理算法，在分析信息趋势中全过程监控管理。通过大数据分析打破信息孤岛并利用各种数据源，在海量数据中寻找数据规律，发现数据异常，从而制订数据的标准化体系，在异常数据处理中，实现事前预警、快速反应、降低影响。特别是要提升水电供配保障的品质，尤其需要依托对水电数据精准、实时、有效的科学分析，将数据分析结果直接导向应急处置业务。

4.2.4 高校水电大数据应用

4.2.4.1 分析研判

通过大数据技术、远程数据获取，水电管理者可以随时掌握整个管网的运行情况，也可根据用户或管理的要求，适当调节管网运行参数。通过水平衡分析发现管道漏损，评估相应区域供水情况和校区漏损控制水平，定位漏损范围，及时处置漏损情况，减少水资源浪费。通过点平衡分析，评估供电设施运行效率，有针对性地进行供电策略调整和节能改造。管理用户可根据需求进行能源消耗统计分析，查看分析各用能单位或公共建筑单位的用能数据，可以选择统计类型，通过按日统计，查看近期或当日的能源消耗状况，能够直观地发现近期或当前存在的问题，识别非正常使用水电行为、水电表工作状态（如掉线、过流）等信息，以便及时查跑堵漏，减少损失，降低不必要的消耗。

4.2.4.2 决策支持

采用大数据技术手段可以实现安装在各个院系楼栋及房间内的表计终端的数据、状态的远程采集与控制，通过定时采集策略由远程抄表服务获取大量元数据，结合决策支持的数据需求，对其进行数据二次规范化，建立数据仓库，然后通过数据可视化技术组件，实现二级单位水电用能的整体画像，最终为管理者提供用能的科学、严谨且全方位、多维度的决策支持数据。例如，根据数据分析用电、用水情况，可以精准确定用电、用水负荷，为校园改造、设置定额指标等工作提供科学依据；基于三维管网数据、电力线路数据、校内建筑数据和建筑使用数据，理清管道与管道、阀门与阀门、阀门与管道、阀门与建筑、建筑与人员的关系，可实时或定时监测用能情况及设备运行状态，能全方位、多层次把握水电消耗动态并迅速给出应对措施，提高决策效率和水平，从而提高水电管理水平。

4.2.4.3　综合展示

通过大数据处理及可视化建模技术手段，实现全校范围内各用户、各单位用能数据的宏观展现。为高校提供各建筑及用户在不同时间段、多维度下的水电数据使用情况的排名和对比，可以实时检查各类房间的用电状态，每间房间的用电情况不仅被精确记载，还可以根据电费剩余金额情况为用户提供个性化余额提醒，以便用户及时付费确保合理用电，同时通过比对电费支出以提醒自己节约用电。针对建筑楼栋、二级单位水电消费情况进行排名，并选择性公示，增加公众监督，强化节约行为管理，促进主动节能。

4.2.4.4　精准管理

高校可以通过大数据技术实时监管学校每个层面能源的需求量，掌握全面的数据后就能时刻了解到其内部各层面的能源需求。若某一层面的数据参数不在常规范围内，就能迅速判断该层面的能耗出现异常，这样就可有针对性地进一步优化处理，排除陈旧、老化、耗能高的设备，减少因为管理漏洞和人为失误而造成的能源损失，提高高校能源节能效率。在大数据技术支撑下，高校对能源消耗个人或二级单位进行实时管理，按照个人或二级单位的日常正常能源消耗需求量，来推行能源消耗限定标准，再辅助奖励惩罚政策规定。大数据技术能对个人或单位在能源消耗上进行奖惩提供有利的数据支撑，从而增强节能意识。

4.2.4.5　人性化服务

随着高校信息化建设的发展，很多高校水电信息系统众多，数据过于分散，用户操作烦琐、复杂。基于大数据技术的水电业务平台可实现服务一体化，将智能水电管理系统运行中的数据共享，打通各系统连接环节，将充值、报修、举报、施工报备、表计报装、个人信息、查询统计等水电业务整合起来，实现移动互联网与维修作业、节能管控及各项业务办理的有效整合和智能应用。提供日用能展示、月用能查询，提供支付宝、微信、银行卡、校园卡等多种支付方式，用户可在移动终端充值。通过短信、微信等通道发送定制化的消息，用户在手机端可以点击消息后一键进入处理界面，实现服务个性化，真正做到“一号通、一网通、一站办、一键办”，做到服务人性化，让数据多跑路、师生少跑腿，使师生用户全方位享受贴心、周到的水电服务。

4.3 高校水电大数据应用

4.3.1 构建基于大数据的高校水电保障服务体系

要想使大数据技术在水电管理中得到有效的应用，首先要建立现代化水电管理系统，所有水电管理工作的开展都是在其采集到的数据基础上进行的。基于现代化水电管理系统，高校可实现水电等计量终端的在线智能化管理和实时数据采集，将水电等数据收集整理、统计汇编、存储保管，并通过大数据处理及可视化建模技术手段，实现全校范围内用能数据的宏观展现，进而通过建立科学丰富的用能画像指标，为决策者提供科学、严谨且全方位、多维度的水电决策依据。

4.3.1.1 建设大数据水电管理系统的必要性

1. 解决控制节点分散难题

水电消耗是高校能源消耗的重要组成部分，具有控制节点分散、使用时段不固定等特点。高校师生人数众多、区域分散，其中教学区、办公区、生活区，每个区域在不同时段的水电消耗又不一致，每个区域在特定时段都有可能出现高能耗状态，传统的水电管理无法解决水电资源合理分配的问题。而且由于控制节点过于分散，在某些区域不可避免地会出现能源浪费的现象，特别是在设备、设施损坏又无人发现的情况下，容易造成巨大的能源消耗，不便于节能管理。因此，运用大数据技术建设高校水电管理系统能有效进行节点监控，提高能效管理，使水电资源分配更合理、利用更高效。

2. 填补设备老化漏洞

设备设施陈旧老化是出现能源“跑、冒、滴、漏”现象的主要原因，特别是老校区、老楼栋，在长期使用过程中，大部分高校的水电供应设备出现机器老化、功能落后的情况，而对于老化设备，维护不及时容易造成能源的过度消耗。水电的正常传输供给是稳定高校整体发展的核心环节，而传统的水电管理无法发现设备设施老化带来的能源浪费问题。因此，可以通过建设基于大数据技术的高校水电管理系统，实时监控学校水电设备的使用和运行情况，对故障设备进行精准定位，一旦发现设备异常立即报警，通过平台提供的报错信息分析故障产生的原因，力求在最短的时间内排查故障、减少能源浪费。

3. 优化管理模式

目前，多数高校的水电管理系统仍停留在水电计量、水电充值等初级阶段，水电管理模式比较落后，缺陷较多，对水电节能管理效率不高，无法满足智慧型、节约型校园管理的新标准、新要求。尤其是在水电数据采集方式上，存在精确度差、自动化水平低等缺点。建设水电管理系统，利用智能设备进行数据采集，运用大数据技术进行数据分析、处理，预估全年的水电消耗量，对水电消耗的实际情况进行精准计量、实时监测、能耗分析、高效管理。

4. 增强节能意识

目前，部分高校没有真正实现节能目标管理，仍存在“重学生轻教师、重生活区轻教学区”的思维惯性，节能意识薄弱，节能监管不到位。很多人认为浪费水电只是小事情，没有形成节能意识、养成节能习惯，没有形成全员节能的氛围。重视高校水电管理系统的建设，运用物联网和大数据技术来规范能耗统计、进行能耗分析、监督控制水电使用情况，能帮助全员增加节能意识、落实节能行动、实现节能管理目标，促使高校能源监管工作向更广泛、更深入、更科学的方向发展。

4.3.1.2　大数据水电管理系统的组成

高校使用的大数据水电管理系统主要由设备层、通信层、管理层 3 部分组成，如图 4-1 所示。设备层主要由计量表、传感器、控制模块等组成，实现对水电表的数据采集及控制。通信层一般基于互联网技术，利用校园网或其他途径，完成 M-BUS、RS485 等协议转换，实现数据的上传功能，完成设备层与管理层的信息传递，对上层应用提供基础数据支撑。管理层负责数据的存储、处理、计算、统计分析，完成数据上报、能耗评价等，并将各类数据以报表、图表等方式展示出来，为实现诸如综合分析决策、校园管理服务、能源资源管理等高校校园节能运行管理智能化决策提供大数据支撑。

4.3.1.3　大数据水电管理系统的设计逻辑

1. 基于物联网的数据采集系统

通过软件技术开发手段，建设一套通用远程抄表服务系统，可支持多种通信方式，如有线、4G、物联网等，兼容多种通信协议，报文格式有通过有线实现 RS485 转 TCP 的 Modbus 格式、基于发布/订阅范式的 MQTT 协议等。

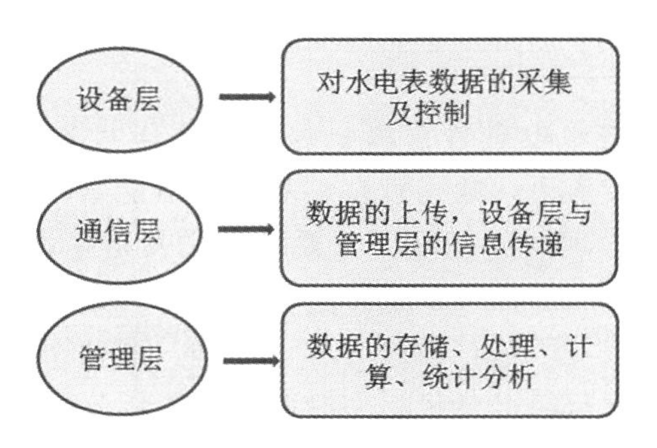

图 4-1　大数据水电管理系统的构成

远程抄表服务系统还需要支持软件接口协议，直接同表计终端厂家的上位机软件系统对接，实现数据的定时读取。

远程抄表服务系统需要提供表计抄表的相关参数配置，提供软件抄表接口的参数化配置、抄表时间周期的策略配置，并兼容多种不同的终端厂家协议规范。

远程抄表服务系统保存到本地数据库中，提供标准化 API 接口，采用两种策略提供数据整合：一是上层应用定时调用 API 接口；二是主动定时向上层应用推送。

2. 数据仓库

打造一个集中存储的数据中心，实现对物联网设备采集的实时水电用能元数据的统一存储，存储内容包括用户数据、水电表数据、房产数据、表计档案、楼栋数据等，制定数据接入和开放接口规范，为进一步大数据分析和数据挖掘提供优质数据源，如图 4-2 所示。

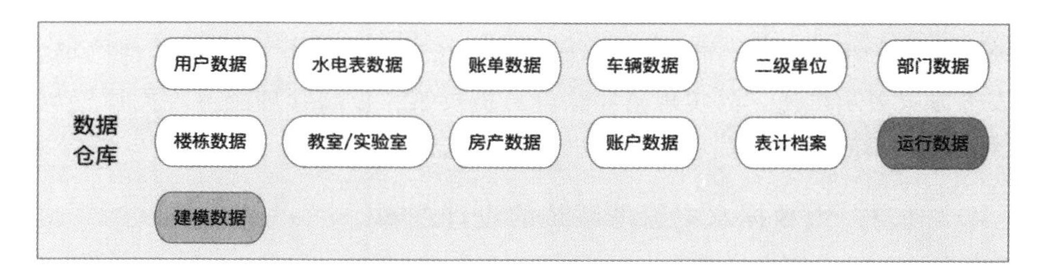

图 4-2　数据存储中心

3. 统一数据中心与大数据平台

基于统一数据仓库，建立通用大数据处理平台，通过大数据处理技术手段，实现对水电能源设备中采集入库的元数据进行二次建模处理，通过可视化界面灵活建立二次、三次处理数据表，并编写任务处理脚本，实现大数据处理任务的统一调度和批量处理。

基于大数据处理平台，依据功能要求分析用能数据，对数据进行二次规范化，建立数据仓库，然后通过数据可视化技术组件，如饼图、柱状图、曲线图、热力图、环形图等，实现二级单位水电用能的整体画像，最终为管理者提供节能决策支持信息。

实现一套通用数据源接口规范，满足前端界面不同数据可视化组件的数据需求，更好地快速满足校方对数据挖掘的数据可视化展示需求。

4. 线上服务与预警中心

建立完备的消息预警中心模块，能够对接能源设备运行的实时状态信息，对接数据采集中数据完善性和准确性问题，对接线上办公流程提醒与督办，通过 PC 端线上消息通知、微信消息通知、短信消息等多方位去推送给相关的用户，并且提供用户发起对应线上办公事务处理的入口，使得教职工用户与管理用户随时随地都能处理，实现服务碎片化，提高线上信息处理效率，提高用户体验，如图 4-3 所示。

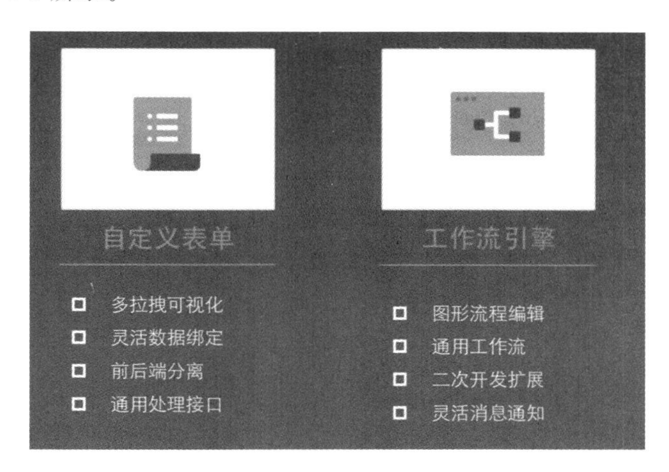

图 4-3　线上办公流程

4.3.2　大数据与节能

4.3.2.1　基于大数据的定额模型搭建

一方面，随着高校规模不断扩大，在校师生人数持续增加，相应的办学面积、院系、学科也随着社会发展不断丰富，高校的水电费支出急剧增加，尤其是电费支出逐年高幅度增长，财政资金压力较大；另一方面，水电费作为学校后勤保障的基本支出，一直以来均由学校直接全额支付，少部分进行后续回收，管理责任不明确、管理主体单一，节能意识淡薄，导致浪费现象普遍。因此，改变高校水电管理方式，基于现代化大数据水电管理系统对用户实施定额管理，是当下高校的普遍迫切需要。

基于大数据分析技术，对全校用能进行精准画像，对能源消耗个人或二级单位进行实时管理，按照个人或二级单位的日常正常能源消耗需求量，来推行能源消耗限定标准，提高能源管控精细化管理水平，从而实现精准节能。大数据水电管理系统为设立科学、合理的指标体系提供了有力的数据支撑。基于大数据水电管理系统，高校可以全面掌握学校各单位人员情况及水电设备，根据各类设备特点及使用情况测算出各单位的水电消耗指标，定期采集水电运行的准确数据，同时存储各单位往年水电运行数据。对以上3组数据综合分析后核定各单位的定额指标。

根据学校水电用户的类型，对水电费收缴工作进行分类管理，可按照以下几个类别进行分类。

（1）职能部门和公共服务场所，如学校行政办公楼、公共教室、教学实验室、图书馆、档案馆、博物馆、体育馆，以及路灯、消防、绿化等公共配套设施的用水用电，可根据上一年度的实际使用量结合节能目标核定本年度水电定额指标，节余额度管理单位可留用，超额部分作为年度考核指标纳入部门整体绩效考核综合核减。

（2）院系用水用电，可根据学院在岗教职工人数和在册学生人数，结合学科差异系数，以定量标准核定年度水电定额补贴，定额补贴应可以覆盖院系正常教学和行政办公水电支出。院系科研用水用电应按照实际使用量向学校全额缴纳水电费，对于学校需重点支持的科研平台或科研项目，由学校科研部门下拨经费到院系进行相应水电费补助。

（3）学校教职工住宅（含房改房和周转房等）条件成熟的尽量实行社会化管理，用户直接向政府水电部门缴费；受基础条件限制，暂不能社会化管理的，用户按照使用量和相应计费规则向学校全额缴纳水电费。

（4）学生宿舍、学生食堂及校外单位或个人（商铺或施工用水用电等）场所的用水用电，用户按照使用量和相应计费规则向学校全额缴纳水电费。

在制订能耗定额指标时，水电主管部要在结合大数据水电管理系统提供的各单位用能情况的基础上充分听取各单位意见，充分沟通，细化和完善定额测算办法，充分考虑到不同学院的文理学科性质、师生人数及构成比例、公共服务量、科研贡献量等因素，力求分配下去的耗能定额指标科学合理、因事制宜。二级单位也要建立对下一级的能耗管控制度，确定水电管理责任人，将水电定额进行二次分解，细化到各学科组，级级担责，人人有责。主管部门还定期对各单位的能耗节约状况进行考核，科学分析其不合理使用的主要节点，并有针对性地提供专业化的节能指导和建议。

大数据水电管理系统能够实现全校能源的分类、分项、分户计量，同时具备智能识别水电浪费功能，帮助管理者掌握耗水耗电用户的问题所在。数字化、立体式的数据信息如实地反映出耗能现状，便于二级单位自身实施实时管理，控制用能，便于遏制无序用电、因私用电、待机功耗等不良用电行为。监管系统通过短信、微信等方式告知管理人员存在浪费现象，提醒其加强管理，强化耗电监管的常态性。

水电定额管理的贯彻落实需要充分的激励机制。学校定期或不定期对节约措施落实情况进行监督检查，发现有浪费行为及时通报批评，对于节能表现优秀的部门和个人进行奖励和表彰，各部门主动思考资源的节约问题，积极探讨资源的合理高效利用等问题，从而进一步落实节约管理，促进行为节能。

4.3.2.2　基于大数据的能耗分析

高校可借助大数据技术，实时监控学校各项工作的水电需求量，同时能够监督各部门的能源使用效率。某一方面的数据参数超出了规定的范围，就可以立刻判断出该项工作的异常点，这时能源管理中心就可以针对具体的问题，采取针对性的措施进行解决，减少能源耗损的程度，将节能工作落到实处。

1. 发现公共区域的浪费现象

由于图书馆、教室、食堂等公共区域的水电消耗费用由学校承担，部分师生对公共资源抱着事不关己的心理，能源浪费现象较为严重，如实验室用电设备长期不关、消防风机不正常开启等。通过观测大数据水电管理系统的不同时段的动态指标可以找到相应的能耗漏洞，加强用能管理后获得节能收益。

2. 为节能改造提供客观依据

通过对数据的深度挖掘和横向、纵向对比，可以真正发现能耗问题，通过各种测试可提出最优化改造方案，以数据为依据提供最佳性价比的节能改造方案，为建筑找到最佳改造方向，估算改造潜力及节能预期回收年限，谨慎、合理地开展节能改造。

3. 优化系统运行策略

校园建筑中的各用能子系统，特别是空调系统中的各子系统之间存在一定的关联关系。因其协调匹配不当而产生的用能浪费往往是人工不易发现的，如冷机调节不当、冷冻站输配系统匹配不当、新风机系统调节不当、变风量箱调控不当等问题，这些问题较难解决。通过挖掘各用能子系统不同时间段的能效指标，节能管理人员可以较容易地发现运行策略不利的问题，提出合理的运行调节方案，进而达到降低能耗的目的。

4. 发现系统中某些重点用能设备的故障

校园建筑中的某些大型设备发生故障（如冷冻机、新风机、水泵故障，或者阀门堵塞、传感器故障等）或产生某些异常的噪声及异响时，可能并不是无法实现其功能，而仅仅是其使用能耗急剧增加，或与其关联的某些设备的使用能耗急剧增加。工作人员例行维护和巡检工作往往很难发现这些问题。通过大数据技术在线能耗监测，我们可以很轻易地找到这些故障设备能耗的异变，进而发现其故障，进行检修，避免了因设备故障而造成能耗增加的可能。

此外，除了分析高耗能设备能耗产生的主要原因，还可以分析办公、生活用水用电与气候、人数及建筑结构之间的关系，能耗监测分项计量从不同角度对实时数据进行分析，并提供使用者多维度能耗对比，通过多方面对比分析，能发现建筑内的不合理用能，并对不同建筑类型建筑的节能潜力进行研究，同时根据数据分析结果选择正确的节能方法以达到节能的目的。

4.3.2.3 基于大数据的行为节能引导

大数据水电管理系统数据中台可以为用户提供一系列服务功能，包括面向用户个人的能耗查询、费用统计、低碳计算器等栏目。师生可以通过网页、手机 APP、微信公众号等途径，随时了解自己的水电使用情况，或进行在线交互咨询。在充分享受透明、合理用水用电的同时，用户可以对用水用电进行合理规划，减少能源资源浪费，实现能源资源理性消费和自我管理，从被动要求节能变为积极主动地践行节能行为。

同时，大数据水电管理系统数据中台能够为校园管理部门提供多建筑、多用户、多时间、多分类、多分项的水电数据的排名、对比，展示形式多样化，可根据不同的数据源特性选用饼图、柱状图、折线图、雷达图、进度条等能更直观表达的展示方式，让校园能源管理部门全面地掌握所有建筑及用户的能源使用情况，以便管理者可根据校园水电用量的实际情况制订精准的节能措施。

能效公示是指定期将校园内各单位的能耗统计情况及排名情况在校园内公开发布的一种制度。高校需根据实际情况对实施能耗数据公示形成一定规范，并且定期制作水电运行报告，详细讨论一定时期内能耗情况、技改措施、组织管理制度及用能规划等。通过用水用电信息的公开，可以让公众更加清晰、方便地了解自身用能情况，让师生自觉地节能，引导师生用能消费观念的转变。

同时还可以向师生传播节能信息、介绍节能技术手段，使得节能减排成为校园新风尚。

4.3.3　大数据与运维保障

4.3.3.1　基于大数据的供配容量配置决策支持

随着高校的发展及扩大，电力的供应和消耗已渗透到校园生产、师生生活的各个方面，学校对电力的需求量越来越大，对电网的经济性和可靠性提出了新的要求。很多高校的配电系统建设较早，设施相对落后，校园配电网已或多或少滞后于校园的发展壮大，成为制约校园发展的瓶颈。配电网运行、检修、规划和管理等均需要参考大量的数据，借助大数据技术可以对这些数据进行有效整合、筛选和利用，对高校现有配电网的状况进行分析，根据需要和可能进行改造，提高供电质量、可靠性和安全性，降低损耗，以适应校园的发展和扩建的需要。

1. 大数据技术指导高校配电网运行

目前，高校配电网的发展还存在一些普遍性问题，如网架结构薄弱、电力设备陈旧、事故率高、线路过载、可靠性差、电压质量低等，具体可归纳为以下几点。

1）供配电网的网架结构薄弱

网络结构不合理，突出表现在网架结构薄弱、主次网架不清晰、多分段多互联的网络联结未形成。配电网负荷增长迅速，生活用电量增长给配电网带来了很大的压力，一些设备因为超负荷运载而频繁发生故障，用户电压不稳定，网络损耗过大。

2）配电网技术落后，网络自动化水平低

目前，部分高校配电网自动化技术水平较低，配电网设备落后陈旧，安全性差、能耗大、故障频繁。同时，网络自动化水平低，大部分高校在中压配电网的自动化领域为一片空白。

3）线路损耗率较高，电压合格率普遍较低

目前，校园配电网普遍存在线损较高的问题，同时，电压合格率也普遍较低。这些主要与校园配电网结构、原建设标准低及负荷发展的特点有关。早期建设的配网线路已经不适合当前发展的需要和要求。

4）电网供电可靠性低，电网规划不科学

学校的配电网规划和设计，主要是由规划人员依据个人经验和局部计算来进行，在有限的条件下解决负荷增加、线路过载、电压偏低等不断出现的新问题。对于规模日益扩大的配电网，这种规划方法将越来越难以进行配电网的合理建设和经济运行。

大数据最基础的应用即基于海量用户用电特征数据，实现容量配置决策支持，以助于用电调度决策制订等。大数据技术通过使用智能采集终端设备得到整个电力系统的运行数据，对采集的电力大数据进行系统的处理和分析，从而实现对电网的实时监控；进一步，结合大数据分析与电力系统模型，可以对校园电网进行诊断、优化和预测，为电网安全、可靠、经济、高效地运行提供保障。例如，通过数据的相关性分析和聚类分析，可了解配电网目前运行情况、轻载区域和重载区域状态，以及根据负荷变化情况预计区域负载率变化情况，通过实际配电网接线和运行方式分析，及时调整网络运行方式；同时根据天气数据预测分布式能源出力曲线，结合负荷预测曲线，综合网络结构情况和不同时间段各类负荷的互补性分析，可得到配电网实时接纳分布式能源的方案，包括接入点信息及其接入量曲线；还可以模拟配电网重载区域出现扰动后网络运行方式调整预案，为水电管理人员提前准备应对措施等。

2. 大数据技术指导高校配电网检修

当前，我国电网的检修方式主要有 3 种：事故检修、定期检修和状态检修。事故检修即故障发生后针对事故设备进行相应的检修，但是事故造成的损失已无法挽回；定期检修是根据电网运维情况和管理方式，对网络区域和相关设备进行定期的检修，目前我国配电网仍较多采用定期检修方式，该检修方式不仅会造成检修资源的浪费和滥用，还可能导致系统安全问题，因为定期检修运行良好的设备对其健康状态有一定程度的影响；状态检修主要针对配电网设备的基础运行数据不完善或者数据不真实导致难以开展状态的检修。

上述检修方式立足点是从设备到网络，以单个设备为重。实际上，不同类型的配电设备或者相同设备在网络中不同位置的重要程度也有所不同，如果对重要程度不同的设备进行同样的检修，而未进行优先级的安排，显然是不合理的，应该先从运行状态角度出发，对运行状态薄弱区且相对重要的部分优先进行检修；对状态良好，或者设备重要等级一般的区域检修安排靠后。在网络宏观的角度上，用网络整体状态指导安排配电网络的检修可带来极大的效益和效能、提高配电设备的效率和改善配网的经济性。因此，基于网络状态和设备重要性的由面到点方式为电网检修决策提供了一种新的参考，这一思路需要配电网大数据对其进行支撑。

首先，需要宏观掌握高校配电网运行状态数据，利用这些数据设计算法判断网络运行状态并进行排序；结合历史运行数据对网络运行状态划分排序，对于运行状态欠佳的区域需确定是由外部运行因素引起，还是由配电设备等网络自身因素引起。然后，利用收集的设备数据信息，全面诊断设备运行状态，确定检修模式。与状态检修不同的是，基于大数据的设备运行状态评价更全面，评估输入的底层基础数据更丰富，评估结果更合理、更可靠。

4.3.3.2　基于大数据的供水管网漏损管控决策支持

随着高校事业的快速发展，校园供水管网越来越长，管道越来越复杂，漏损形式越来越多样化。传统的供水管网漏损治理方法多以人工排查的方式进行，缺乏系统控漏的概念，存在的问题主要集中在以下几个方面。

（1）传统的管网漏损治理主要采用声波技术进行检漏，这种方法在很长的一段时间内都发挥了显著的成效，但从过程和方式来看，属于被动式的漏损控制方法，对漏水点不能做到及时发现，导致泄漏时间延长和水损增大。

（2）随着供水管网的不断扩大，人工检漏的盲目性愈发明显，许多地方的管线探测属于监测盲区。

（3）传统检测方式不仅工作效率较低，而且也造成了人力和物力的浪费。

（4）缺少常态化的检漏习惯，既不能准确判断管网漏损中存在的问题，也无法把握管网漏损的趋势和发展规律。

大数据水电管理系统为科学、合理、精准的漏损管控提供了一种崭新的、优化的思路和方法，可以及时准确地发现管网漏损，同时及时得到信息传递，从根本上解决管网漏损的难题。

通过大数据、物联网、管网仿真等技术实现“科技检漏”，是有效控制漏损的核心。基于 DMA 分区系统，在每个分区内构建了管网结构的数学模型，并在此基础上建立机器学习模型，训练好的算法模型能够准确检测漏水情况、定位漏损点。同时通过压力数据与水量数据实时比对分析，对压力和水量进行合理调控，使管网中的压力更能满足校园各用水单元用水需求，既可以在高峰用水时段通过开大阀门增加管网流量，也可以在管网用水量减小时关小阀门从而降低阀门下游管网的供水压力，达到降低管网漏损的效果。

漏控最大的难点和痛点是缺少抓手和着力点，看着哪里都有问题，却不知道该从哪里入手。而通过大数据技术可以精准找到漏控的难点和痛点，直击病灶。例如，从成千上万的用户中可以准确到每条抄表线路、每个用户存在的漏抄、估抄、间歇抄、滞后抄、欠费等问题，为精准漏控提供了目标和方向。

拥有完整、准确的数字化 GIS 管线档案是有效控制漏损的基础，目前一些高校并未进行规范的管线档案管理，没有详细的管网资料是无法开展有效检漏的重要原因。高校要重视对供水管线的大数据管理，深入开展管网普查，通过

“一张图”集中展现管网、站点、隐患点、报警等分布情况，建立基于大数据的数字化管网档案。管网普查要与信息技术相结合，对地下管线进行动态更新。GIS 管网地理信息系统要和 GPS 定位系统结合运用，为管线巡视、漏点定位、检漏抢修、设备例检等提供技术支持。GIS 管线档案大数据的应用，将大大提高管网的精细化管理水平。

管网漏损控制是一项长期系统的工程，要用系统的思路，通过对大数据的利用，深入分析管网漏损的类型及漏损原因，采取技术和管理手段，分阶段逐条降低和消除。漏损控制需要科学、规范的管理流程，结合大数据对管网进行精细化管理。通过建立 DMA 分区管理、区域漏水检查、漏水爆管监测预警、漏损定位检测、压力控制管理等办法，形成标准化作业流程，才能提高漏损控制的运营效率。

4.3.3.3 基于大数据的风险防控与预警

高校水电管理最重要的是保障整个校园的运行，这就需要大量水电专业人员进行管理维护，大数据水电管理系统可实现 24 小时全天候监控，可及时发现问题反馈给相关人员，同时利用手机 APP 推送到管理人员手中，水电管理人员在任何时间、地点均可实时查看设备运行状态，避免了以前需管理人员时刻在值班室值班、巡查等，节省了大量人力，降低了管理成本。同时，如出现险情可自动跳闸停机，及时排除险情，降低安全风险。

风险预警功能是指通过短信报警及预警处理回馈做出的能耗预警和故障预警，主要对能耗超标、违规用水用电、故障、回馈处理及远程操作进行预警。

1. 设备异常报警

传统的设备故障预警，以在线监测系统采集的数据为基础，通过人为启动分析机组是否存在该类故障，仅仅适合于故障发生后的确认定位，很难在故障发展早期实现异常告知，起不到早期预警的作用。基于大数据水电管理系统的预警，可以依据故障机理模型进行故障特征指标计算，建立故障预测模型，然后将训练后的预测模型应用于实时的故障特征异常检测，即根据监测数据的实时数据，进行故障特征指标的实时计算，根据预测模型的计算结果和实际计算结果进行比对，用以检测故障特征指标是否发生变化，当预警系统检测到特征指标发生变化时则发出告警信息，并输出告警分析报告，如图 4-4 所示。

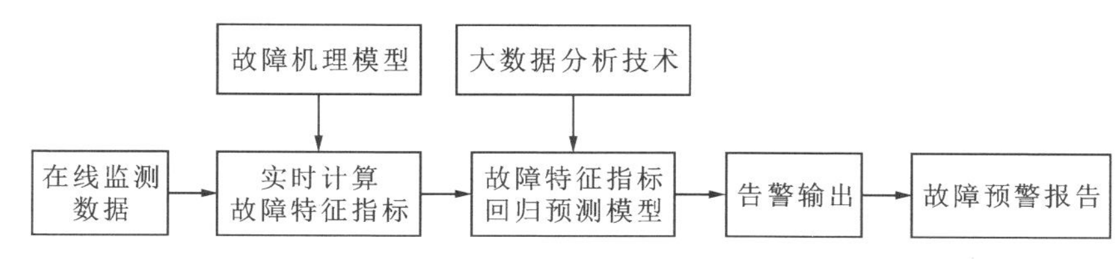

图 4-4　设备异常报警流程

2. 能耗报警

大数据水电管理系统通过数据驱动方法，可实现用户用能异常预警。利用用户日负荷数据分别从横向与纵向两个层面，对用户用能行为进行定量的综合评分，进而识别用户异常用电行为。通过分析模型，首先，将用户日负荷数据与周边具有相似用电行为的居民进行比较，用于生成用户用电行为评价的横向评分；其次，建立用户负荷预测模型，实现与自身历史用电行为的对比，生成用户用电行为评价的纵向评分；最后，通过设定权重进行综合评分，当评分低于一定阈值时进行预警。时刻监测着系统中出现违规的计量表计及异常数据，迅速匹配到相应的建筑或者机构当中，实时上传并发出预警。

基于大数据技术的风险预警对高校水电管理具有重要意义。预警可实现短消息发送功能，一旦某一方面的数据参数超出规定的范围而触发预警机制，系统将向管理人员发送报警信息，及时提醒，相关部门就可以针对具体的问题，采取针对性的措施进行解决，加快能耗异常的处理，如对陈旧、耗能高的设备进行处理，对用户的异常用能行为进行劝导等，从而提高水电利用率，将节能工作落到实处。若管理人员未及时处理，则平台将长时间保存该报警信息。

4.3.4　大数据与服务提升

4.3.4.1　基于水电收费大数据

目前高校普遍采用插卡式预付费表计，但效果不尽如人意，主要存在 3 个问题：一是效率低下，用户必须要到售电窗口缴费后，将卡重新插入电表，方可读取电费，进行送电，不仅过程长、效率低，且容易出错；二是售电时间有限，售电窗口只能在工作日的工作时间段开放，和学生空闲时间经常不一致，如一般的上班时间为上午、下午（中午不上班），而学生可能上午、下午都有课，加之交费排队会耽误大量时间，导致用户交费不及时、不方便；三是难以监管不良行为，由于插卡式电表的收费系统为离线单机版，很难发现电表故障或违章用电行为。

大数据技术实现了超额用电收费管理的网络化、实时化、人性化，具有强大开放性和整合能力。大数据水电管理系统与校园一卡通系统对接后，用户可以通过 ATM 机刷卡购电，也可与网银、支付宝、微信等系统对接，足不出户，便可通过网上系统或现代通信系统实现缴费购电，既排除了师生购电的空间和时间限制，也大大降低了售电窗口的工作量，减轻了售电工作负担，事半功倍。

通过大数据水电管理系统，还可以实时检查各类房间的用电状态。每间房间的用电情况不仅有数据表达，还可以根据电费剩余金额及大数据分析，根据不同用户的用能规律，模拟推送剩余能耗周期，并设置不同颜色的进度条，以此对用户进行余额提醒。绿色代表费用富余；黄色代表费用余额微量；红色则表示已无可用余额。色标赋予的视觉传达帮助管理人员迅速掌握各宿舍楼的耗电基本状况。用户则可以查看本寝室的电耗状态，及时付费以确保合理用电，通过比对电费支出以提醒自己节约用电。

同时，在大数据技术的支撑下，系统还具备智能扫描和监察功能，实时、定位、定量地发现偷电漏电行为，真正做到“正确用电”“节约用电”。更为重要的是，该系统具备完善的工作日志登录，方便后勤、财务、审计、国资管理等部门根据各自的管理权限，随时登录系统，查看电费收支情况。能源结算和收费工作在授权范围内公开、透明、规范地运行，提高了用电安全警示和风险防范能力。

4.3.4.2 面向不同人群的定制服务

基于大数据技术的现代化大数据水电管理系统，除了可以为师生及各单位带来便捷的服务，还方便了不同管理人员的使用。对于不同身份的人员，所需要的功能界面就有差异。对能源管理部门来说，功能需求偏向于更高效地实现对学校的水电等数据进行收集、整理及统计汇编，达到促进管理工作的一体化，能够有效地将管理工作中各个环节的资源进行整合，根据有效的数据进行科学的分析，预测未来能耗。此外，后勤、财务、审计、国资管理等部门根据各自对水电大数据分析需求，针对系统定制化去开发，展示查看业务需求相关联的数据与功能。

第5章 水电物联网运维

导读：物联网运维是指对物联网系统进行维护、管理、优化和监测，快速消除隐患、解决故障，确保物联网稳定、可靠运行的过程。物联网远程设备的数量通常很大，其涉及的技术和知识领域也很广泛。物联网运维人员需要对物联网的构建、传输协议、感应节点、网络通信基础设施、数据分析平台等方面都有深入了解，并能够根据需要提供快速、有效、可靠的支持和解决问题的方案。

5.1 物联网的运维要求

从水电物联网的运行及应用特点来看，其运行维护需达到以下要求。

第一，确保系统可靠性。物联网包容性强、接入设备终端含水电计量表计、供电供水设备、环境监测传感器、管网监测仪等多种类型，对高校水电运行的影响是全面的、深入的，故物联网的可靠性是水电物联网运维的第一要务。水电物联网需定期检查设备或节点是否正常工作，确保传输数据的准确性和实时性、系统的稳定性和可靠性。

第二，确保系统安全性。水电物联网络聚合了全校范围的水电设备、门禁监控、路灯等基础设施，可以远程控制各终端设备。物联网系统的安全保障，包括设备和数据的运行安全，可防止非授权攻击、控制等安全威胁导致数据泄露或者设备故障等。

第三，提升故障处理及时性。定期维护设备或节点，及时发现并排除故障或隐患，预防或避免系统停机或数据丢失。

5.1.1 物联网运维人员的要求

物联网是一个跨行业的聚合网络，关联行业广泛，既有常见的给排水管网、强电、弱电、以太网、无线电行业，又有安防、门禁、供配设施等。故而物联网运维是一个对专业知识宽泛度要求比较高的工作，需要运维人员对强电知识、弱电知识、网络知识、无线电知识、软件知识等都具备一定的了解并有一定的实践能力。

5.1.1.1 熟练掌握物联网设备及其应用场景

运维人员应了解物联网设备的基本原理和内部结构，知道不同类型的物联网设备的应用场景；了解物联网设备的连接和交互，理解物联网数据的收集、传输和分析逻辑，并可根据数据的结果分析判断设备的工作运行情况和水电相关业务工作的开展情况。

5.1.1.2 熟悉网络知识

运维人员应掌握网络的基本原理和架构知识，了解网络运行的过程和方法；熟悉物联网模型、网络拓扑结构，以及TCP/IP、LwM2M、MQTT等网络协议的作用和原理，并能结合学校及现场实际选用、组建合适的物联网络。

5.1.1.3 了解云计算知识

物联网是一个高度融合的云计算服务的互联网络，了解云计算知识可以帮助我们更好地提高物联网运维的效率和质量，使用云计算工具，实现物联网设备的快速部署、高效使用和维护。

5.1.1.4 数据处理分析能力

通过分析数据来发掘物联网设备的潜在问题，挖掘数据之间的关系和规律，并进行数据可视化，以便及时发现和解决问题。

通过各种数据来源（如传感器、数据库、API等）采集数据，了解数据的来源、质量和稳定性等方面的特征，挖掘数据中隐藏的价值信息，找出数据的规律和趋势，记录、分析、整理物联网运行的因果、规律，为循序渐进式的物联网运维工作打下坚实的基础。

5.1.1.5 安全防范意识

运维人员应具备对物联网设备安全问题的防范意识和相关知识，能够采取必要的措施来增强设备安全性，并及时处理设备遇到的安全问题。

5.1.1.6 问题排查及解决能力

遇到设备故障，运维人员应能够快速识别出问题，采取有效的解决方案处理问题，确保物联网设备的正常运行。

5.1.1.7　沟通协作能力

运维人员应具备良好的沟通合作能力，能够与其他团队成员、用户等建立良好的合作关系，共同完成物联网系统的建设、运行和维护工作。

5.1.2　物联网运维工作需要熟练掌握运用的工具

物联网是一个跨行业的混合型电信网络，所用的运维工具也比较多。硬件工具通常包括万用表、寻线仪、无线频谱仪等。软件工具常用的有通用串口调试软件、Modbus 调试工具、TCP/UDP 协议调试软件等。明晰物联网运行原理，熟练掌握物联网运维需要使用到的软、硬件工具是运维人员的必备技能。

5.1.2.1　硬件测试工具

物联网系统故障看不见摸不着，常常令人感到束手无策，其实只要学会并掌握了专业的测试工具，运维人员就有了自己的“听诊器”，也能像医生一样通过“望闻问切”快速确定设备的病症。“工欲善其事，必先利其器”，那么我们在物联网运维过程中会使用到哪些硬件工具呢？

1. 电工万用表

万用表（图 5-1）可以测量被测物体的电阻、交直流电压，还可以测量直流电流。有的万用表还可以测量晶体管的主要参数和电容器的电容量等。充分熟练掌握万用表的使用方法是电子技术人员的最基本技能之一。在物联网运维工作中，我们通常使用万用表来测量网络设备和节点的交直流电压、通断等状态。

图 5-1　万用表

万用表使用方法如下。

物联网设备需要有电源供电才能正常工作。现场设备不工作，优先用万用表检查设备工作电源电压是否正常。例如，LoRa 水表多采用内置锂电池供电，电池电压低于正常值较多，则需要更换新电池；压力传感器、RS485 水表等设备的工作电源为 DC 12/24 V，电压偏离正常值可检查负责交直流转换的开关电源是否正常，电源进线是否松动。

通过信号线传输信号的设备，用万用表监测表计信号端口的电压差线以及信号总线的通断来判断故障原因。例如，采用 RS485 方式通信的电表、多功能仪表，其 RS485 端口电压差一般为 DC±(2～6) V，总线电压低于此范围可能是接入表计过多或者某个表坏了对总线造成干扰；采用 M-BUS 方式通信的水表其 M-BUS 端口电压差一般为 DC 20～28 V，总线电压在此范围以外可能是接入表计过多或 M-BUS 转换器故障。

利用万用表的通断档判断信号线是否正常，总线状态为断开，线路有破损；总线状态为连通，线路短路或总线上的某只表计故障。需要注意的是，总线上带有电压时会对万用表通断测量结果造成干扰，因此要将总线与采集设备脱开再测量；或者通过总线电压来判断，如单独测量设备信号端口的电压差正常，接上总线后直流电压为 0，可确认总线上有短路现象。

2. 无线频谱仪

无线传输是物联网组网的常见连接方式，有多种网络制式，如 LoRa、蓝牙、ZigBee 等，面对无线应用的急剧增长，我们需要高效率地完成频谱分析(信号分析)，减少干扰。要实现严格的频谱管理，就意味着必须进行大量、复杂的测试。因此，需要借助功能强大的软硬件工具来简化测试，才能成功克服干扰带来的挑战。频谱分析仪是排查解决物联网无线传输组网网络干扰及屏蔽的不二利器。

无线频谱仪可以检测 10 MHz～6.3 GHz 区间的无线信号，可以对可疑信号进行分析。如图 5-2 所示为无线频谱仪中模拟音频传输信号在图谱的显示。根据不同制式信号的波形图不同，可以轻松区分信号类型，判断信号的危险等级；同时可以对模拟信号进行音频和视频的解调还原。

无线频谱仪使用方法如下。

当某个区域内的无线物联终端连续多天离线率高或只在某个特定时段离线率高，且现场排查无线集中器及无线物联终端都正常时，可将该区域的无线集中器关闭，暂停数据抄收，在该区域内打开无线频谱仪，与该集中器所属频段设为一致，接收范围内的射频信号，信号越强，无线频谱仪显示的幅度也越大。如果接收到较强信号，说明在区域内当前频段有较大的信号干扰。

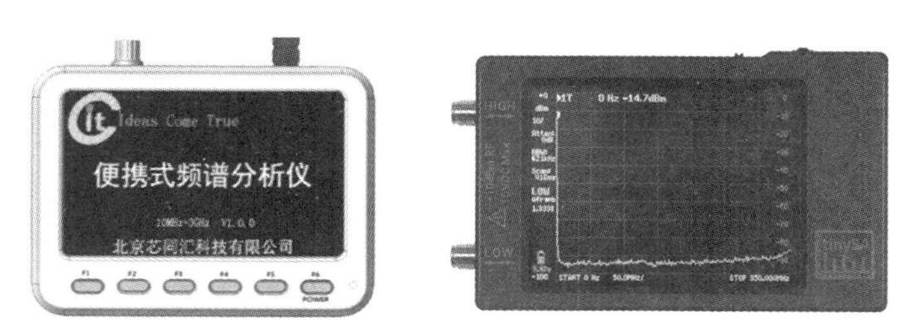

图 5-2　无线频谱仪

3. NB 信号测试仪

NB-IoT 是基于蜂窝的窄带物联网，已成为万物互联网络的一个重要分支。NB-IoT 构建于蜂窝网络，只消耗大约 180 kHz 的带宽，直接部署于 GSM 网络、UMTS 网络或 LTE 网络，是一种新兴的物联网网络，由电信运营商负责网络的搭建及覆盖。目前绝大部分地区都实现了 NB 网络的覆盖，但在地下车库、地下室、地下管道、楼宇内的信号效果参差不齐。

因此，一款能够对现场 NB 信号进行实时检测的手持设备，可用于 NB 智能设备项目部署的前期，对项目地点的信号环境进行调查，优化项目部署方案；也可用于对 NB 物联终端的通信故障进行排查，分析设备所在环境的信号和网络问题。

NB 信号测试仪使用方法如下。

给 NB 信号测试仪（图 5-3）插入指定厂商的 NB 网卡，在 NB 物联终端的所在位置或预安装位置打开测试仪，查看显示屏上的数值是良好、合格还是差。根据测量的结果，联系当地运营商现场确定信号的增强方案。

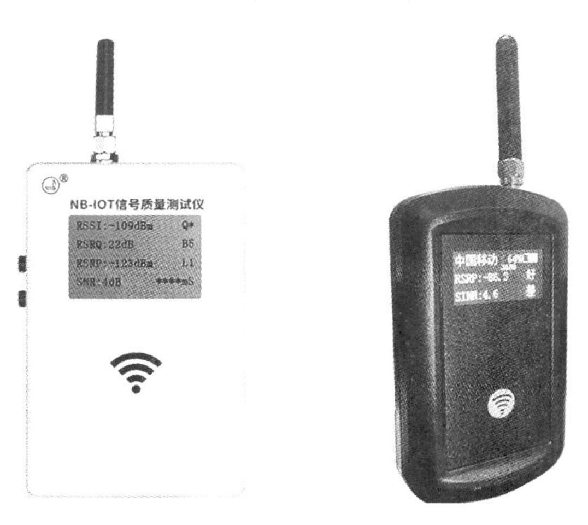

图 5-3　NB 信号测试仪

4. 网络寻线仪

在物联网络的构建中，RJ45 网线是极其重要的组成连接方式，网线的通断与稳定性检测，就需要用到网络寻线仪，如图 5-4 所示。网络寻线仪由信号震荡发声器、寻线器及相应的适配线组成，其工作原理为信号震荡发声器发出的声音信号通过 RJ45/RJ11 通用接口接入目标线缆的端口上，致使目标线缆回路周围产生一环绕的声音信号场，用高灵敏度感应式寻线仪很快在回路沿途和末端识别它发出的信号场，从而找到这条目的线缆。

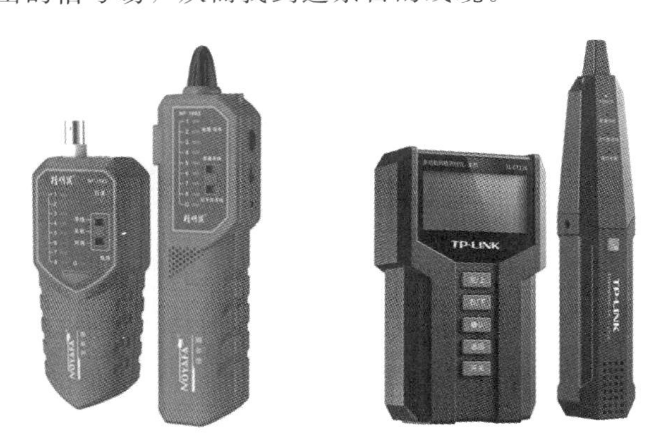

图 5-4　网络寻线仪

寻线仪是利用感应寻线原理来寻找线缆，所以它无须打开线缆的绝缘层，即可在线缆外皮上的不同部位找到信号。我们可以利用这一原理在线缆群束中、地毯下、装饰墙内、天花板上迅速找到所需电缆以及它的断点的大概位置。

网络寻线仪使用方法如下。

当校园网通信的设备传输中断或者不稳定时，可以用寻线仪来检测网线是否正常。首先用寻线仪的“测线”功能，把待测网线的两头都插在寻线仪的 RJ45 接口，此时寻线仪两端的数字提示灯会依次亮起。亮一个小灯说明这网线内的 8 根小线中的一根是通的。如果 8 根都依次亮了，这就说明这条网线是通的。用寻线仪的“寻线”功能在混乱的网线中找出需要处理的网线，将要找的网线插在发射器上，再拿着另一端用探针在乱线中去听有没有信号，如果有信号就会发出“叮咚”“叮咚”的声响，说明这根网线和发射器那一头是同一条网线。

5. USB 接口转换器

绝大部分物联网设备都可以通过电脑设置参数，不同的设备接口不同，如电表采用 RS485 接口、M-BUS 水表采用 M-BUS 接口、NB 水表采用蓝牙或红外接口，如图 5-5 所示。电脑带有 USB 接口，此时要实现与设备的通信需要用到接口转换器。根据设备接口类型的不同配置不同的转换器，如 RS485 转 USB 接口转换器、M-BUS 转 USB 接口转换器、红外转 UBS 接口转换器等。

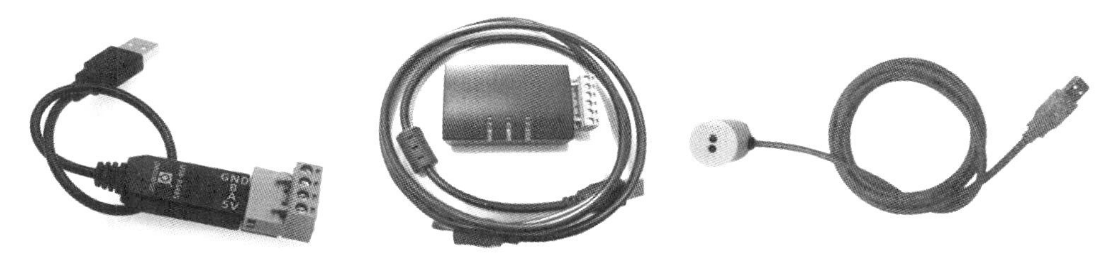

图 5-5　各类 USB 接口转换器（RS485、M-BUS、红外）

USB 接口转换器使用方法如下。

USB 接口转换器用于在现场给物联网终端用电脑设置参数或读取数据。转换器的一端接到电脑 USB 接口，另一端与终端设备的信号端口连接；然后在电脑上打开对应的调试软件就可以对终端设备执行参数设置、数据读取等操作。

5. 1. 2. 2　调试配置软件

1. 网络通断测试软件 PingInfo

绝大部分高校建筑都覆盖了校园网，因此校园网是高校最常见的物联网通信方式。当终端设备与服务器的网络连接出现问题后，我们需要第一时间测试网络连接情况，PingInfo 是一款免费的网络测试工具，它可以帮助用户检测网络连接的质量和稳定性，可以检测网络延迟，测出网速好坏，可以不间断、连续地进行 Ping 测试。PingInfo 可以通过向目标主机发送 ICMP 请求来测试网络连接的响应时间和丢包率等信息，可轻松查看 Ping 多个域名和 IP 地址，并在一个表中查看结果，显示成功次数、失败次数、失败率以及平均 Ping 时间，可以将测试结果保存为文本文件或 HTML 报告。除此之外，PingInfoView 还支持多种 ping 模式和 ping 选项，可以根据用户的需求进行自定义设置。总的来说，PingInfoView 是一款非常实用的网络工具，可以帮助用户快速定位网络连接问题并进行排查。

应用场景：某个 IP 端口下的设备抄表不稳定，排除了现场设备问题后怀疑是网络原因。

应用方法：用 Ping 监控工具（图 5-6）监测该 IP 端口的延时及丢包率情况，运维人员根据 Ping 监控的结果，确定故障范围，检查交换机配置、防火墙设置是否正常。

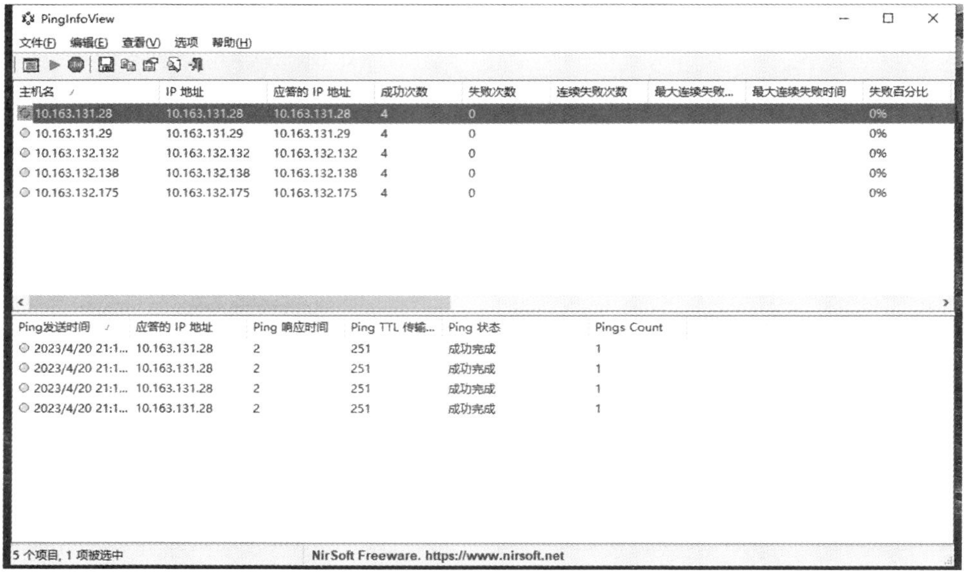

图 5-6　Ping 监控工具

2. 终端调试工具

物联网终端厂家针对自家设备都会配有一套功能强大的专用调试工具，调试工具除了可以读取终端数据，还可以修改内置参数等，如电表的调试工具可以修改表计的通信地址、通信速率、密码、最大需量清零、电表清零、事件清零、跳闸控制、广播校时、身份认证、参数密钥更新等。掌握各类调试工具可以极大地缩短故障的处理时间、提供更好的保障服务。

一些使用通用协议的终端设备，其调试软件也可共用。智能电表使用的是国家电网制定的 DL/T 645—2007 协议、智能水表常用的是 CJ/T 188—2018 协议、多功能仪表和各类传感器使用的 Modbus 协议。

应用场景：在系统服务器上无法完成相应操作，只有使用调试软件才能完成。如当校内某户居民欠费充钱，但此时恰好校园网故障，系统无法将开阀命令下发到表计，运维人员可赶到现场使用调试工具现场控制水电表开阀。运维人员需要通过调试软件修改集中器的数据上报周期、终端 IP 等。

应用方法：在现场用电脑及 USB 转换器跟终端设备建立连接，然后按照调试软件的操作说明对终端设备进行相应的操作，如图 5-7 所示。

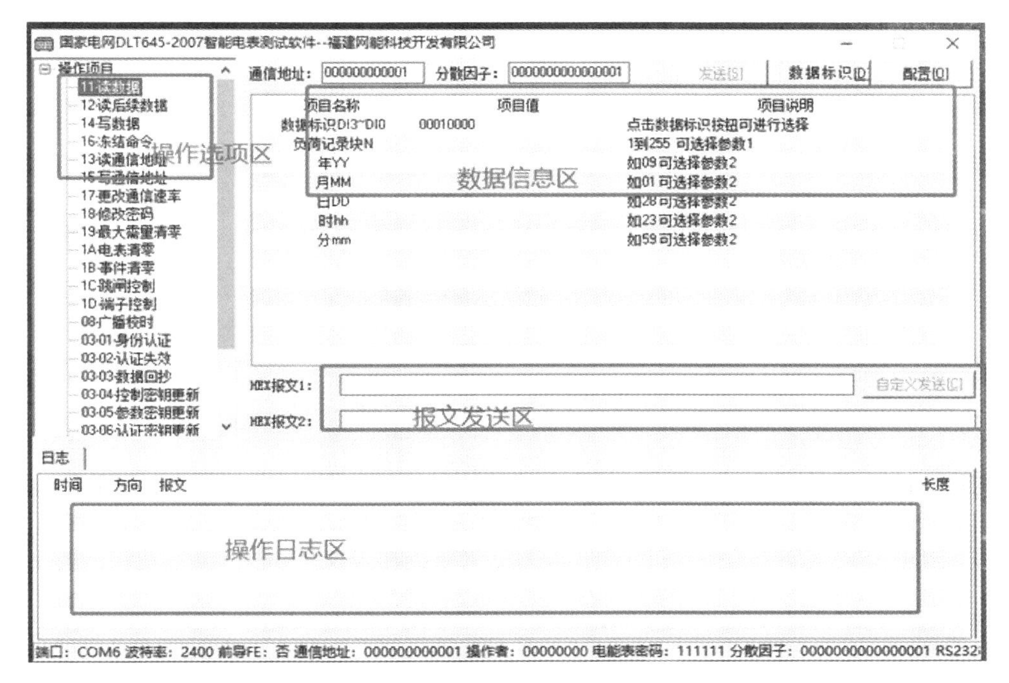

图 5-7　终端调试工具

3. 串口调试软件

当采用串口通信（一般指 RS485 接口、M-BUS 接口）的物联网设备故障，需要现场测试设备通信状态时，就需要用到串口调试软件。串口调试软件的主要功能是监控终端设备串口实时接收和发送的数据报文，便于调试人员及时发现问题；可以手动发送数据到串口，也可以接收串口发送的数据，以便进行数据交互测试；并且能将串口发送和接收的数据记录下来，以便后续分析和处理。

总之，串口调试软件（图 5-8）是一种非常实用的工具，可以帮助调试人员快速发现和解决串口通信问题，提高工作效率。

应用场景：系统服务器无法收到终端数据，现场检查设备、网络无问题。

应用方法：在集中器端监听串口数据，确认集中器是否正确下发了命令给设备终端。若监听到有数据发送且格式正确，则集中器端无问题；若未监听到集中器向下发送数据或发送的数据格式不正确，可判断集中器参数设置错误或集中器损坏。

在设备终端处监听串口数据，确认设备是否接收到集中器发送的命令，同时是否能返回正确的报文。若无法收到集中器发送的报文则判断集中器故障或链路故障；若收到集中器下发的报文但格式不正确，则判断集中器参数设置错误或链路干扰导致数据不对。

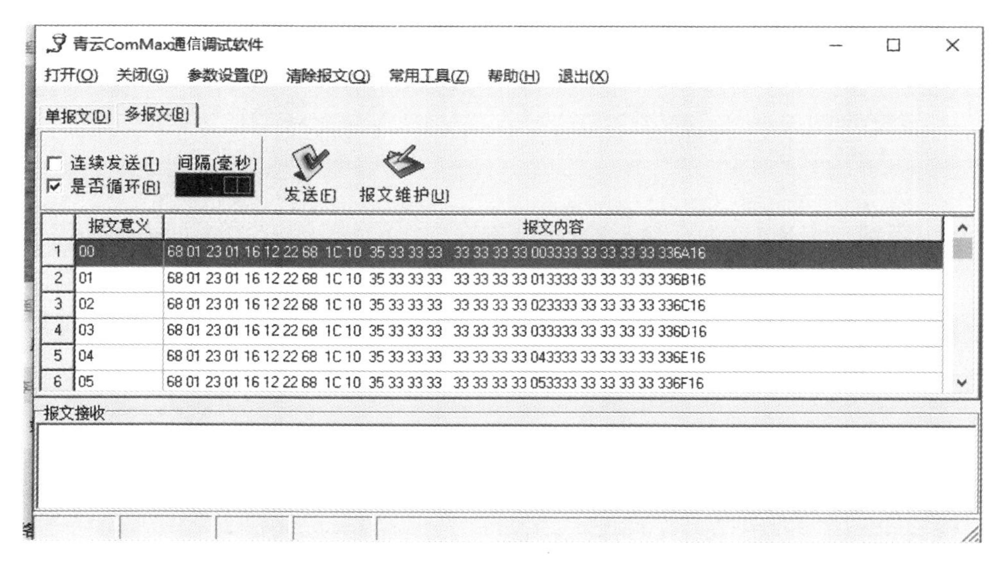

图 5-8　串口调试软件

4. 串口虚拟软件 ComVirtual

物联网有线终端的连接入网方式，大多采用串口通信。当终端设备出现问题时，远程调试、检查设备就需要用串口虚拟软件（图 5-9）。它的功能是将计算机上的网络端口转换为虚拟串口，从而实现串口通信的功能。这种软件可以模拟多个串口，使得多个设备可以同时进行串口通信，从而提高设备之间的数据传输效率。此外，串口虚拟软件还可以模拟串口的各种参数，如波特率、数据位、停止位、校验位等，以满足不同设备之间的通信需求。

SwVCom虚拟串口软件 (V4.03) -- 圣为科技 Lhcx.taobao.com
设备(D) 选项(Y) Language 帮助(Z)
添加 编辑 删除 重新连接 全部重连 重新计数 全部重计 监控 退出(Z)
本台电脑!
192.168.1.107

备注	串口号	串口参数	串口状态	网络协议	目标IP	目标端口	本地IP	本地端口	串口接收	网络接收	网络状态	打包时间
	COM5(18)		未使用	Tcp Client	10.163.132.131	1234	192.168.1.107	...	0	0	禁用	10
	COM6(19)		未使用	Tcp Client	10.163.132.179	1234	192.168.1.107	...	0	0	禁用	10
	COM7(20)		未使用	Tcp Client	10.163.132.160	1234	192.168.1.107	...	0	0	禁用	10
	COM8(22)		未使用	Tcp Client	10.163.132.163	1234	192.168.1.107	...	0	0	禁用	10
	COM9(23)		未使用	Tcp Client	10.163.132.167	1234	192.168.1.107	...	0	0	禁用	10

图 5-9　串口虚拟软件 ComVirtual

应用场景：网络正常，需要对多个现场终端设备使用调试工具修改或读取参数。

应用方法：按照软件操作说明输入需要修改或读取参数的终端设备的 IP，然后设置好 com 端口就可以在电脑上使用调试软件操作设备。通过串口虚拟软件原本需要带上电脑和 USB 转换器到现场设备一个个操作，现在只需在电脑前面就可以完成，节约了时间和精力。

5. NB-IoT 终端配置软件

NB-IoT 网络作为一种逐渐普及的物联网的无线通信方式，使用 NB-IoT 制式网络的各类终端设备越来越多。物联网运维人员更应该熟练掌握各类 NB-IoT 终端配置软件，如图 5-10 所示。它可以直接抄读 NB-IoT 终端设备，读写 NB-IoT 网络中设备的各种设置参数，如频段、带宽、子帧配置、协议版本等。它的主要功能有以下 5 点。

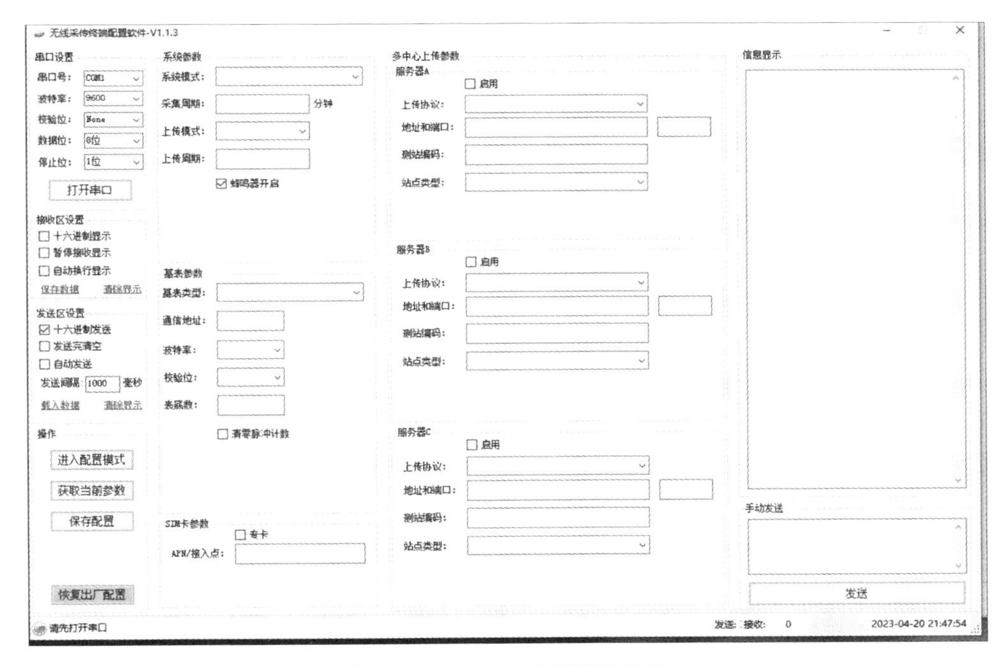

图 5-10　NB-IoT 终端配置软件

（1）系统参数配置：配置硬件参数，如物理层配置（PRACH、PDCCH、PUCCH、PUSCH 等）和系统内部消息流量参数等。

（2）设备参数配置：配置 NB-IoT 设备的参数，如运行模式、发送功率、帧同步状态等。

（3）统计功能：统计 NB-IoT 网络和设备的通信质量和性能指标，如上行功率、下行功率、丢包率、时延、数据速率等。

(4) 设备管理：包括设备跟踪、在线管理、断链重连等功能。

(5) 故障分析：对设备或网络发送的错误进行分析、诊断、反馈。

应用场景：NB-IoT终端设备的参数设置或数据读取。

应用方法：在现场用电脑及USB转换器跟终端设备建立连接，然后按照NB-IoT终端配置软件的操作说明对终端设备进行相应的操作。

5.2 物联网的运维

5.2.1 物联网常见故障

定期检查平台系统运行状态、指标，时刻关注终端设备的运行情况，是每个物联网络运维人员的本职。要能通过平台软件获取物联网网络各节点、线路的运行状态、报告，并通过运行报告对网络进行“把脉诊断”，初步判断故障节点及影响范围，分析是软件问题、网络问题，还是设备问题，从而采取不同的处理措施，尽快地定位故障，排除并解决问题。

水电物联网故障按系统结构可分为以下几个类别。

5.2.1.1 网络故障

物联网的核心是通过有线网络或无线网络将设备相互连接，网络故障会导致设备间无法通信，因此检查网络状态是否正常是解决故障的关键。

网络无主是级别较高的故障，经检查平台系统运行正常就需要怀疑上行传输网络。各采集设备至平台系统通常采用公网或专网连接，排查方法为专网测试各超收节点是否通畅，公网检查物联网卡SIM是否欠费、资费卡配置状态是否正常、运营商网络是否正常等。

5.2.1.2 设备故障

物联网中的设备包括传感器、控制器等，这些设备可能面临电源故障、物理损坏等问题，需要进行逐一排查和修复。如图5-11所示。

设备故障分为采集设备故障和终端设备故障。

采集设备故障一般归类为高级别的故障。平台及上行网络正常，就有必要怀疑采集设备是否正常工作，因采集设备一般安装在现场，就必须到现场进行查勘，主要排查采集设备是否有断电、断网等问题，以及采集设备的下行总线、网络是否正常。

图 5-11　电表故障

终端设备问题较为常见，通常归类为一般故障。因终端设备数量庞大、工作环境复杂，再加上设备本身故障率等综合情况，终端设备故障是运维人员日常处理得最多的工作。不同类型设备的故障有不同的处置方式，通常需要结合故障实际状况配合制造商的技术支持进行处置。

5.2.1.3　数据错误

物联网设备会产生大量数据，而数据的质量对业务流程、决策支持的准确性至关重要。数据的错误包括缺失、异常等，需要对其进行有效处理，以保证业务流程、决策支持的正确性。

5.2.1.4　安全问题

物联网设备通常包含许多关键信息，如用户数据、设备控制权限等，如果这些信息被盗用、篡改或破坏，就会引起重大安全问题，因此需要从软、硬件两方面采取不同的措施保障物联网的安全性。

硬件：对各类采集设备、终端设备进行设备 MAC/端口绑定，非授权设备不得接入物联网。

软件：业务层、传输层、数据层进行防火墙隔离。防范非授权入侵的可能，确保某一个节点失守，也不会对核心网络、数据库造成损害。

5.2.1.5 其他故障

软件漏洞、升级补丁缺失等原因也可能引起物联网故障，需要进行分析和修复。应建立常备机制，定期进行安全扫描，并定期进行操作系统、网络、数据的补丁升级。

5.2.2 常见故障处置

水电物联网涵盖了软件、网络和各类物联网终端，随着接入的设备越来越多，系统也越来越复杂，一些设备安装在恶劣的环境中，种种因素综合起来导致设备的故障率也会相应增加，因此需要专职的运维人员及时处理。运维人员只有参与实际的故障处置过程，才能积累经验、快速成长，保障高校水电物联网系统的稳定运行。我们收集了高校水电物联网中一些常见故障的运维实例进行经验分享，以点带面介绍故障处理的思路。

5.2.2.1 计量物联网运维实例

计量器具为水电物联网中占比最大、分布最离散、组网结构最复杂的产品类别，其故障率和复杂程度决定了它是水电物联网运维工作的难点。我们选取了不同网络结构及不同故障点的维护实例，和大家进行分享。

1. LoRa 收费水表、流量计批量离线故障

某小区使用水表行业常见的 LoRa 无线传输方案，该方案采用 470～510 MHz 的频段。集中器凌晨批量抄读 LoRa 水表止码并冻结数据，系统服务器通过校园网读取集中器内当日的冻结数据并储存。

（1）某天该小区一个集中器处于在线状态，下属 480 只 LoRa 水表处于离线状态。

处理过程如下。

运维人员根据表计批量离线的故障现象，先排除了表计本身的质量或信号问题，初步判断可能是集中器以及集中器到水表的 LoRa 网络有问题。运维人员赶到现场后，现场检查集中器下行通信天线正常，无掉落或损坏。随后运维人员用调试软件读取集中器数据发现集中器参数正常，LoRa 水表的组网节点数跟实际装表数量差距较大，冻结数据异常，表明夜间集中器抄表时并未与表通信成功。现场重新下发组网抄表指令后，故障依然存在。

排除了集中器天线和集中器参数问题，最终怀疑可能有同频率无线电干扰的情况。所谓无线电干扰是指在射频频段内会对有用信号造成损害的无用信号或电磁骚扰。干扰信号是利用直接耦合或间接耦合的方法进入接收系统或信道的电磁能量，从而影响到无线电通信所需的有用信号，造成无线电性能下降或信息丢失等问题。由于无线电频率的有限性和排他性，两个无线通信系统的能量在同一时间、同一地区、使用同一频率时，均会出现干扰。随着工业与科技的飞速发展，越来越多民用设备采用该技术方案用于终端通信，另外高校院系的一些大型科研设备在运行时也会产生信号杂波，对无线水表原有频段通信造成影响。

运维人员用频谱仪读取该集中器所使用的频段，结果显示该频段的频谱波动较大，与之前推断相符。在无法查找出具体干扰源的情况下，则需要被动避免干扰，最终选取无明显波动的可用频段并修改集中器下属水表频率后重新组网解决。

无线远传水表离线故障排查流程如图5-12所示。

处理手记：无线网络的故障排查首先要了解无线网络的运行原理、掌握排查方法。无线网络属于星型连接，当发生故障时，应第一时间查看是个别故障、小范围故障还是大范围故障，从而判断故障的节点在哪里；各种类型的故障可能是哪些原因导致的，一一排除，做到心中有数，处置有序。本案例最后排查出的原因是无线频率干扰，在不能解决干扰源的情况下，只能批量修改无线设备的使用频段。

(2) 该小区某住户反映水电账户欠费充值后，家中没有来水。

处理过程如下。

运维人员查看了该住户区域所属集中器在线状态正常，系统上多次对住户水表进行远程开关阀操作并无反应，确定表计离线。接着又查询了该集中器下属水表的离线情况，发现有片区水表集中批量离线，因此排除掉单个表计的问题。运维人员根据经验判断可能是集中器下行通信天线或离线片区的信号中继器掉落或损坏。现场检查发现集中器天线正常，随后去检查离线片区的信号中继器发现被损坏。在原有位置重新安装信号中继器，并组网测试正常后，该片区下属无线表均可正常抄收数据。再对住户水表进行开阀操作成功，问题得到解决。

处理手记：我们在遇到无线水表离线时，要沿着无线远传水表抄表集中器的下行LoRa信号通道去寻找，故障原因大多是无线信号传输源、中转源、接收源出现问题。很多问题看似复杂，但我们通过逐级排查，绝大多数问题都可以迎刃而解。

2. 有线水表总线短路故障

某小区使用M-BUS有线远程水表抄表方案。水表集中安装在管井内，用信号线串联到楼内的集中器下端。

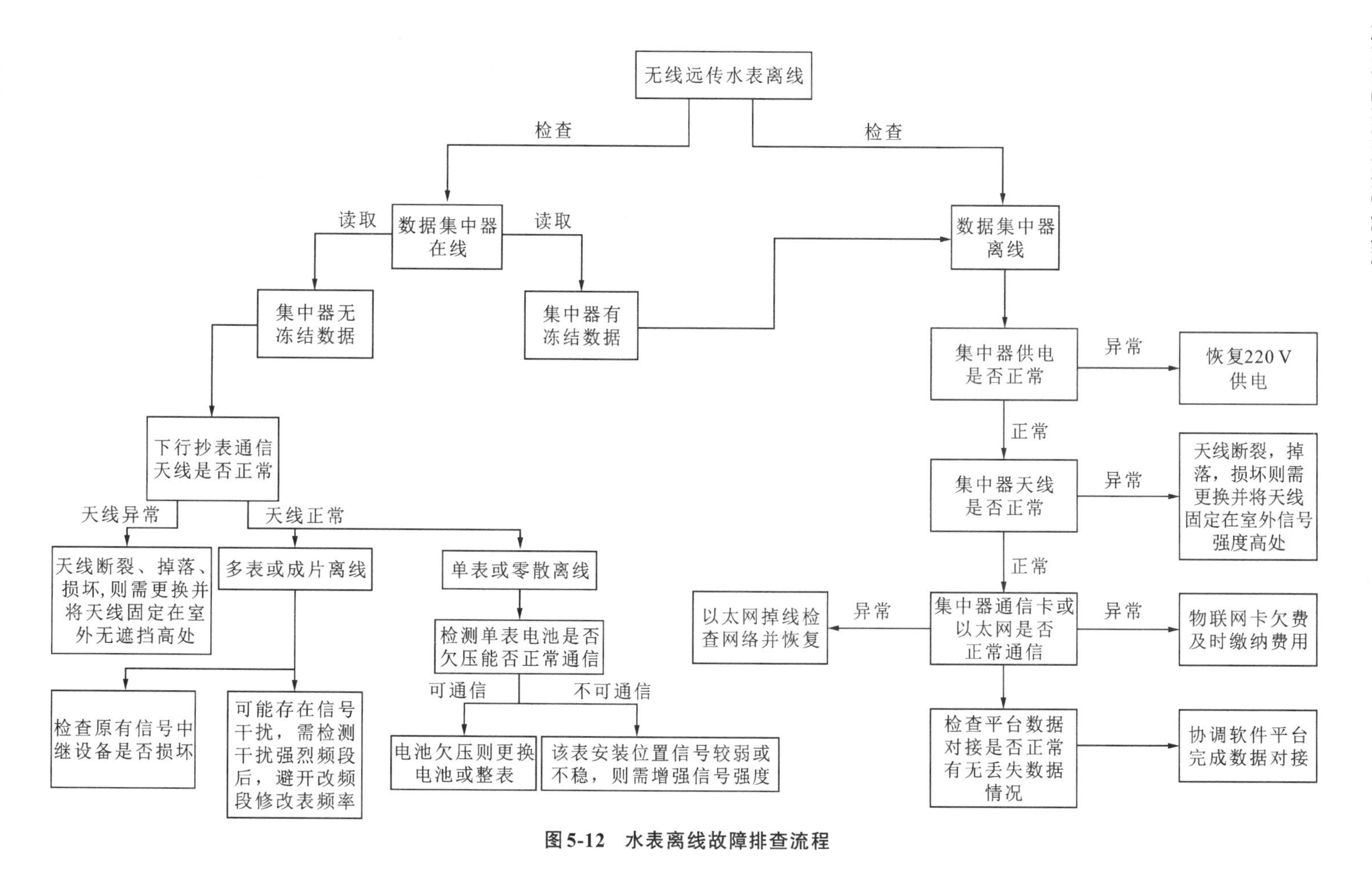

图5-12　水表离线故障排查流程

（1）该小区某楼栋集中器属于在线状态下，所属一单元62只水表没有数据且处于离线状态，离线时间均为同一天，其他单元水表数据正常。

处理过程如下。

初步判断该单元水表的通信总线出现故障，运维人员现场检查发现该单元1层管道井内因环境长期潮湿导致水表通信线氧化严重与总线断开，换线重接后通信正常。

有线水表离线故障排查流程如图5-13所示。

（2）该小区某单元部分水表离线，64户中有40多户不能抄控，且离线水表从一层至顶层呈递增形态。

处理过程如下。

运维人员根据经验判断是M-BUS总线故障，在单元楼1层集中器端用万用表测量总线电压为21 V，在最顶层测量总线电压仅为16 V。M-BUS总线正常工作的电压值在DC 20～28 V，怀疑总线中有一处或多处半短路拉低了总线电压。

接着运维人员采用取中间点截取法依次排查，先从8层处截断总线，测量1～8层总线电压，电压没有恢复，再从4层处截断总线，发现总线电压恢复正常，那么基本判断故障点在5～8层，经多次截取排查后，发现6层接线盒内有大量积水，导致总线漏电。将接线盒内信号线重新处理后，故障解决。

处理手记：有线远传水表通过通信线（通常为M-BUS或RS485）既可抄收水表数据又可为水表提供工作电源，解决了智能水表内置电池寿命有限的问题。但随着运行时间的增长，受施工工艺及安装环境等因素影响，加上通信线路接线点过多，不可避免会遇到线路短路、虚接、氧化、断裂及其他原因导致通信线路故障从而引起水表离线的情况。在实际运行中遇到的故障大多跟线路相关，但线路故障一般都有迹可循，我们在排查故障点时应遵循自上而下的原则，从上端集中器到末端水表，根据实际连接架构情况逐级排查通信线路。若集中器下属所有表都离线则检查通信总线与集中器下行端口连接情况，楼栋表全部离线则检查楼栋总线与集中器总线连接情况，单元表全部离线则检查单元总线与楼栋总线的连接情况，同单元部分表离线则检查离线水表末端与单元总线的连接情况，最终可排查至单表离线。单表离线在检查线路连接无问题后，可用串口调试软件、终端调试软件对单表通信进行检测，如不可读取表地址状态则基本确定为水表故障，需要及时更换。

3. NB/4G水表、流量计信号故障处置实例

某高校区域水表使用NB-IoT与LoRa的混合通信方案，某日区域表汇总日用量与泵房日用量缺口较大。

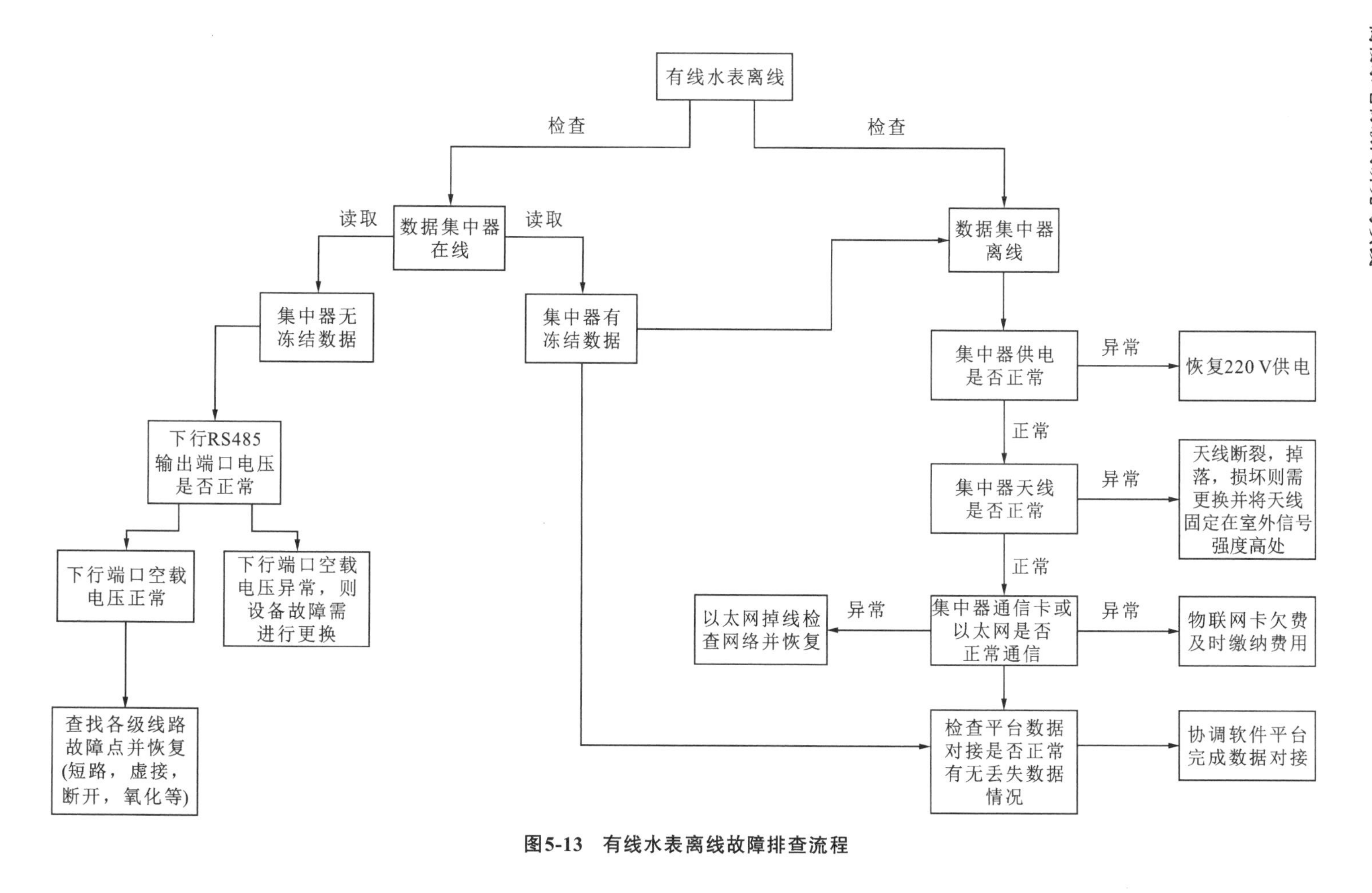

图5-13　有线水表离线故障排查流程

处理过程如下。

运维人员在查看区域表用量数据时发现部分区域表处于离线状态且离线水表都是采用 NB-IoT 通信方式。因离线 NB 水表数量较多，且分布广泛，初步判断并非表计本身故障或安装位置环境影响而导致信号较弱的情况，通过去其中一处安装点查看水表通信天线正常，手动激活表计后可以正常发出信号，而后台并没有接收到数据的记录，初步怀疑运营商信号基站出现了问题。随即联系通信运营商同去该片区通信基站机房内检查，在检查过程中发现基站供电线路有被老鼠咬动痕迹，导致机房内服务器未供电，从而引起水表 NB 信号无法和基站通信，导致离线。在检修并恢复基站供电后，去现场对离线单表进行手动激活测试后，查看后台数据同步成功，用量数据已更新。

NB 水表离线故障排查流程如图 5-14 所示。

处理手记：NB-IoT 水表通信架构简单，无须安装通信线路和采集器、中继器、集中器等数据采集设备，单表数据直接通过运营商基站连接并发送至后台数据库，不受通信距离影响，一般有信号的位置都可以安装，所以室外地井区域表大多采用此通信方式。因为采用 2 级通信架构，通信架构简单，在出现故障时，我们在查找故障点时范围也缩小很多。一般来讲可分为以下几类：单表硬件故障（包括电池欠压、通信天线损坏等）、环境影响（安装位置信号较弱）、运营商基站信号故障（误报卡机分离、基站信号源变化）。

上述各种类型故障，是我校利用物联网远程抄表运维的一个小小的缩影，虽然日常使用维护遇到的突发情况种类各不相同，但只要我们运维人员对于软硬件运行原理理解通透，多利用信息化平台发现问题，硬件设备勤于维护，许多故障和难点都可以快速有效解决。在遇到无线水表 LoRa/NB 网络维护时，也要考虑到环境的变化和施工带来的影响，特别是近些年学校快速发展，在建项目较多，一些新建楼房可能会导致原有的 LoRa/NB 网络覆盖出现变化。而建设施工除了带来环境的变化，还可能对原有的无线采集设备造成干扰或损坏，不利于抄表的稳定性，我们在维护的同时也需要灵活采取不同的应对策略做适应性的调整，使得设备运行稳定，数据抄收及时可靠，为水电大数据建设及决策思路提供保障。

4. 有线电表抄收设备断电故障处置实例

某高校抄表收费网络，由 20 台集中器及 8 000 只水电表组成，采用无线 LoRa 与有线 RS485、LAN 混合组网，系统为云端费控模式，某日接报部分用户欠费停电后，微信充值不来电。

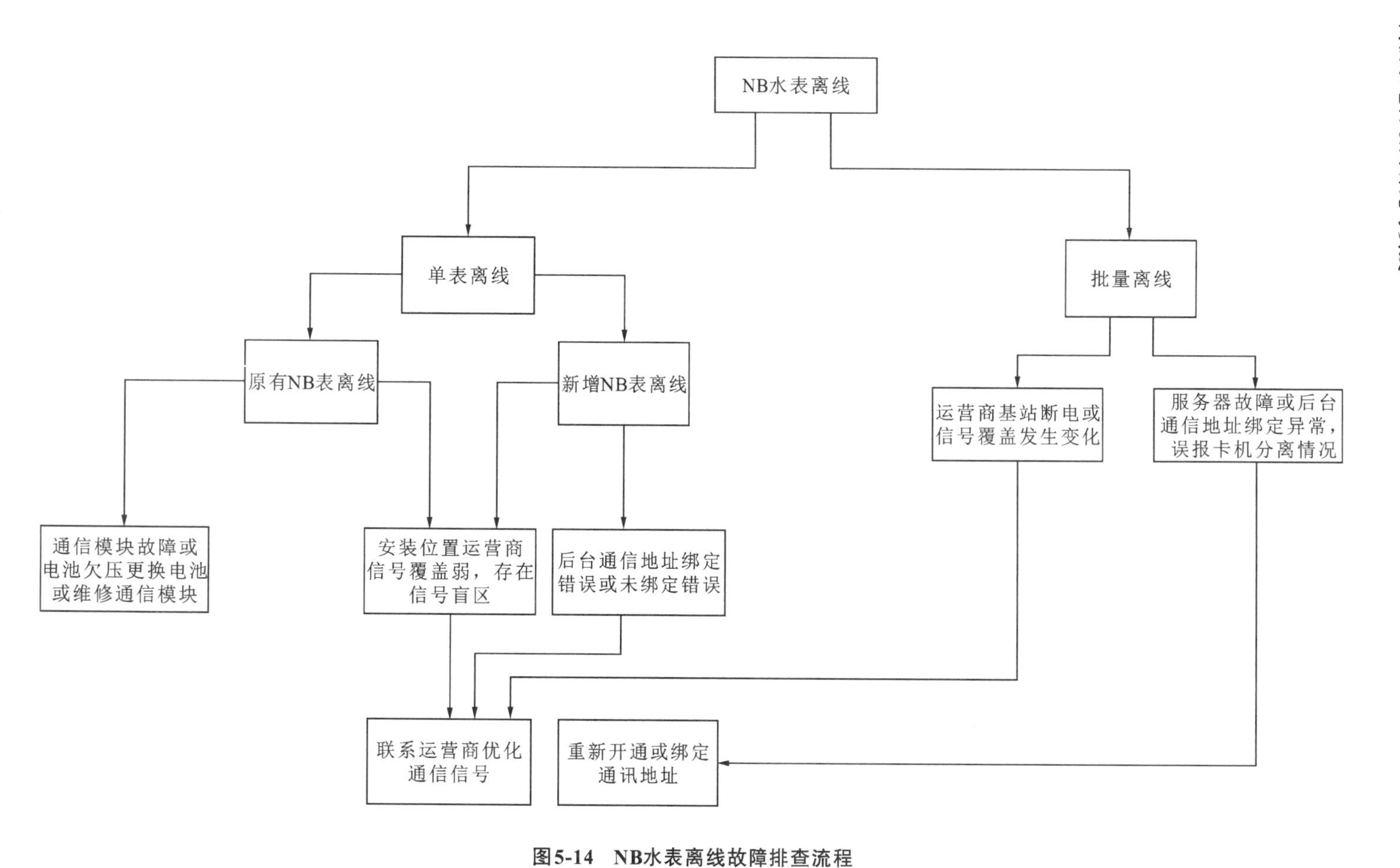

图5-14 NB水表离线故障排查流程

处理过程如下。

经查故障区域集中在家属区一个片区，随后发现管辖该区域水电表的集中器为离线状态，通过网络手段逐级排查，服务器、收费系统、抄收系统、上行网络均正常，安排维护人员至现场查看，发现集中器电源跳闸，如图 5-15 所示。因该集中器电源取自楼栋公共照明，楼道灯年久失修后导致公共照明回路跳闸，处置完公共照明短路情况后恢复正常。

图 5-15　运维人员现场排查问题

处理手记：抄收集中器为抄表网络中的关键节点设备，在抄表网络中起到承上启下的作用，在选取安装点的时候，应该选择干燥、通风的室内环境安装，并且要保证是长期有电的常供电源。抄收集中器的故障较为少见，但也有好排查、好处理的特点。

5. 无线电表无线干扰故障处置实例

某家属区采用 LoRa 无线远传电表集抄方案，某日部分区域电表抄表率突然降低，并且连续多日如此。

处理过程如下。

运维人员在系统上对异常电表实时点抄可以正常抄读，现场的电表及无线转发器工作正常，检查多处电表都未查出原因。选取某个离线时间较长的电表进行串口通信监控，发现在正常通信数据帧中间间歇性穿插有乱码，导致电表接收到的报文不正确。仔细排查后排除电表、网络、转发器原因，初步判断为无线信号干扰，最后用无线频谱仪监测发现该转发器所用频段不定期的会出现无线干扰。运维人员在附近检查发现有物业新安装设备也采用的是无线 LoRa 网络，频段也与本区域抄表设备同频，设备工作时就会干扰本区域电表抄表，如图 5-16 所示。最后选取相邻空闲频段，修改本区域无线抄表频段后解决本次故障。

图 5-16　运维人员在附近检查

处理手记：无线网络的维护切忌思维固化僵直，要能从上至下、以面覆点，也要逆向排查以点破面。学会从现象看本质，从故障现象分析故障可能的成因，按成因概率由大至小逐步排除。避免东突西进式地进行故障排查，少走冤枉路。本次故障特征是故障范围集中在一片区域，在区域内又呈离散式分布，可能的原因只有一种，即区域性信号弱导致部分表计掉线。而信号弱又有两种可能：一是集中器天线问题；二是无线干扰。发现这种区域离散式故障，应先从这两方面入手排查。

5.2.2.2　供配物联网维护实例

水电供配物联网的作用是监测水电供配设施的各项运行参数及运行状态，运行参数及状态超出预定阈值范围时，及时发出预警并进行预处置。

水电供配的稳定，是高校教书育人工作稳定有序展开的前提。水电供配网络的高效稳定，是水电物联网运维工作的重中之重，是各类物联网运维工作中优先级别最高的。

1. 电力监测仪互感器故障

某高校供配系统 10 kV 变压器低压端安装有电力质量监测仪，可在线监测变压器工作状态。某日系统平台显示 1 台变压器严重偏相，A、B 相电流在 480 A 左右浮动，C 相电流为 0。

处理过程如下。

运维人员迅速赶到故障点，观察变压器工作状态正常，配电柜仪表上的三相电压、电流均在正常范围内。随后对电力质量监测仪仔细查看后发现，其 C 相互感器二次线脱落。将变压器临时停电，重新接上 C 相互感器二次线后问题解决，如图 5-17 所示。

图 5-17　运维人员重接 C 相互感器

处理手记：供电设施的重要性不再赘述，运行状态的监控是供配物联网的核心工作。发现问题后，应第一时间检查并排除。供电设施的运行数据通常通过电力质量检测仪来采集。检测设备的安装应牢固可靠，安装调试完成后应对设备及线束进行二次紧固，确保在工作中不因工作环境的变化而松动。

2. 泵房压力传感器故障

校内部分居民反映高层水压过高，家属区通过泵房供水，有 2 套水泵机组分别供高层和底层，出水压力由泵房系统自动调节。

处理过程如下。

运维人员在接到电话后，登入泵房平台查看泵房高层出水压力为0.3 MPa。赶到泵房后发现高层水泵机组全开，高层出水管的指针式压力表上压力已达0.8 MPa，如图5-18所示。运维人员先将高层水泵机组调至手动挡并关停部分机组，使出口压力稳定到0.65 MPa。根据现场情况初步判断应该是泵房的出口压力传感器故障，返回错误的压力值使系统误以为出口压力不足，将所有机组全开导致高层出水水压过高。在更换新的压力传感器后，系统恢复正常。

图5-18　运维人员查验出水口压力值

处理手记：随着物联网设备越来越普及，供配设备中大量的电子传感器代替了指针仪表，同时设备与设备之间相互联动，某个不重要的传感器故障就可能会触发大的后果。因此，供配设备中一些指针式仪表、机械式的保护装置依然要保留，实现电子、机械两级保护。出现故障时，运维人员要对正常的参数指标了然于胸，比照指针式的仪表快速确定故障点，避免损失扩大。

5.2.2.3 公共保障类物联网运维实例

公共保障物联网是水电物联网中的重要组成部分，围绕着校园公共照明、水电供配重地等重要设备设施的安全保障而建立。

1. 庭院灯平台故障

某高校路灯某天早上全部都没有正常关闭。该高校路灯管理系统拥有 10 台集中器及 700 盏带单灯控制的路灯，采用 4G 上行及 PLC 下行通信控制技术，根据日出日落自动控制全校路灯的开关。如图 5-19 所示。

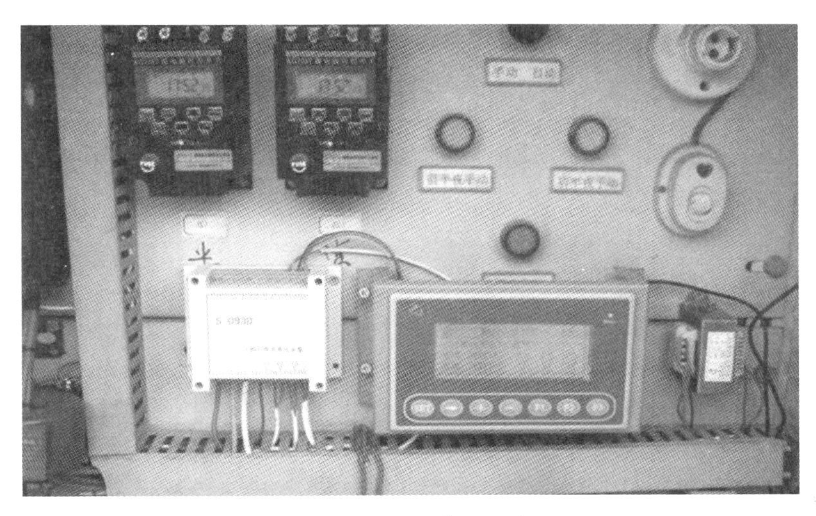

图 5-19　路灯管理系统

处理过程如下。

运维人员登录路灯服务器后发现操作系统运行正常，应用服务正常开启，但超收服务处于假死状态。立即重启超收服务，5 分钟后，控制集中器陆续上线，手动批量关灯后重新下发路灯运行配置解决问题。

事后检查服务器运行日志，发现是长时间没有清理路灯运行数据及抄收日志，日志文件容量过大，导致系统运行在读写日志文件过程中卡死。

处理手记：通过此案例我们发现，在物联网运行过程中，物联网设备的临时运行数据及运行日志应当设置定时定量清理机制。服务器资源是有限的，而系统运行产生非敏感临时数据是无限的，不设置合理的数据管理、清理机制，服务器资源始终有耗尽的时候。

2. 安防监控电子栅栏短路故障

某高校水电平台突然发出预警推送，预警内容为开闭所电子栅栏有人入侵。

处理过程如下。

运维人员接到预警后远程登录开闭所安防平台，通过实时摄像头观察开闭所周围情况。因当时天气为雨天，摄像头可见度不高，通过监控系统未发现室外有人员进入，随后切换至室内摄像头未发现人员进入。运维人员迅速赶至现场进行检查，故障为受天气影响大风吹断树枝搭接到电子栅栏，电子脉冲发生器短路触发报警。在清除掉落树枝后问题解决。

处理手记：电子栅栏为重要场所的防护设施，一般沿院墙封闭敷设，如图5-20所示。因绿化及美观考虑，院墙边一般都会种植树木植被。多年使用后，树枝多有生长至阻碍电子栅栏正常工作的情况，刮风或下雨就会导致树枝刮压电子栅栏导线，导致意外故障发生。为减少类似故障预警，应定期修剪、修整电子栅栏周边的绿植。

图 5-20　电子栅栏

参考文献

[1] 韩燕．基于物联网技术的校园智能路灯系统的研究［D］．南京：南京林业大学，2014．

[2] 栗永胜．基于电力载波的智能路灯控制系统的设计与实现［D］．杭州：杭州电子科技大学，2017．

[3] 李宏超．智能路灯远程控制系统——下位机硬件与设计［D］．郑州：郑州大学，2010．

[4] 潘美虹，金光，薛伟等．基于电力线载波的路灯线路检测系统研究［J］．微型机应用，2015，34（23）：55-57．

[5] 蒋盼盼，林琼，汪弘．基于CC2430的无线智能照明控制系统设计［J］．科技展望，2016，26（26）：54．

[6] 任勇．基于大数据的综合能源智慧服务应用［J］．集成电路应用，2019（7）：84-85．

[7] 史达．大数据背景下高校后勤管理信息化建设路径探讨［J］．科技传播，2019，11（20）：124-125．

[8] 黄文思，毛学工，熊开智等．基于大数据技术的水电行业企业级数据中心建设的研究［J］．工业仪表与自动化装置，2017（1）：26-31．

[9] 周伟．能源互联网中大数据技术思考［J］．电子世界，2019（1）：104．

[10] 廖兰荣．浅谈高校新型水电管理模式［J］．高校后勤研究，2007（6）：45，50-51．

[11] 李渝东．新形势下高校后勤能源管理模式探究［J］．才智，2015（25）：122-124．

[12] 李勇燕．高校能源管理研究与探讨——以山东省某高校为例［J］．决策探索（中），2018（8）：23-24．

[13] 黄荣怀，张进宝，胡永斌等．智慧校园：数字校园发展的必然趋势［J］．开放教育研究，2012，18（4）：12-17．

[14] 杨成全．高校能源管理体系建设的实践与思考［J］．高校后勤研究，2015（6）：87-88．

[15] 徐喆．高校水电指标定额管理应用研究［J］．现代物业，2012（12）：14-15.
[16] 王侃．节能减排视域下的高校水电管理创新路径探究［J］．企业科技与发展，2018（6）：261-262.
[17] 胡莎，张欢．基于节约型校园节能监管体系建设的高校节能的探索与思考［J］．资源节约与环保，2016（2）：28-29.
[18] 彭小圣，邓迪元，程时杰等．面向智能电网应用的电力大数据关键技术［J］．中国电机工程学报，2015，35（3）：503-511.
[19] 植俊，刘廷章．配电网三相负荷不平衡的优化调度治理技术研究［J］．工业控制机，2019，32（2）：149-150，153.
[20] 曾兵．建立新型水电管理模式促进节约型学校建设［J］．龙岩学院学报，2006，24（5）：114-117.
[21] 陈文峰，沈建鑫，李智勇．基于大数据时代的漏损管控探索与实践［J］．建设科技，2019（23）：73-76，94.
[22] 师佩清．高校后勤水电管理中的问题及对策分析［J］．科技风，2018，349（17）：179.
[23] 于瑾，王程，赫娜等．校园节能监管体系的建立与运行分析［J］．沈阳建筑大学学报（自然科学版），2016，32（4）：693-702.
[24] 刘焕章．从创建节约型高校略论学校水电节能对策［J］．科教文汇，2007（4）：199-208.
[25] 闫学元，齐静．高等学校校园能耗预警机制探讨［J］．中国轻工教育，2012（6）：46-48，51.
[26] 胡良浩．基于数据挖掘的能耗监管模型在校园节能监管平台中的应用研究［D］．合肥：安徽大学，2016.
[27] 吕培明，许秀锋，曹同成等．基于云平台管控的大学校园能源精细化管理系统构建［J］．实验室研究与探索，2021，40（10）：261-265.
[28] 郭浩新．财政票据电子化下高校收费的大数据管理模式探讨［J］．现代营销（经营版），2020（8）：192-193.

后　记

费时三月有余，几位长期在高校水电管理一线摸爬滚打的年轻人，克服重重困难写完了这份近37万字的稿子。其实我挺惊讶的，我们没有很高的学历，也没有丰富的科学研究经验，但是我们都热爱工作，并且敢于挑战，是一群新时代的朝气蓬勃的水电人。

回顾当初策划这本专著的初衷，实际上是观察到我们这个团队能打硬仗，开展了很多创新性的探索，但是对过往经验的总结提炼不够。为了培育这个团队在工作中加强学习及研究的习惯，针对当前高校水电管理的难点、痛点及发展趋势，拟订了提纲。

编写过程其实挺痛苦的。我们大多没写过论文，平时工作中抓落实多，做策划少，团队成员的文字能力、总结归纳能力都有限，于是我们建了一个群并正式开始工作。第一步就是统一思想，要有良好的文风，坚决杜绝抄袭，不追求豪华的文字，用我们自己的话，根据我们自己在工作中的理解和积累，用朴实易懂的语言把物联网相关专业问题表述清楚，便于我们的同行参考；第二步就是讨论确定专著的提纲，我们要在梳理本校工作的基础上搞清楚新形势下高校水电管理工作面临的机遇和挑战、痛点与短板、需求与趋势，并且明确每个章节的内容、结构和格式规范；第三步就是按要求组稿，这个过程比较漫长，花了将近两个月，参考了很多的文献，熬夜多次，终于成稿；第四步修改，说实在的，刚收集起来的稿子无论是结构还是内容都不尽人意，于是我们组织了三次集中研讨会，一章一节的讨论修改意见，并给出明确的修改方向，在我看来，这是写文稿的必经阶段，更是促进团队深入理解水电物联网技术的一个过程。

在纂写的过程中，团队成员大多叫难，可以理解，毕竟水电一线员工写专著本来就不容易，是个挑战。但没有人叫苦，虽然白天基本没时间写，完全靠晚上加班，团队成员都铆足劲、加油干，用加倍的努力弥补些许实力，咬牙坚持，克服困难，挑战自我，最终有了回报，《高校水电物联网研究与实践》定稿了。

可以肯定的是，这本书理论深度不高，或许还有些许观点仍待探讨，但这些都是几位高校水电一线工作人员的理解与思考，都是经过实战考验和运行检验的案例，是经历过曲折和失败后的教训，可作为高校水电物联网建设的他山之石。

未来已来，信息化、数字化、智能化已经融入我们的工作和生活，回避不了、绕不过去，我们应主动拥抱时代，深入研究校情，做好顶层设计，稳抓稳打落实，让高校水电管理服务插上信息化的翅膀。哪怕我们面临建设经费不足、技术力量不足等诸多困难，但其实最大的困难是我们自己，只要我们用心去谋、大胆去干，一切困难都是纸老虎。

不经历风雨，怎么见彩虹！